中国民居建筑丛书

北京民居

业祖润 著

中国建筑工业出版社

图书在版编目（CIP）数据

北京民居／业祖润著.—北京：中国建筑工业出版社，2009
（中国民居建筑丛书）
ISBN 978-7-112-11722-2

Ⅰ.北… Ⅱ.业… Ⅲ.民居－研究－北京市 Ⅳ.TU241.5

中国版本图书馆CIP数据核字(2010)第035394号

责任编辑：唐　旭
责任设计：姜小莲
责任校对：陈晶晶　关　键

中国民居建筑丛书
北京民居
业祖润　著
＊
中国建筑工业出版社出版、发行（北京西郊百万庄）
各地新华书店、建筑书店经销
北京圣彩虹制版印刷技术有限公司制版
北京中科印刷有限公司印刷
＊
开本：880×1230毫米　1/16　印张：21½　字数：688千字
2009年12月第一版　2015年4月第二次印刷
定价：99.00元
ISBN 978-7-112-11722-2
　　　　　(18973)

《中国民居建筑丛书》编委会

总序——中国民居建筑的分布与形成

陆元鼎

秦以前，相传中华大地上主要生存着华夏、东夷、苗蛮三大文化集团，经过连年不断的战争，最终华夏集团取得了胜利，上古三大文化集团基本融为一体，形成一个强大的部族，历史上称为夏族或华夏族。

春秋战国时期，在东南地区还有一个古老的部族称为"越"或"於越"，以后，越族逐渐为夏族兼并而融入华夏族之中。

秦统一各国后，到汉代，我国都用汉人、汉民的称呼，当时，它还不是作为一个民族的称呼。直到隋唐，汉族这个名称才基本固定下来。

历史上的汉族与我国现代的汉族的含义不尽相同。历史上的汉族，实际上从大部族来说它是综合了华夏、东夷、苗蛮、百越各部族而以中原地区华夏文化为主的一个民族。其后，魏晋南北朝时期，西北地带又出现乌桓、匈奴、鲜卑、羯、氐、羌等族，南方又有山越、蛮、俚、僚、爨等族，各民族之间经过不断的战争和迁徙、交往达到了大融合，成为统一的汉民族。

汉族地区的发展与分布

汉族祖先长时间来一直居住在以长安京都为中心的中原地带，即今陕、甘、晋、豫地区。东汉一两晋时期，黄河流域地区长期战乱和自然灾害，使人民生活困苦不堪。永嘉之乱后，大批汉人纷纷南迁，这是历史上第一次规模较大的人口迁徙。当时大量人口从黄河流域迁移到长江流域，他们以宗族、部落、宾客和乡里等关系结队迁移。大部分东移到江淮地区，因为当时秦岭以南、淮河和汉水流域的一片土地还是相对比较稳定。也有部分人民南迁到太湖以南的吴、吴兴、会稽三郡，也有一些迁入金衢盆地和抚河流域。再有部分则沿汉水流域西迁到四川盆地。

隋唐统一中原，人民生活渐趋稳定和改善，但周边民族之间的战争和交往仍较频繁。周边民族人民不断迁入中原，与中原汉人杂居、融合，如北方的一些民族迁入长安、洛阳和开封、太原等地。也有少部分迁入陕北、甘肃、晋北、冀北等地。在西域的民族则东迁到长安、洛阳，东北的民族则向南入迁关内。通过移民、杂居、通婚，汉族和周边民族之间加强了经济、文化，包括农业、手工业、生活习俗、语言、服饰的交往，可以说已经融合在汉民族文化之内而没有什么区别。到北宋时期，中原文献中已没有突厥、胡人、吐蕃、沙陀等周边民族成员的记载了。

北方汉族人民，以农为本，大多安定本土，不愿轻易离开家乡。但是到了唐中叶，北方战乱频繁，土地荒芜，民不聊生。安史之乱后，北方出现了比西晋末年更大规模的汉民南迁。当时，在迁移的人群中，不但有大量的老百姓，还有官员和士大夫，而且大多是举家举族南迁。他们的迁移路线，根据史籍记载，当时南迁大致有东中西三条路线。

东线：自华北平原进入淮南、江南，再进入江西。其后再分两支，一支沿赣江翻越大庾岭进入岭南，一支翻越武夷山进入福建。

东线移民渡过长江后，大致经两条路线进入江西。一支经润州（今镇江市）到杭州，再经浙西婺州（今金华市）、衢州入江西信州（今上饶市）；另一条自润州上到升州（今南京市），沿长江西上，在九江入鄱阳湖，进入江西。到达江西境内的移民，有的迁往江州（今南昌市）、筠安（今高安）、抚州（今临川市）、袁州（今宜春市）。也有的移民，沿赣江向上到虔州（今赣州市）以南翻越大庾岭，进入浈昌（今广东省南雄县），经韶州（今韶关市）南行入广州。另一支从虔州向东折入章水河谷，进入福建汀州（今长汀县）。

中线：来自关中和华北平原西部的北方移民，一般都先汇集到邓州（今河南邓州市）和襄州（今湖北襄樊市）一带，然后再分水陆两路南下。陆路经过荆门和江陵，渡长江，从洞庭湖西岸进入湖南，有的再到岭南。水路经汉水，到汉中，有的再沿长江西上，进入蜀中。

西线：自关中越秦岭进入汉中地区和四川盆地，途中需经褒斜道、子午道等栈道，道路崎岖难行。由于它离长安较近，虽然，它与外界山脉重重阻隔，交通不便，但是，四川气候温和，土地肥沃，历史上包括唐代以来一直是经济、文化比较发达的地区，相比之下，蜀中就成为关中和河南人民避难之所。因此，每逢关中地区局势动荡，往往就有大批移民迁入蜀中。而每当局势稳定，除部分回迁外，仍有部分士民、官宦子弟和从属以及军队和家属留在本地。虽然移民不断增加但大量的还是下层人民，上层贵族官僚西迁的仍占少数。

从上述三线南迁的过程中，当时迁入最多的是三大地区，一是江南地区，包括长江以南的江苏、安徽地区和上海、浙江地区；二是江西地区；三是淮南地区，包括淮河以南、长江以北的江苏、安徽地带。福建是迁入的其次地区。

淮南为南下移民必经之地。由于它离黄河流域稍远，当时该地区还有一定的稳定安宁时期，因此，早期的移民在淮南能有留居的现象。但是随着战争的不断蔓延和持续，淮南地区的人民也不得不再次南迁。

在南方入迁地区中，由于江南比较安定，经济上相对富裕，如越州（今浙江绍兴）、苏州、杭州、升州（今南京）等地，因此导致这几个地区人口越来越密。其次是安徽的歙州（今歙县地区）、婺州（今浙江金华市）、衢州，由于这些地方是进入江西、福建的交通要道，北方南下的不少移民都在此先落脚暂居，也有不少就停留在当地落户成为移民。

当然，除了上述各州之外，在它附近诸州也有不少移民停留，如江南的常州、润州（今江苏镇江），淮南的扬州、寿州（今安徽寿县）、楚州（今江苏淮河以南盱眙以东地区），江西的吉州（今吉安市）、饶州（今景德镇市），福建的福州、泉州、建州（今建瓯市）等。这些移民长期居留在州内，促进了本地区的经济和文化的发展，因此，自唐代以来，全国的经济文化重心逐渐移向南方是毫无异议的。

北宋末年，金兵骚扰中原，中州百姓再一次南迁，史称靖康之乱。这次大迁移是历史以来规模最大的一次，估计达到三百万人南下。其中一些世代居住在开封、洛阳的高官贵族也陆续南迁。这次迁移的特点是迁徙面更广更长，从州府县镇，直到乡村，都有移民足迹。

历史上三次大规模的南迁对南方地区的发展具有重大意义。三次移民中，除了宗室、贵族、官僚地主、宗族乡里外，还有众多的士大夫、文人学者，他们的社会地位、文化水平和经济实力较高，到达南方后，无论在经济上、文化上，都使南方地区获得了明显的提高和发展。

南方地区民系族群的形成就是基于上述原因。它们既有同一民族的共性，但是，不同民系地域，虽然同样是汉族，由于南北地区人口构成的历史社会因素、地区人文、习俗、环境和自然条件的差异，都会给族群、给居住方式带来不同程度的影响，从而，也形成了各地区不同的居住模式和特色。

民系的形成不是一朝一夕或一次性形成的，而是南迁汉民到达南方不同的地域后，与当地土著人民融合、沟通、相互吸取优点而共同形成的。即使在同一民系内部，也因南迁人口的组成、家渊以及各自历史、社会和文化特质的不同而呈现出地域差别。在同一民系中，由于不同的历史层叠，形成较早的民系可能保留较多古老的历史遗存。如越海民系，它在社会文化形态上就会有更多的唐宋甚至明清各时期的特色呈现。也有较晚形成的民系，在各种表现形态上可能并不那么古老。也有的民系，所在区域僻处一隅，地理位置比较偏僻，长期以来与外界交往较少，因而，受北方文化影响相对较少。如闽海民系，在它的社会形态中会保留多一些地方土著特点。这就是南方各地区形态中保留下来的这种文化移入的持续性、文化特质的层叠性，同时又有文化形态的区域差异性。

历史上，移民每到一个地方都会存在着一个新生环境问题，即与土著社群人民的相处问题。实际上，这是两个文化形体总合力量的沟通和碰撞，一般会产生三种情况：一、如果移民的总体力量凌驾于本地社群之上，他们会选择建立第二家乡，即在当地附近地区另择新点定居；二、如果双方均势，则采用两种方式，一是避免冲撞而选择新址另建第二家乡，另一是采取中庸之道彼此相互渗入，和平地同化，共同建立新社群；三、如果移民总体力量较小，在长途跋涉和社会、政治、经济压力下，他们就会采取完全学习当地社群的模式，与当地社群融合、沟通，并共同生存、生活在一起。当然，也会产生另一情况，即双方互不沟通，在这种极端情况下，移民被迫为了保护自己而可能另建第二家乡。

在北方由于长期以来中原地区和周边民族的交往沟通，基本上在中原地区已融合成为以中原文化为主的汉民族，他们以北方官话为共同方言，崇尚汉族儒学礼仪，基本上已形成为一个广阔地带的北方民系族群。但是，如山西地区，由于众多山脉横贯其中，交通不便，当地方言比较悬殊，与外界交往沟通也比较困难，在这种特殊条件下，形成了在北方大民系之下的一个区域地带。

到了清末，由于我国唐宋以来的州和明清以来的府大部分保持稳定，虽然，明清年代还有"湖广填四川"和各地移民的情况，毕竟这是人口调整的小规模移民。但是，全国地域民系的格局和分布都已基本定型。

民族、民系、地域在形成和发展过程中，由稳定到定型，必然需要建造宅居。宅居建筑是人类满足生活、生存最基本的工具和场所。民居建筑形成的因素很多，有社会因素、经济物质因素、自然环境因素，还有人文条件因素等。在汉族南方各地区中，由于历史上的大规模的南迁，北方人民与南方土著社群人民经过长期来的碰撞、沟通和融合，对当地土著社群的人口构成，经济、文化和生产、生活方式，礼仪习俗、语言（方言），以及居住模式都产生了巨大的影响和变化。对民居建筑来说，由于自然条件、地理环境以及社会历史、文化、习俗和审美的不同，也导致了各地民居类型、居住模式既有共同特征的一面，也有明显的差异性，这就是我国民居建筑之所以呈现出丰富多彩、绚丽灿烂的根本原因。

少数民族地区的发展与分布

我国少数民族分布，基本上可以分为北方和南方两个地区。现代的少数民族与古代的少数民族不同，他们大多是从古代民族延伸、融合、发展而来。如北方的现代少数民族，他们与古代居住在北方的沙漠和山林地带的乌孙、突厥、回纥、契丹、肃慎等民族有着一定的渊源关系，而南方的现代少数民族则大多是由古代生活在南方的百越、三苗和从北方南迁而来的氐羌、东夷等民族发展演变而来。他们与汉族共同组成了中华民族，也共同创造了丰富灿烂的中华文化。

我国的西北部土地辽阔，山脉横贯，古代称为西域，现今为新疆维吾尔自治区。公元前2世纪，匈奴民族崛起，当时西域已归入汉代版图。唐代以后，漠北的回鹘族逐渐兴起，成为当时西域的主体民族，延续至今即成为现在的维吾尔族。

我国北方有广阔的草原，在秦汉时代是匈奴民族活动的地方。其后，乌桓、鲜卑、柔然民族曾在此地崛起，直至6世纪中叶柔然汗国灭亡。之后，又有突厥、回鹘、女真等在此活动。12～13世纪，女真族建立金朝。其后，与室韦—鞑靼族人有渊源关系的蒙古各部在此开始统一，延续至今，成为现代的蒙古族。

在我国西北地区分布面较广的还有一个民族叫回族。他们聚居的区域以宁夏回族自治区和甘肃、青海、新疆及河南、河北、山东、云南等省较多。

回族的主要来源是在13世纪初，由于成吉思汗的西征，被迫东迁的中亚各族人、波斯人、阿拉伯人以及一些自愿来的商人，来到中国后，定居下来，与蒙古、畏兀儿、唐兀、契丹等民族有所区别。他们与汉人、畏兀儿人、蒙古人，甚至犹太人等，以伊斯兰教为纽带，逐渐融合而成为一个新的民族，即回族。可见回族形成于元代，是非土著民族，长期定居下来延续至今。

在我国的东北地区，史前时期有肃慎民族，西汉称为挹娄，唐代称为女真，其后建立了后金政权。1635年，皇太极继承了后金皇位后，将族名正式定为满族，一直延续至今即现代的满族。

朝鲜族于19世纪中叶迁到我国吉林省后，延续至今。此外，东北地区还有赫哲族、鄂伦春族、达斡尔族等，他们人数较少，但是，他们民族的历史悠久可以追溯到古代的肃慎、契丹民族和北方的通古斯人。

在西南地区，据史书记载，古羌人是祖国大西北最早的开发者之一，战国时期部分羌人南下，向金沙江、雅砻江一带流徙，与当地原著族群交流融合逐渐发展演变为羌、彝、白、怒、普米、景颇、哈尼、纳西等民族的核心。苗、瑶族的先民与远古九寨、三苗有密切关系，经过长期频繁的辗转迁徙，逐步在湖南、湖北、四川、贵州等地区定居下来。畲族亦属苗瑶语族，六朝至唐宋，其先民已聚居在闽粤赣三省交界处。东南沿海地区的越部落集团，古代称为"百越"，它聚居在两广地区，其后，向西延伸，散及贵州、云南等地，逐渐发展演变为壮、傣、布依、侗等民族。"百濮"是我国西南地区的古老族群，其分布多与"百越"族群交错杂居，逐渐发展为现今的佤族等民族。

我国西南地区青藏高原有着举世闻名的高山流水，气象万千的林海雪原，更有着丰富的矿产资源，世界最高峰珠穆朗玛峰耸立在喜马拉雅山巅，从西藏先后发现旧石器到新石器时代遗址数十处，证明至少在5万年前，藏族的先民就繁衍生息在当今的世界屋脊之上。

据史书记载，藏族自称博巴，唐代译音为"吐蕃"。公元7世纪初建立王朝，唐代译为吐蕃王朝，族群大多居住在青藏高原，也有部分住在甘肃、四川、云南等省内，延续至今即为现在的藏族。

羌族是一个历史悠久的古老民族，分布广泛，支系繁多。古代羌族聚居在我国西部地区现甘肃、青海一带。春秋战国时期，羌人大批向西南迁徙，在迁徙中与其他民族同化，或与当地土著结合，其中一支部落迁徙到了岷江上游定居，发展而成为今日羌族。他们的聚居地区覆盖四川省西北部的汶川、理县、黑水、松潘、丹巴和北川等七个县。

彝族族源与古羌人有关，两千年前云南、四川已有彝族先民，其先民曾建立南诏国，曾一度是云南地区的文化中心。彝族分布在云、贵、川、桂等地区，大部分聚居在云南省内，几乎在各县都有分布，比较集中在楚雄、红河等自治州内。

白族在历史发展过程中，由大理地区的古代土著居民融合了多种民族，包括西北南下的氐羌人，历代不断移居大理地区的汉族和其他民族等，在宋代大理国时期已形成了稳定的白族共同体。其聚居地主要在云贵高原西部，即今云南大理地区。

纳西族历史文化悠久，它也渊源于南迁的古氐羌人。汉以前的文献把纳西族称为"牦牛种"、"旄牛夷"，晋代以后称为"摩沙夷"、"么些"、"么梭"。过去，汉族和白族也称纳西族为"么梭"、"么些"。"牦"、"旄"、"摩"、"么"是不同时期文献所记载的同一族名。建国后，统一称"纳西族"。现在的纳西族聚居地主要集中在云南的金沙江畔、玉龙山下的丽江坝、拉市坝、七河坝等坝区及江边河谷地区。

壮族具有悠久的历史，秦汉时期文献记载我国南方百越群中的西瓯、骆越部族就是今日壮族的先民。其聚居地主要在广西壮族自治区境内，宋代以后有不少壮族居民从广西迁滇，居住在今云南文山壮族苗族自治州。

傣族是云南的古老居民，与古代百越有族源关系。汉代其先民被称为"滇越"、"掸"，主要聚居地在今云南南部的西双版纳傣族自治州和西南部的德宏傣族景颇族自治州内。

布依族是一个古老的本土民族，先民古代泛称"僚"，主要分布在贵州南部、西南部和中部地区，在四川、云南也有少数人散居。

侗族是一个古老的民族，分布在湘、黔、桂毗连地区和鄂西南一带，其中一半以上居住在贵州境内。古代文献中有不少关于洞人（峒人）、洞蛮、洞苗的记载，至今还有不少地区保留"洞"的名称，后来"峒"或"洞"演变为对侗族的专称。

很早以前，在我国黄河流域下游和长江中下游地区就居住着许多原始人群，苗族先民就是其中的一部分。苗族的族属渊源和远古时代的"九黎"、"三苗"等有着密切的关系。据古文献记载，"三苗"等应该都是苗族的先民。早期的"三苗"由于不断遭到中原的进攻和战争，苗族不断被迫迁徙，先是由北而南，再而由东向西，如史书记载说"苗人，其先自湘窜黔，由黔入滇，其来久有"。西迁后就聚居在以沅江流域为中心的今湘、黔、川、鄂、桂五省毗邻地带，而后再由此迁居各地。现在，他们主要分布在以贵州为中心的贵州、云南、四川和湖南、湖北、广西等各省山区境内。

瑶族也是一个古老的民族，为蚩尤九黎集团、秦汉武陵蛮、长沙蛮的后裔，南北朝称"莫瑶"，这是瑶族最早的称谓。华夏族入中原后，瑶族就翻山越岭南下，与湘江、资江、沅江及洞庭湖地区的土著民族融合而成为当今的瑶族。现都分散居住在广西、广东、湖南、云南、贵州、江西等省区境内。

据考古发掘，鄂西清江流域十万年前就有古人类活动，相传就是土家族的先民栖息场所。清江、阿蓬江、酉水、娄水源头聚汇之区是巴人的发祥地，土家族是公认的巴人嫡裔。现今的土家族都聚居于湖南、湖北、四川、贵州四省交会的武陵山区。

我国除汉族外有少数民族55个。以上只是部分少数民族的历史、发展分布与聚居地区，由于这些少数民族各有自己的历史、文化、宗教信仰、生活习俗、民族审美爱好，又由于他们所处不同地区和不同的自然条件与环境，导致他们都有着各自的生活方式和居住模式，就形成了各民族的丰富灿烂的民居建筑。

为了更好地把我国各民族地区民居建筑的优秀文化遗产和最新研究成就贡献给大家，我们在前人编写的基础上进一步编写了一套更系统、更全面的综合介绍我国各地各民族的民居建筑丛书。

我们按下列原则进行编写：

1.按地区编写。在同一地区有多民族者可综合写，也可分民族写。

2.按地区写，可分大地区，也可按省写。可一个省写，也可合省写，主要考虑到民族、民居、类型是否有共同性。同时也考虑到要有理论、有实践，内容和篇幅的平衡。

为此，本丛书共分为18册，其中：

1.按大地区编写的有：东北民居、西北民居2册。

2.按省区编写的有：北京、山西、四川、两湖、安徽、江苏、浙江、江西、福建、广东、台湾共11册。

3.按民族为主编写的有：新疆、西藏、云南、贵州、广西共5册。

本书编写还只是阶段性成果。学术研究，远无止境，继往开来，永远前进。

参考书目：

1.(汉) 司马迁撰. 史记. 北京：中华书局，1982.

2.辞海编辑委员会. 辞海. 上海：上海辞书出版社，1980.

3.中国史稿编写组，中国史稿.北京：人民出版社，1983.

4.葛剑雄，吴松弟，曹树基. 中国移民史. 福建：福建人民出版社，1997.

5.周振鹤，游汝杰. 方言与中国文化. 上海．上海人民出版社，1986.

6.田继周等. 少数民族与中华文化. 上海．上海人民出版社，1996.

7.侯幼彬. 中国建筑艺术全集第20卷宅第建筑（一）北方汉族. 北京：中国建筑工业出版社，1999.

8.陆元鼎，陆琦. 中国建筑艺术全集的第21卷宅第建筑（二）南方汉族. 北京：中国建筑工业出版社，1999.

9.杨谷生. 中国建筑艺术全集第22卷宅第建筑（三）北方少数民族汉族. 北京：中国建筑工业出版社，2003.

10.王翠兰. 中国建筑艺术全集第23卷宅第建筑（四）南方少数民族汉族. 北京：中国建筑工业出版社，1999.

11.陆元鼎. 中国民居建筑（上中下三卷本）. 广州：华南理工大学出版社，2003.

前　言

　　民居是人类生活、生存最基本的载体，是传统观念、习俗、社会与家庭等多元文化的体现。民居是人类建筑之源，各类建筑"形"与"意"表达创造的原型，也是建筑类型中的主体。

　　在土地辽阔、民族众多的中华大地，孕育了形态多样、异彩纷呈的民居建筑，积淀了深厚的传统居住文化。其民居形式类别丰富：有以木构架为主的合院式民居建筑（包括北方的四合院民居和南方的天井式民居），也有窑洞式、干栏式、井干式及蒙古包式等地域性很强的民居建筑，构成了中国传统民居两大体系。其中，合院式民居建筑最能适应中国传统家族观念、社会生活及居住方式，成为中国最传统、最典型的居住建筑。而北京四合院民居不仅是北方合院式民居的典型，也是具有代表性的中国民居经典。它与古都北京一样名扬中外。

　　北京具有全国政治文化中心的特殊地位，社会层次划分复杂。居住者既有帝王将相、官宦、富商、进京官员、赶考举子和全国各地的名流志士，更有大量百姓和从业者。因此，在京城大大小小，数不清的四合院居住建筑中，有为数众多的百姓宅院，朴实自然、亲和有情；有无数名流志士的宅院，具有纯朴淡雅、自然含蓄的文化品位；有富商财主大院，豪华精贵；有等级高贵的府第，规模大、设施全、建筑精；更有帝都特殊的王府，融殿、居、花园于一体，建筑辉煌精美，成为京城皇权特有的居住类型；另有商贾、举子等来京交流、聚集的寓居型会馆和量大面广的村落民居等等。可以说京城的居住建筑具有很强的等级之分，形成等级分明、多层次、多类型的居住建筑体系。

　　北京四合院居住建筑，属中国传统木构架体系的合院式建筑类型，其建筑空间构成强调以院落为中心组织东、西、南、北四个方向，不同功能的房、廊、门等建筑元素，形成独门独院的居住空间。其中，院落是北京人与天地交融、家人团聚的绿色空间。四合院建筑也强调以中轴线控制房屋与空间布局方向，建立长幼尊卑、男女内外有别的"礼仪"秩序，这是北京人对伦理制度的尊重。

　　北京城的居住环境，依托城市生态环境、道路、街巷肌理、街区店铺、庙宇、戏楼等的建设，构建了内城、外城及郊区村落不同层次和不同类型的居住环境体系。在内城，延续元代城市规整的棋盘式街巷胡同肌理，以里坊式的居住模式，将大大小小的四合院密布于街巷胡同之中，构建大气、安静的居住环境；在外城，以位居城市中轴线上的前门大街为轴，依托帝都九门之首——"前门"所在地的区位优势和经济的发展，吸引了全国各地进京为官、仕、举子、商贾、匠人等在此聚集居住。成千上万的大小四合院布置于街巷胡同之中，构建了街市、庙宇、戏院、四合院居住区相融合的居住环境。在京郊的村落更是选址于山水之中，形成耕、居结合的田园式居住环境。因此，北京城以内城、外城、京郊村落不同的居住环境特色，体现了由生态、物质、精神三大环境体系有机组成的和谐、大气、市井文化繁荣的人居环境。

　　北京更是一座拥有一种精神品质的城市，历史积淀的中华文化和社会文明滋养了北京人的气质、生活情趣，帝都的皇家文化、多民族文化、各地文化和京城浓郁多彩的市井文化、士文化及居住文化等多元文化，是城市精神品质和内在生命力的体现，是古都北京最具魅力的城市记忆。正如侯仁之先生所言"这座城市的内在生命力——也就是它的人民生活和气质，……如果说有哪一个城市，本身拥有一种精神的品质，能施加无形的然而是重大影响于居住的力量的城市，那就是北京"。

北京民居文化丰富多彩、深厚珍贵。有关北京四合院及胡同文化等多角度的研究已十分深入而广泛，研究成果和著作丰硕。本书在学习有关研究成果的基础上，以元、明、清、民初时期的北京城区与郊区农村的传统民居建筑、居住环境及民居文化为对象加以研究，进一步分析归纳北京四合院民居建筑的多种类型、建筑空间构成、建筑构造与装饰艺术。以生态、物质、精神三大居住环境构成体系，研究北京不同地区人居环境空间构成，从北京帝都多元化交融聚集的社会文化角度，认识北京民居文化的内在精神。并对不同类型、不同层次的城区与郊区民居建筑和居住环境的实例调研、建筑测绘及实例照片等的分析论证，以提供可据研究的北京民居文化资料，加深对北京民居文化的研究及其文化内涵与价值的认识，深化传承与创新现代居住文化研究，并以前门地区历史文化保护及川底下古村落等保护利用的工程实践，探索有关北京传统民居文化保护、传承与利用的途径。

欣逢中华盛世，古都北京以建设国际城市为目标振兴发展，更加注重古都历史文化的保护与传承。闻名世界的北京传统合院民居文化研究，得以高度重视并将迎来新的发展。

目　录

第七章　北京郊区村落环境构成

第一章 概 述

北京已有3000余年的建城史,辽、金、元、明、清五个朝代相继在此建都,成为了举世闻名的历史文化名城。北京优越的自然地理环境和作为各代帝都的国家政治文化中心地位,以及京城的社会、经济、文化等是北京城市建立与发展的载体和支撑。历史悠久的北京城造就了以四合院为主体的北京民居文化,并成为北京城市的象征。

第一节　自然地理环境

北京位于东北平原、华北平原和蒙古高原的交汇处，即华北平原的西北隅、太行山北端和燕山西端的交接部。地跨北纬39°30′～39°40′，东经115°30′～117°30′之间，南北长约176公里，东西宽约160公里，占地面积16800平方公里。

北京的地理环境特征是：西、北和东北部三面环山，中部、南部、东南部为平原。东南开阔面向渤海，形成向东南开敞的海湾状地理环境（图1-1）。据《日下旧闻考》记载："幽州之地，左环沧海，右拥太行，北枕居庸，南襟河济。"生动地描绘了北京优越的地理环境。从全国的地理区位看，北京更是建都之吉地。据《天府广记》记载："冀郡天地间好个风水，山脉从云中发来，前面黄河环绕，背靠燕山，泰山从右为虎，嵩山

为首案，淮南诸山为第二重案，江南五岭为第三重案。古都建都之地皆莫属于冀郡。"从大风水环境描述了京都选址的优越（图1-2）。

一、地形地貌，类型多样

北京西部山地属于太行山北段，统称北京西山。东北部、北部和西北部山地属于燕山山脉，其中东、西环接处的燕山段称军都山。山地均

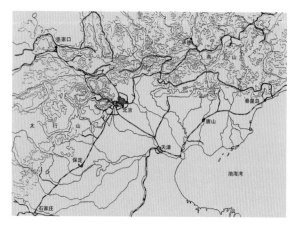

图1-1　北京地理环境

图1-2　北京城市环境

属于地貌学上的侵蚀—剥蚀构造断块山地，其山地面积约占北京市总面积的2/3。其中低山地带海拔多为500～800米，中山地带的海拔高度为800～1500米。另有部分高山地带，海拔高度为2000米以上，其中海拔高度2303米的东灵山为最高峰。西部低山地带，多由石灰岩构成，坡大土薄水土流失严重。而北部多由片麻岩和花岗岩构成，地势低缓，谷地宽阔。中山带中，西部多以石灰岩为主，北部则由花岗岩构成，山体陡峻，土层较厚。北京的平原为华北大平原的西北隅，面积约占北京面积的1/3，主要由永定河、潮白河、温榆河、拒马河等大小河流的冲积平原组成，地平土沃，水丰利耕，宜居建屋（图1-3）。

二、河流湖泉，众多面广

北京的河流水系：

大清河水系——是北京清洁地表水的重要源地。

永定河水系——是北京城市最大河流，在市内河长165.5公里。

北运河水系——上游温榆河发源于昌平山地，是属于市域的唯一水系。

潮白河水系——居市域径流之首。注入密云县的密云水库，为水资源开发利用和重点保护区。

拒马河水系——为过境河流（图1-4）。

其中，永定河切穿西山流经北京湾注入渤海，潮白河流经北京东面地域。这两条河对北京湾的形成起到至关重要的作用。与北京城市建设直接相关的水系为莲花池水系到高粱河水系。金代的中都城，依托莲花池水系建城（即指莲花池小湖泊及莲花池发源的小河）。元代重建新城，放弃了莲花池水系，而转移到高粱河水系，以扩大水源，适应建城的需求。并实施了引玉泉山水以通漕运的计划。此水系源于今日海淀区玉泉山的白浮泉。泉水注入昆明湖（原称七里泊），经长河、马金水河汇合流入环绕京城的护城河，其中流入城内的分支叫御河。御河穿过城区的宫苑，向东与护城河相汇合，经城东的通惠河流入大运河，

以促进漕运。这条河流是穿越城区的水系，它是昔日北京主要水源，也是北京城内外重要的风景线（图1-5）。历史上，北京河流水量较大，利于航运与灌溉。河流的流向均由西北向东而流，形成了北京东南小平原的地形特征。特别是潮白

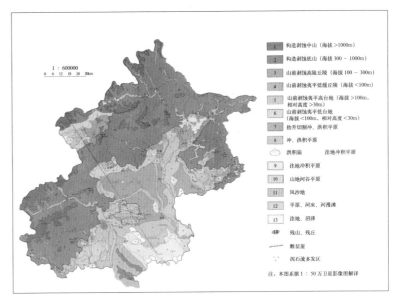

图1-3 北京地形地貌（北京市坡度分布图）

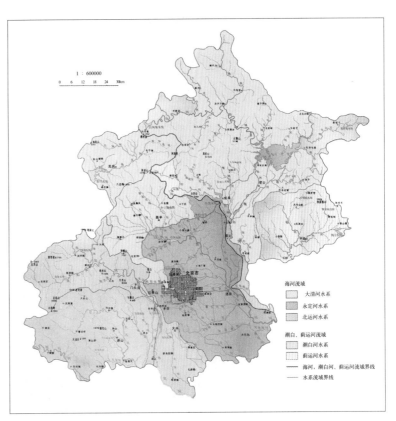

图1-4 北京水系

图1-5a　元大都城市与河湖渠道

河与温榆河两大水系是北运河、漕运河道的主要水源，充足的水量保证了京师漕运的兴旺（图1-6）。而永定河却是一条流量大、但水量不够稳定的河，夏季经常出现洪水暴涨、泛滥无常。虽然如此，永定河在北京平原上形成的冲积扇地段，土地松软肥沃、利于耕种（图1-7）。同时永定河也为古代北京地区交通大道的交会点。特别是永定河上的古代渡口（今卢沟桥一带）是平原地区跨越永定河的最佳点，成为大小道路网的交会中心，促进了北京城市的发展。

历史上，北京湖泊、泉水也多。例如莲花池（今广安门外）、夏泽湖、谦泽湖及延芳淀（今通州区南部）等湖泊。这众多的湖泊不仅蓄水丰富，也是景色宜人的游览圣地。北京郊区玉泉山的玉泉、白浮泉也极为珍贵。小汤山温泉、巴沟与香山的泉水、平谷的黄草洼泉、延庆县的珍珠泉等等，丰沛的泉水滋润着整个北京城。据《光绪顺天府志》[1]记载："德胜门之西北京鹰房有称为

图1-5b　什刹海风景

图1-6b　洋人笔下的北京大运河

图1-6a　京杭大运河

图1-6c　清代潞河漕运

满井者，广可丈余，围以砖，泉味清甘，四时不竭，水溢于地，流数百步而为池，居人汲引赖之。"据光绪年间编著的《京师坊巷志稿》统计，京城有井 701 眼，外城有 557 眼。至今，北京城内仍留着带井字的地名，如：一眼井、二眼井、三眼井、四眼井或东水井、南井胡同、大井胡同、王府井等等（图 1-8）。在郊外泉水更丰富，是皇家苑囿、农村生产、生活用水之源。几乎村村都有泉水、井水，如京西灵水村，原有泉井 72 口之多（图 1-9）。

图 1-7b　南苑的水稻田

三、气候高爽，四季分明

北京位于东半球中纬度地带，属于北温带半湿润的大陆性季风气候区。其气候特点是：四季分明，地气高爽。春季短促，干旱多风沙；夏季酷热，降雨集中；秋季气爽，光照充足；冬季寒冷漫长，干燥多风。北京气候的地域差异明显，气温随地势不同而有所变化，一般山地的最低气温达 -33.2℃，而平原最低气温则为 -27.4℃，北京全年平均气温为 10 ~ 12℃。春秋两季平均气温为 16℃ 以下，夏季最高气温为 38℃，冬季气温可低达 -20℃ 左右，全年无霜期为 180 ~ 200 天（图 1-10）。北京的降雨量分配不均，多随季节变化而变化，其中 7 ~ 8 月降雨量约占全年的 84%，且多为阵雨和暴雨，易遭涝灾，全年平均降雨量为 470 ~ 600 毫米。北京风向有明显的季节性变化：冬季以偏西北风为主，夏季多为东南风，春季为风向转换的季节。北京

图 1-7c　洋人画笔下的京郊水田

图 1-8　王府井水井遗址

图 1-7a　永定河

图 1-9　村落的井

气候高爽，其建筑布置强调夏季能迎风纳凉、隔热遮阳，冬季背阴向阳，能有充足的日照。为了适应气候条件，北京四合院民居采用宽敞的院落为中心，可使房屋多纳阳光，利于日照和通风、防沙避风，增加户外活动的场地，建筑朝向强调负阴抱阳。

四、京城地处，多震地带

北京属于多地震带区，地震带多分布于东南通州区一带。据明清文献记载：康熙七年（1668年）、十八年（1679年）和雍正八年（1730年）先后发生地震 3 次，震级大、延时较长。据 1987 年的统计，北京地区发生地震有 200 余次之多，其中 5 级以上有 12 次。直至今日北京建筑的地震设防烈度级别为 8 度。在北京的传统民居建筑中，采用框架式木结构体系，具有墙倒屋不塌的良好抗震能力。因此，不少明、清时期的建筑具有较好的抗震性，至今仍得以保留。

五、自然资源，丰富丰富

自古以来，材料是营造之本。中国民居用材多为天然材料，如土、木、石、砂、砖等。北京

图 1-11a　石头砌筑的山村民居一

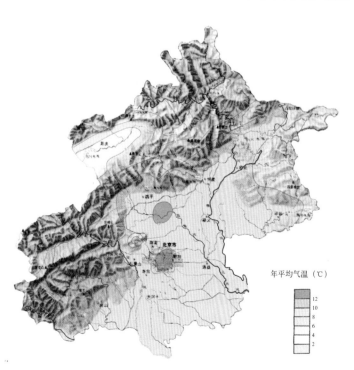

图 1-10　北京年平均气温

图 1-11b　石头砌筑的山村民居二

城地处山、水之间，自然资源类型多样而丰富。用于建筑材料的相关植物和矿物资源中的木、土、石、砂等资源丰富，其中，木材资源集中于西北部山区森林，多为松、柏、柳、榆、栎、榛、杉、栗等，矿物资源，如房山盛产汉白玉、青石等石材，京西门头沟区盛产煤，其他地区铜、铁、银等矿产也很丰富。北京民居体现了这一特色，多以砖木结构为主体，京郊山区为石材盛产地，民居建筑常用块石与片石砌筑，形成京郊山地民居特色（图1-11）。

北京的自然地理环境优越，气候温和，适于户外活动的时间较长（无霜期约为200天），使北京民居形成以院落为中心的合院式建筑特征，以充分利用院落空间采光通风、多纳阳光、防避风沙，沟通天、地、人的联系，成为最具地方特色的民居建筑之一。

第二节 社会文化背景

北京民居文化的形成与发展，除受特定的自然地理环境，地形、地貌、气候、资源等影响外，还深受中国社会、环境、人文、传统文化和帝都政治文化中心等多种因素的制约和影响。

古都北京早在3000多年前已是"北京人"的故乡。北京建城的历史悠久，在公元前1000多年时，蓟城在此建立，后蓟被燕所吞并，将蓟称为燕京，并在今北京房山区建燕国都城。隋、唐时，幽州（今北京广安门外以南地区），是向东北征伐的基地和防守北方游牧民族入侵的军事重镇。公元937年，辽代以幽州为陪都，称为南京。公元1151年，金代扩大辽南京城，并定为中都，揭开了北京正式作为都城的史篇。公元1251年，蒙古人灭金，中都遭到严重破坏。公元1264年，元代在金中都城东北建元大都。公元1368年，明灭元后，元大都改成北平府，明成祖迁都北平后，改称为北京。都城建设在元大都的基础上，将北墙南移五里，南墙南移一里。嘉靖三十二年

（公元1553年）扩建外城，平面形成"凸"字形。满族人入关，建立清朝。都城在原明朝的基础上加以建设。自元代始，明、清两代建都北京，并以元大都城市建设为基础加以发展（图1-12）。

北京是元、明、清三代帝都所在地。极大地促进了北京城市的建设和发展（图1-13）。虽然，元、清两朝为少数民族入京统治，但仍沿袭了汉文化的主体地位。因此，北京城的居住建筑同样依托中国传统宗法社会、小农经济、伦理文化的影响和帝都的政治、文化中心的地位等多种因素的支撑下得以而发展。形成以四合院建筑为主体的多层次、多类型的北京民居。

一、小农经济体系，依附自然发展

几千年来，以小农经济为主体的经济体系成为中国社会发展的支撑。这种强调崇尚自然、靠天生存发展、延续着以农业为主体的封闭型经济体系，同时也形成了农耕社会"勤劳自力"、"安居乐业"的价值观。在居住建筑的建造中，从远古的"巢居"、"穴居"至"合院"建筑，都体现着"天人合一"、"顺应自然"、"因地制宜"的观

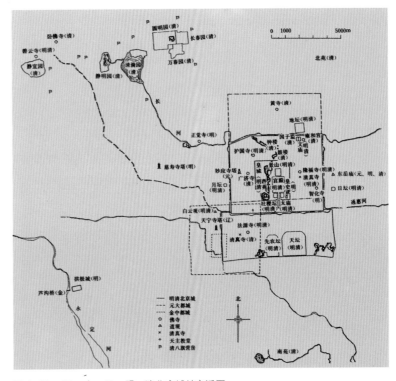

图1-12 辽、金、元、明、清北京城址变迁图

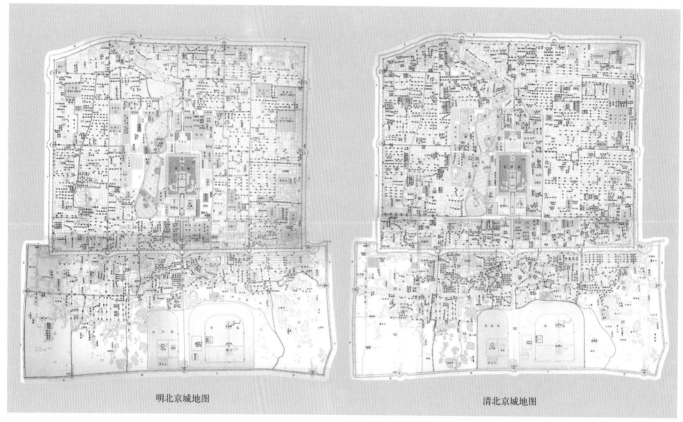

明北京城地图   清北京城地图

图 1-13   明、清北京地图

图 1-14   融于自然的北京民居——古北口

念和营造原则。它以建筑选址、空间形态、建筑构造及山石、土、木等建筑材料的应用构建了宜居的居住建筑和环境，形成追求安居、和谐的传统居住模式及适应气候变化的合院式建筑形式。这种传统的合院式建筑同样在北京地区生根发展，形成独具特色的北京四合院民居建筑体系。特别是在北京的农村，住宅更是以农业生产为主，形成居耕结合、融于自然山水之中的田园式民居建筑，创造了极富地域性和乡土气息的传统民居建筑文化（图1-14）。

二、宗法社会支撑，追求家族同居

中国是宗法社会"大一统"的古老国家，重视家族，构建血缘社会。费孝通先生曾指出"血缘社会就是想用生物上的新陈代谢作用去维持社会结构的稳定。"[2] 在中国强调以"家"为社会中的基本族群，以"血缘"稳定社会，以"血缘"决定人的社会地位，而不容个人选择。因此中国形成了"君、臣"、"长、幼"、"男、女"有别的传统精神和"聚族而居"的传统居住模式。北京作为都城，在宫廷建筑和传统居住建筑中都深深地体现了宗法社会"君与臣"、"官与民"、"父与子"等级分明的社会结构，和以"家"为核心所形成的不同等级、不同类型、不同规模的居住建筑特色，以求符合中国宗法社会制度下，家族生活居住功能的需求。正如王国维在《明堂庙寝通考》中所说："我国家族之制古矣，一家之中，有父子，有兄弟，而父子、兄弟又各有其匹偶焉。即就一男子言，而其贵者有一妻焉，有若干妾焉。一家之人，断非一室所能容，而堂与房又非可居之地也。故穴居野处时，其情状余不敢知；其既为宫室也，必使一家之人所居之室相距至近，而后情足以相亲焉，功足以相助焉。然欲诸室相接，非四阿之室不可。四阿者，四栋也。为四栋之室，使其堂各向东、西、南、北；于外则四堂，后之四室，亦自向东、西、南、北而凑于中庭矣。"此段论述充分体现了中国宗法社会的家族同居的模式和四合院居住建筑的形成。因此，四合院是

中国居住建筑的传统形式之一，它随历史的进程得以发展。在帝都——北京城里，有封建特权的王府，有几世同堂的深宅大院，有千家万户的百姓人家。在京郊农村更有一姓或多姓聚族而居的村落，也有一家一户的宅院。不管在京城内或京城外，北京四合院是北京人安家立业、抚幼养老的家，是北京人最亲切和依恋的家园（图1-15）。

图1-15a 北京人的家园——齐白石及家人（选自《洋镜头里的老北京》）

图1-15b 北京人的家园——程砚秋先生与家人（选自《中国名人故居游学馆（北京卷）胡同氤氲》）

图1-15c 北京人的家园——梅怡瑞及家人（选自《洋镜头里的老北京》）

三、传统伦理精神，规范居住秩序

中国是历史悠久、传统文化深厚的文明古国，以儒家伦理为主体核心的儒、道、释相结合的哲学体系支撑着国家的发展。作为中国传统文化源泉的儒家理论以礼、仁、中和为核心，强调以"礼"构建人伦秩序而立国兴邦。《左传·隐公十一年》中说："道德仁义，非礼不成；教训正俗，非礼不备；分争辩讼，非礼不决；君臣上下，父子兄弟，非礼威严不行；祷祠祭礼，供给鬼神，非礼不诚不庄。"强调以"仁"构建仁爱思想，树立道德精神。孔子曾说："人而不仁，如礼何？人而不仁，如乐何？"。强调仁是思想核心，礼是仁的表达，是典礼仪式，仁礼合一应成为人的内心情感。[3] 强调以"中和"构建"天人之和"、"人际之和"、"身心之和"。如孟子在《孟子·公孙丑下》中所说："天时不如地利，地利不如人和"。因此儒家以"尚中"之道、以"中"为求"和"的"标准"与"限度"，形成中国文化崇尚"中和"的审美观。同时，中国传统文化以"礼乐"协调人之和谐。传统的伦理精神支撑着中国封建社会的发展，也深深影响着中国传统建筑的等级制度和居住建筑所体现的等级秩序。作为帝都——北京的四合院民居建筑更鲜明地体现着"伦理"与"礼乐"文化精神。在四合院的空间构成中，形成了以院落为中心，以贯穿全宅的中轴线为脊，有序控制各幢房屋的布局。中轴线上的北房为上，居住长辈。左右对称布置厢房，为子女居住。位于南端的倒座房，为客房等。以纲常伦理思想在民居中建立起"父与子"、"男与女"、"内与外"有别的等级秩序。以有序和谐的居住环境精神规范人的行为品德。

综合分析，北京民居建筑也正是在中国小农经济、宗法社会及"伦理"、"礼乐"三大支撑下综合发展形成，并成为最具中国传统文化精神的北方合院式居住建筑的典范。

四、帝都政治中心，多元文化聚集

北京城是金、元、明、清的帝都，作为政治、文化中心，其居住体系、居住建筑形制、规模及居住文化等呈现出多元化的特色。

在北京城设置有政府机关和各行业机构，既是政界官员、贵族集中之处，也是文人墨客、商贾、上京赶考举子、百姓大众和外地工匠聚居和从业谋生之地。是等级不一、职业各异、贫富有别的多层次人口聚集的城市。因此，在北京四合院中建筑等级分明。其中，有百姓、少数民族聚居的住所，有王府、官邸、举子名流、商贾大户的深宅大院等各不相同的居住体系，形成融皇家文化、士人文化和市井文化等多元化为一体的北京居住文化，形成北京人特有的生活与气质。

第三节　北京民居的"源"与"兴"

一、"源"——中国合院建筑

中国合院式建筑是适应中国内陆地区的地理环境特征和符合中国社会、经济、文化特征的建筑形式。合院式建筑体现着古老中国崇尚"自然"、尊奉天人合一的自然观、讲究"血缘"以家为根、重视"伦理"规范行为、追求"和谐"以中和为本的传统文化，成为中国传统建筑之本，而得以生根发展。它广泛应用于中国的宫殿、庙宇、祠堂、住宅等建筑。其中，民居建筑是历史上建造最早、量大面广，地域性、民族性最强的建筑类型。

从史料上记载，合院式住宅建筑早在3100百多年前的西周时期，就已出现，它属于木构架体系的合院式建筑。此时期合院式居住建筑的形制规范、建造系统及组合形式等已自成体系，并对后世中国居住建筑的发展有着深远的影响。据考古发掘，陕西岐山凤雏村西周建筑遗址所呈现的平面形制，是一座布局工整的四合院。[4]它由南北中轴线上的门道、前堂、后室组成，两侧为前后相连的厢房。前堂、后室之间以廊相通，大门之外设有夯土照壁（古时称罘罳）。建筑布局体现合院为中心、中轴对称、有内外院之分的等级秩序，是一座完整的两进四合院，被誉为中国最早的一座四合院遗址（图1-16）。它虽经考证

图1-16a 陕西岐山凤雏村西周建筑遗址复原图

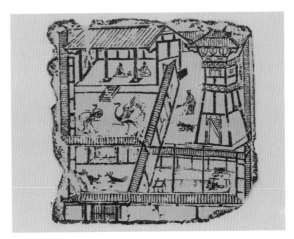

图1-17 四川成都杨子山出土东汉画像砖中的合院住宅

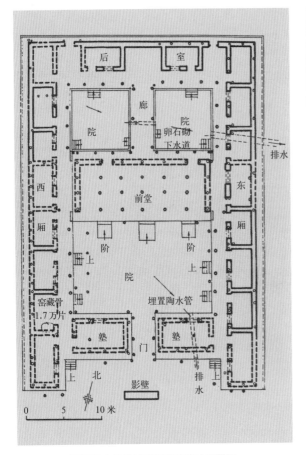

图1-16b 陕西岐山凤雏村西周建筑遗址平面图

图1-18a 敦煌 图1-18b 唐代壁画中的住宅
壁画描绘的唐代
住宅

是一座宗庙遗址，但它展现了西周时期的四合院形制、体系已趋于成熟，从造型、平面布局、房门大小、屋顶式样都有严格的礼制规制，体现着古代中国文化传统。自周以后，四合院建筑在各朝代都得以延续和发展，并有丰富的历史资料记载。其中，在四川出土的东汉画像砖中，就生动地描绘了多幢房屋、廊、望楼组合的汉代大型多进、多院组合住宅（图1-17）。随着南北朝、隋、唐时代经济的发展，各地大兴土木，住宅建筑得以迅速发展。与此同时，其建筑等级也越来越明显，有带庭院、园林的大宅第，也有依山而建的三合院或四合院民宅、农舍（图1-18）。宋代传

统的四合院居住建筑得到延续和新的发展。其居
住建筑等级分明，合院建筑的形式多样，构造更
为精良，使传统合院式居住建筑更为成熟，并得
以发展（图1-19）。在地域宽阔的国土上，不同
地区的自然环境与地域文化呈现出多种多样的合
院式居住建筑，形成南北两大合院式居住体系，
以中国北方为主的房房相离式合院住宅；即四合
院住宅；以中国南方为主的房房相联式合院住
宅，即以江南天井式合院住宅和西南一颗印合
院住宅两类组成。在中国居住建筑的发展中，传
统合院建筑是"源"，它奠定了南、北方居住建
筑发展的基础（图1-20）。其中，北京四合院成
为北方合院式居住体系的"典型"，传播至东北、
河北、陕西、山西等地区，并形成以北京四合院
为核心的居住圈。使北京四合院建筑成为北京合
院式民居中形制最为规范、层次分明、建筑体系
完善、文化内涵最深的典范。

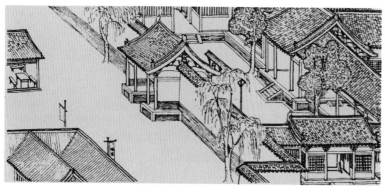

图1-19a　宋代宅第图

图1-19b　宋清明上河图中的街市及住宅

图1-20　民居分布示意图

甘肃张掖回族民居

吉林满族民居

北京四合院民居

陕西关中民居

山西晋中民居

江苏苏州民居

湘西民居

安徽徽州民居

浙江东阳民居

云南一颗印

福建土楼

广州潮汕民居

台湾民居

二、"基"——元代建都奠基

在中国的居住史中，各地区不同的自然环境、不同的地域文化、不同民族和不同时代，形成了多种居住形态和建筑形式。其中经数千年发展形成的汉文化，以巨大的亲和力得以传承发扬。元代虽为蒙古族所统治，但汉文化逐步得到认同和弘扬，构建了与中原汉文化相融的元代社会制度。其居住模式由"蒙古包"式的"迁居"模式改为汉人四合院建筑形制的"定居"模式，并延续了两宋传统的合院民居形式。在山西芮城的元代永乐宫壁画所画的住宅建筑中就有北方四合院建筑出现（图1-21）。由此可引证，元代居住建筑沿用了中国传统四合院建筑形制，从而促进了传统居住建筑的发展，延续着以汉文化为主体的中华文明。

北京四合院民居的延续与发展，依托了元大都的建设。北京城市的建立，虽早在周初（公元前1045年），但在今日北京城区建城则始自元代的大都。元朝定都北京的城市规划建设，重视和延续以汉文化为主导的中华文明，由精通儒学、佛教的著名学者刘秉忠主持，并遵循《周礼·考工记》的城市规划原则，和尊奉汉文化的天人合一、敬天法祖、皇权至上、尚中求和的传统理念和伦理精神建设都城。元大都的城市建设以一条长达7.8公里的城市南北中轴线为脊建城。重要的城门、宫殿均布置于中轴线上，以象征皇权至高无上的威严。城市的布局左右对称，以东西走向的横街（或胡同）与南北干道纵横相交。并以"规划整齐"的街巷和棋盘式的城市肌理而著称于世。全城的居住区分街巷布置，划分为50个里坊，每坊南北方向平均约容纳小巷12条，形成了以胡同间距与走向制约的四合院居住区，从而创建了北京独有的"胡同制"居住区和"里坊—四合院"居住体系。其四合院民居建筑沿东西走向的胡同布置，形成以院落为中心、南北轴线为脊、主屋坐北朝南、厢房东西对称布局的四合院民居。在现今北京城中，保留的元代四合院居住建筑实物已不存在，但从元大都旧址上的后英房元代住宅遗址分析，所呈现的四合院建筑的开间尺寸、房屋组合、工字形厅、旁门跨院布局等都延续着唐宋传统的汉族合院民居模式（图1-22）。另一处北京雍和宫后元代居住建筑遗址，虽仅为

图1-22a　北京后英房元代居住建筑遗址

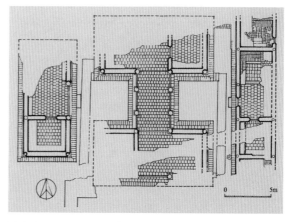
图1-22b　元代北方四合院平面

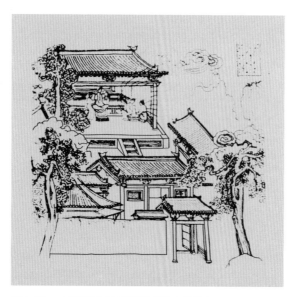
图1-21　山西芮城永乐宫元代壁画中的住宅

图1-22c 北京后英房胡同元代住宅复原图（傅熹年先生绘）

图1-23 北京雍和宫后元代住宅复原图（傅熹年先生绘）

原住宅的一部分，但是它的主房坐北朝南，两侧东西厢房对称的平面布局等都体现了合院住宅的特征（图1-23）。在元朝，北京四合院虽然不具备核心居住体系特质，但元大都的城市格局和纵横的道路网格组成的城市"里坊"式的居住区体系，奠定了北京四合院民居发展的基础。因此，元朝的四合院民居及"里坊式"居住区的形成，可谓是北京四合院民居之"基"。

元朝定都北京后，大批北方少数民族也随之内迁，散居汉地。因此，在北京城郊出现了一些北方少数民族聚居的村落。另一方面，朝代变迁和战乱造成燕京地区人口大量流失，为发展农业，元朝采取了移民政策，进一步推动了京城郊区村落的发展。

三、"兴"——明、清两代发展

公元1368年（元至正二十八年）明军攻陷元大都，并于公元1406年（永乐四年）下诏，在元大都城址基础上兴建明北京城。中国又恢复了汉人统治，延续着封建社会，重振宗法制度、礼仪制度和儒学，纲常伦理思想再占总领地位。在经济上，重视农业发展、解放劳动力、扶植工商业、鼓励外贸业、开拓海外市场，使明朝政治、经济、文化发展到极盛。此时，北京城市建设及各类建筑已远胜于元代。其中，民居建筑有了新的发展，制定了居住建筑制度、强化了等级，规制严格详尽，官员与庶民分级，并按规定建房。这些规定强化了封建社会秩序，推进了不同阶层人士营造宅第的有序发展，使居住建筑形式、装饰规格都得到提升。此时，宅园建筑也较元朝更盛，出现了许多几代同堂的大宅院。特别是北京为明、清帝都，建有大量王府建筑，形成了北京四合院等级严格、居住建筑多元化的格局。

明代北京城市布局是以宫城为核心，由内向外布置皇城、内城和外城。其四合院民居严格按级别、形制等级高低的不同，加以布局。内城形成大量规模大、等级高的贵族、巨商富贾宅院居住区，外城则形成多以百姓为主体的居住区。同时，随着内城的东四大街、西四大街、鼓楼大街及部分外城街市（前门大街等）和街区的形成，大批商住结合型的住宅、寓居会馆等类型的建筑也逐步出现，丰富和发展了都城的居住建筑类型和居住体系。明朝国力殷富的时期，除宫殿豪华壮丽表示皇权威严、神圣的气势外，丰富多彩的

四合院居住建筑也异彩纷呈，推进了北京四合院民居的发展。明代定都北京后，大力发展农业生产，同时也为继续征伐元军，防御蒙古贵族势力卷土重来，采取了从山西、山东等地向北京地区移民之举，以充实北京地区人口和劳动力。此时，京郊地区涌现出大批新农村，提高了村落密度，增加了军事防卫及养马等不同功能性的村落，呈现出村落发展高峰，为北京村落与民居发展奠定了基础。

清代（公元1644－1911年），满族即在黑龙江、长白山一带的女真族入关建都北京，再次确立汉文化的主导地位，促进了社会、经济、文化的变化与发展，进一步统一和巩固了多民族的中国，使清朝在封建社会末期政治、经济、文化发展达到顶峰，并开始出现了资本主义萌芽。由于清朝前期社会的稳定和经济的繁荣，也促进了居住建筑的新发展。清初，建筑的一切规制沿袭明代的旧制和城市建筑风貌，全面继承了四合院居住建筑。由于清朝的皇亲国戚多集中在京城居住，出现了一批高规格的、特权阶层的居住建筑。例如，"王府"、"府第"、"豪宅"等，这类建筑讲究建筑雄伟、壮观、规模大、建筑规格高，多设置亭台楼阁、山石水池的园林等设施。此类高规格居住建筑的出现，大大提升了北京四合院居住建筑规格与水平（图1-24）。清初曾将汉族居民移居外城，后来随着经济商业文化的发展，限制放宽，大量商贾、工匠入京，作为帝都，官宦、士人、名流云集。因此，涌现出大量豪宅和深宅大院（图1-25）。

在北京城更有大量百姓居住的四合院建筑，构成城市住宅建筑的主体。在百姓居住区中，四合院建筑大小不一、形式多样、尺度亲切、环境亲和。随着外城前门（正阳门）地区的发展，前门大街、大栅栏、鲜鱼口等街区出现了许多商居结合型建筑和会馆寓居四合院等多功能、多形式的居住建筑逐步形成了家家毗邻、户户相连的大片四合院居住区，构成了北京城的独特的风貌和浓郁的京味文化（图1-26）。

图 1-24a　醇亲王府

图 1-25a　深宅大院一

图 1-24b　恭王府花园

图 1-25b　深宅大院二

图 1-26　密集的百姓四合院

在清代北京郊区的村落民居的发展，因经历了王朝更替战争的影响，原有的村落民居也遭受到战火的摧残。特别是清朝定都北京后，大批八旗人涌入关内，占据了北京内城。清朝廷为了八旗官兵谋生计，实行了"圈地之法"，田地分给诸王、勋臣、兵丁等。京郊各州县的田地多被圈占为旗地，剩给汉民的土地多为荒沙贫瘠之地，且数量稀少。因此，清代北京地区设置众多的旗庄，不少村落形成满汉混居，促进了京郊新村落的形成。随着清代建设京郊"五园三山"，即畅春园、圆明园、清漪园（后改名为颐和园）、静

明园、静宜园和香山、万寿山、玉泉山为主体的皇家园林区和皇室生活行宫，设置陵园及军事设防等因素的依托，京郊出现了维护行宫、园林、皇陵和长城军事防卫或军需供应（养马等）的专业村落等。此时，农村多以小农业和家庭手工业相结合的村落为主，有沿古道等交通要道建村的，也有商耕结合的村落等等。此时，多种类型的村落促进了北京京郊村落民居的新发展。在京郊村落民居中以合院式民居为主体，也有不少官僚地主的豪宅大院和商居结合的宅院等等，使村落民居呈现出多样化的特色。至今，在北京郊区还保

图 1—27a　下苇店村

留有不少特色鲜明的明、清古村落（图1-27）。

四、"变"——时代变革演进

清代政治、经济、文化发展和繁荣促使了北京四合院民居建筑发展到巅峰时期。独特的四合院建筑成为北京城的象征。但随着社会的变迁，清代后期朝政腐败，国力衰竭，列强侵凌，并逐渐沦为半封建半殖民地社会，北京四合院也经历了由"兴"到"衰"的历程。自民国十七年（1928年）后，首都南迁，北京降为特别市，改为北平。此时，众多的官僚、富人纷纷南下，致使大量的四合院闲置，

加之日本帝国主义入侵，直接导致了北京四合院居住建筑的蜕变。独门独院的四合院因无力维持而出租，变成了多户房客合居，从而改变了原来的居住性质。也有部分王府、豪宅改换户主或另作他用。

1949年新中国成立后，确立了北京为中华人民共和国首都的地位，开始了北京的新发展。在居住建筑建设方面，由于所有制的变更，原有的多数王府、宅第改为现代名人住所或转为国家机关、学校、幼儿园、解放军驻地等等。私家宅院经房地产改革，收为国有，由房管局出租。原宁静、舒适的四合院变成为多户同居的状态，各家分割、

占用、私搭乱建的小房挤满的院子，成为名副其实的"大杂院"，丧失了四合院原有独家独户居住的温馨与宁静。1966年开始的十年"文化大革命"使四合院建筑及雕刻、彩绘等精美珍贵的建筑装饰艺术因"破四旧"之名而遭损毁，深邃的四合院文化再遭浩劫（图1-28）。改革开放以来随着北京城市建设的发展，大规模的旧城改造，使旧城区的四合院居住用地因土地功能置换、建设现代化大楼而成片拆除。承载着中国传统合院建筑文化的北京四合院的保护、传承的工作面临挑战。但随着国家政治、经济、文化的新发展，首都北京越来越重视中华传统文化的保护，重视北京古都风貌、古建筑、历史街区和传统四合院

的有效保护。并在政府主导、专家、居民、社会参与的策略指导下，制定相应的政策和保护措施，积极保护这记载着中华民族智慧和经历长期历史发展的北京四合院文化（图1-29）。

新中国成立之后，北京郊区村落在明、清、民国时代的基础上得到发展而巨变。在建设发展首都——北京政治、经济、文化的基础上，开展新时代的北京城市建设。政府对北京历史文化街区及四合院文化保护给予了高度重视，确立了保护与整治的方针，进行积极的保护。同时在京郊农村建设中，古村落与民居保护同样得到了高度重视，以有效保护古村落及民居文化，焕发新时代的活力。

图1-27b　后桑峪

图1-27d　灵水村

图1-27c　沿河城

图 1-28a　京西四合院的变化一

图 1-29b　整治后的四合院居住区二

图 1-28b　京西四合院的变化二

图 1-28c　京西四合院的变化三

图 1-29c　整治后的四合院居住区三

注释：

[1]《光绪顺天府志》"地理志九·村镇"序.

[2]费孝通.乡土中国与乡土重建.风云时代出版公司,1993.

[3]论语·八佾,建筑的论理意蕴.

[4]刘致平.中国居住建筑简史.北京:中国建筑工业出版社,1990.

图 1-29a　整治后的四合院居住区一

第二章　北京民居居住形态与分布

　　城市是一个多功能的社会聚集体，也是不同人群聚居栖身之地。因此，居住建筑成为城市组成的基本元素——"细胞"，而城市则是居住建筑的载体，两者相辅相成，同构同生。作为北京城市居住实体的北京民居，依托历史古都的社会、经济、文化支撑而生存与发展，也依托各朝代城市建设、城市布局和人口聚集的分布状况等，形成了各具特色的居住区体系，构成了不同阶层人群聚居的多层次、多元化居住形态。

第一节　城区居住形态与分布

北京城于明嘉靖二十二年（1543年）扩建外城，形成了宫城、皇城、外城三部分组成的城市区域。根据城市功能区划和民居的分布状况，可把北京民居体系划分为京城的内城（包括宫城、皇城）民居体系、外城民居体系和京城外的郊区村落民居体系三大部分加以分析研究（图2-1）。

一、内城住区，层次多元

城市的居住形态中，"坊"为我国古代城市居民按社区聚居和政府对城市居民实行有效管理的基层单位。早在辽、金时代北京地区就已建立了"坊"的机制，"坊"内居民的居住建筑多以四合院或其他合院形式为主。

自元代在今日的北京城区建都开始，北京的城市布局就按照《周礼·考工记》上所说："国中九经九纬，经涂九轨，面朝后市，左祖右社……"的规制布置街道。因此，北京城市的街道、胡同沿城市中轴线东西两侧，以横平竖直的格局加以布置，同时，规划对城市的大街、小巷、胡同的宽度都有严格规定：大街宽24步（约37.2米），

小巷宽12步（约18.6米），胡同宽6步（约9.3米）。其中，胡同为南北走向大街之间的联系通道。并以此构建了规整方正、形如棋盘的城市道路网，形成以街、巷、胡同为经纬线划分的里坊。四合院民居布置于"里坊"中，形成了元大都独具特色的"里坊-合院"的居住区体系，它为明、清时代的北京四合院民居的体系、布局及发展模式奠定了基础（图2-2）。明代随着政治稳定、

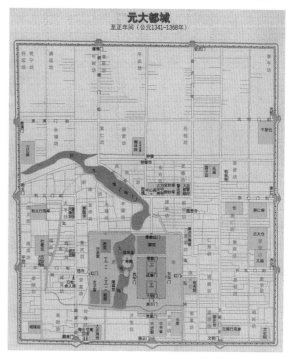

图2-2　元代城区里坊图

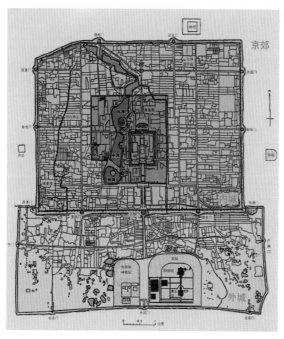

图2-1　明、清北京城区分布图

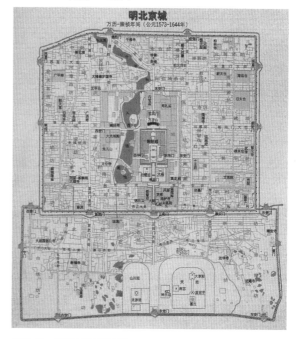

图2-3　明代城区里坊图

经济发展而扩建外城，里坊在元大都的基础上加以调整，北京内外城共分三十六坊区（图2-3）。清代里坊体系更有所变化与发展（图2-4）。

从城市功能看，帝都——北京是各朝代的政治与文化中心。内城为政务、办公等最高集权所在地，城市布局以宫城、政务建筑为主。同时，内城也是多职能、多行业、多层次、多民族（汉、蒙、满等）人口聚居之地。在封建社会制度统治下，北京形成等级有别、规模不一、类型多样的居住建筑。并分别置于元、明、清三代所延续发展的街巷、胡同所构建的"里坊－合院"体系中，形成了多层次的集约式居住形态。

1. 多层次宅院，混居形态

在京城内，有百姓居住的中小型四合院（多为一进院、二进院），有名流、文人居住的多进四合院，也有皇室贵族、官宦、富豪住宅，此类居住建筑由多组高规格的四合院并列组合而成。

类型多样的居住建筑，以集约型的居住形态，按里坊格局，分区布置。

内城居住区的布局，采取按街巷、胡同格局分区布置居住建筑，其中既有置于皇城周边的王府，也有身份不同、贫富不同、职业不同的人群聚集区，形成具有一定等级差异的区划特色。虽然如此，在内城区也有不同层次人群同居一区，形成集约型的混居形态（图2-5）。例如位居城市北中轴的什刹海地区、鼓楼、钟楼西侧繁华地区，这里是内城风景环境优美地段，历史上是王府和官宦、名流宅第聚集之地，但该地区内也分布有许多百姓宅院，形成混居形态（图2-6）。此外，清代不仅有大量满人聚居，也有其他少数民族居住内城，如德胜门、西直门、地安门附近地区有回民聚居区，即一般所称的"回回营"。

2. "王府"特权独居形态

王府是指皇亲居住的特殊型居住建筑，虽超

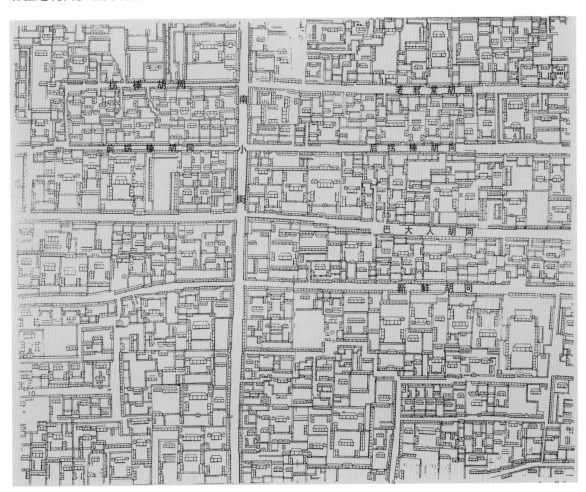

图2-4　清代北京街坊体系局部图（乾隆《京城全图》）

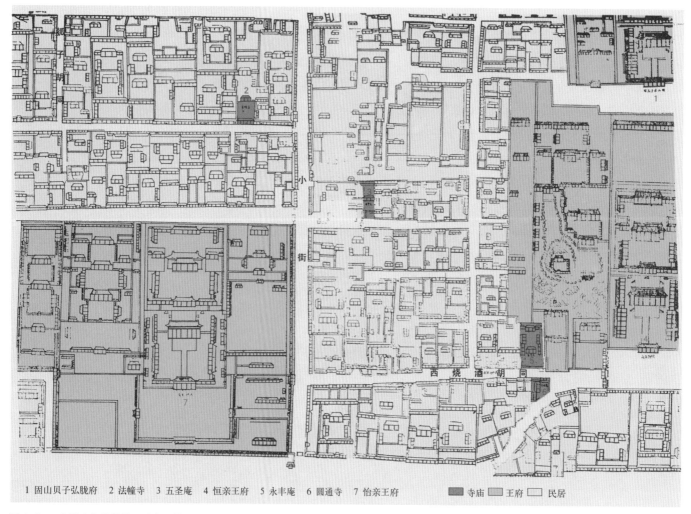

1 固山贝子弘朌府　2 法幢寺　3 五圣庵　4 恒亲王府　5 永丰庵　6 圆通寺　7 怡亲王府　■寺庙　■王府　□民居

图 2-5a　东城小街地段混居形态（乾隆《京城全图》）

图 2-5b　怡王府的西翼楼

越民居的范畴，但它是京城独特的居住形态，成为城市居住体系的组成部分之一。早在金、元时代已有王府出现，金代王爵的府第，也都建在金中都城。元代实行划地封藩制度，后封之王不住京城，而住在各地的封地内。自建成元大都之后，都城内也曾存有过王府。据元代《析津志》记载："文明门即哈达门，哈达大王府在门内，因名之。"这是北京关于"王府"最早的记载。明代实行分封制度，其原则是："皇子封亲王，授金册金宝，岁禄万石，府置官属。"据《明成祖实录》记载"永乐十五年六月，于东安门下东南，建十王邸，通屋为八千三百十楹。"此处的"十王府"今日仅留下"十王府街"、"王府井大街"等地名[1]。"王府"在清代得以发展，清王朝进关建都北京的 267 年

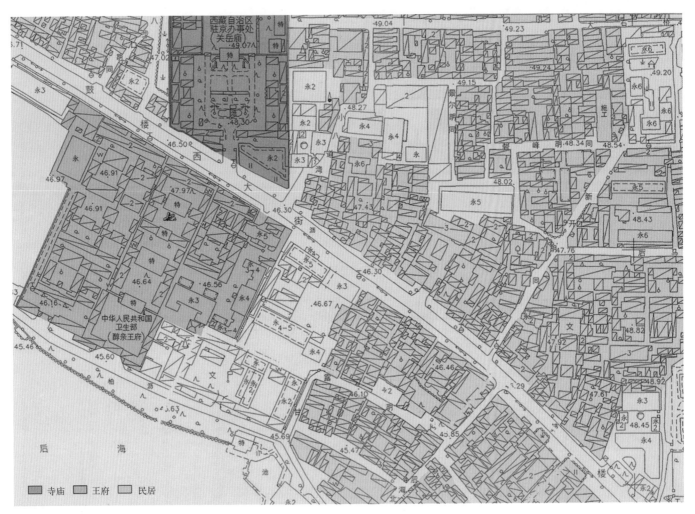

■ 寺庙 ■ 王府 □ 民居

图 2-6 什刹海地区混居形态

中，先后执政的十位皇帝各代均有皇兄、皇子获赐封爵而建王府，以大力加强清廷皇权。赐府集中布置在京城内，形成清代王府汇聚京城的格局（图 2-7）。王府是封建社会皇权至上的产物，它是封建王朝皇权的象征，也是封建社会的历史见证。

"王府"建筑为具有居住、办公相结合的特殊居住体系。王府的组成规模和规格极高，它以仅次于皇宫的建筑组合体，集中赐居于内城以故宫为中心的周边地段，成为京城特殊的"独居形态"（图 2-8）。

二、外城地区，街居结合

明代嘉靖三十二年（公元 1553 年），为加强北京城防而扩建城墙，形成以前门至永定门段

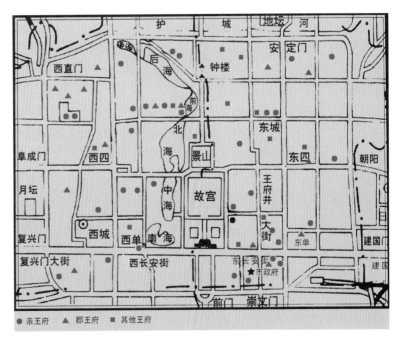

● 亲王府　▲ 郡王府　■ 其他王府

图 2-7 清代王府分布示意图

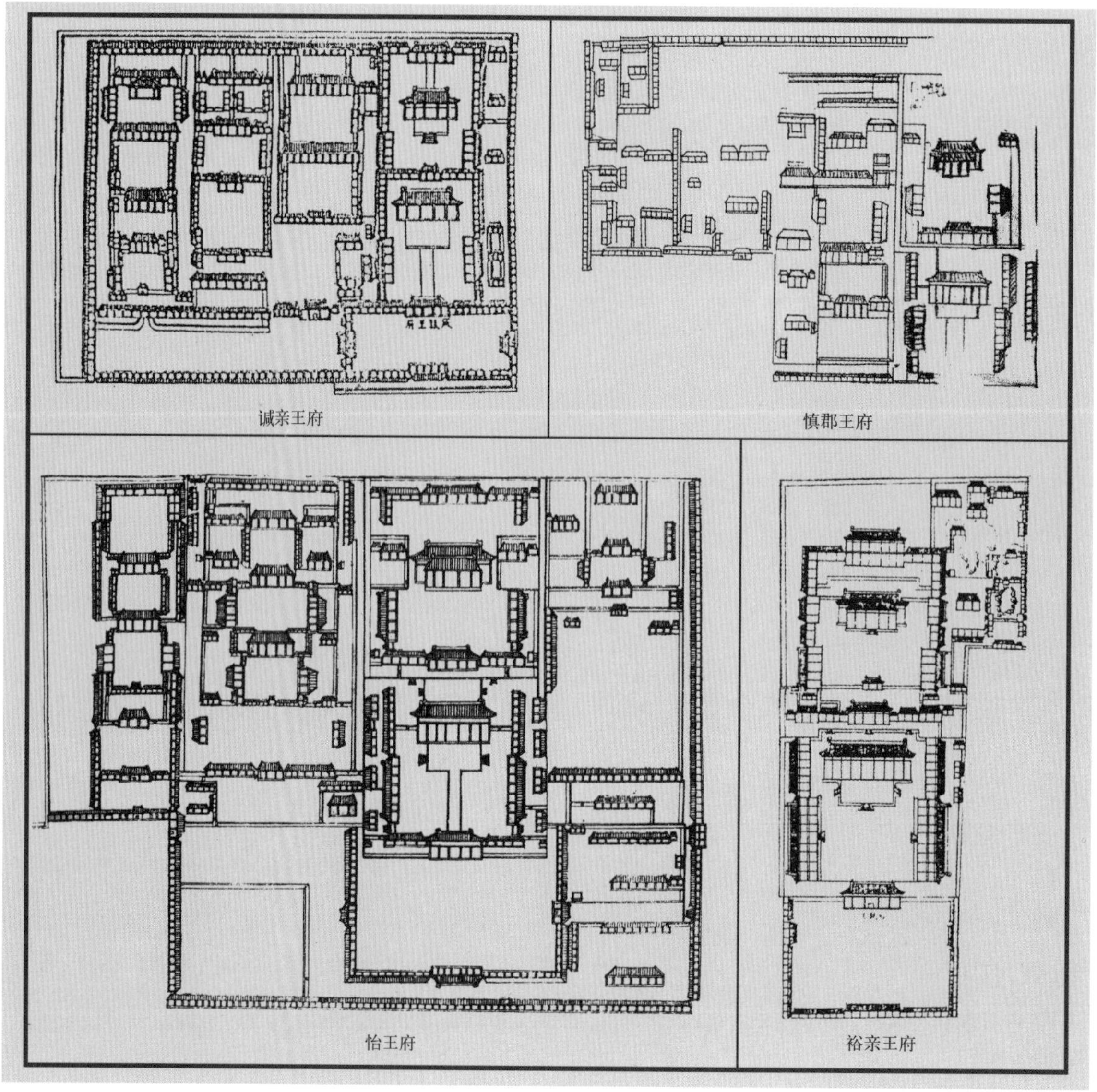

图 2-8　王府独居形态

的城市南中轴线控制的外城区。该地区以"前门"——京城九门之首的中心地位成为入京的必经之地，云集着全国各地官员，进京赶考的举子及各地商贾和职业者。特别是漕运码头南移至大通桥等因素，商业中心从什刹海地区转移至前门地区促进了地区经济发展。清代，废除内城里坊制，实行"旗、民分域居住"政策，规定北京内城（今东城区、西城区）划为八旗驻地，不得开设店铺、戏园等，汉人和其他少数民族一律外迁城外（今崇文区），成为清代特定的社会现象，致使城市结构发生变化，促进了外城商业、文化、居住环境的综合发展。在外城汇集了前门大街、鲜鱼口、兴隆街、大栅栏、珠宝市、肉市街等街

市和闻名京城的老字号、戏园及各地会馆等等，此时的前门地区经济、文化十分繁荣。据《庚子记事》载："凡天下各国、中华各省、金银珠宝、古玩玉器、绸缎估衣、钟表玩物、饭庄饭馆、烟馆戏园，无不毕集其中。京师之精华，尽在于此热闹繁华，亦莫过于此。"这是对前门地区发展盛况的生动描述（图 2-9）。此时，该地区居住人口骤增，众多进京举子及各地商贾云集。同时，这里也是汉、回、满等多民族汇集地，是平民百姓、小手工业者和外地来京务工人员的聚居之地。因此，外城的居住方式呈现出官宦、士人、名流聚居、各地会馆寓居、商居一体和匠人、百姓及满、回等多民族聚集的特色。因此，外城形成集约型

图 2-9a　前门大街街景

图 2-9b　前门五牌楼（盛锡珊先生绘）

图 2-9c　前门大街的商业建筑

图 2-10　宣南士人聚居区（今宣武区）

的多元化居住形态。

1. 官宦、士人、名流聚居形态

明、清时期，外城居住形态具有多元化的特色，其中，以士人、官宦、名流聚居外城的社会结构特征，构成在宣南（今宣武区）以丞相胡同、半截胡同为中心的街区、以上下斜街为中心的街区及以琉璃厂、后孙公园为中心的地区，在此聚集了大量有名望的汉官、士人、戏曲名流、富商等在此居住，形成许多规模大、文化品位高、功能齐全的寓所，并分布于各条胡同之中。例如清代居住在此的名人很多，其主要士人寓所有赵吉士寄园、王熙怡园等；在此居住过的名人有朱彝尊、翁方纲、康有为、梁启超、谭嗣同等，从而

促进了老北京士文化的兴起与发展（图 2-10）。

2. 百姓、匠人聚居形态

随着外城经济文化的发展和人口剧增，愈加凸显出了这里从事工商业的人口和平民百姓人口增多的特征。有大量平民百姓、工匠、手艺人聚居在外城区，形成不同层次的百姓宅院聚集区。百姓民居以小型四合院为主，具有独立居住的特色，也有多家合住或几家租用的居住模式。因此，百姓聚居区不仅具有家族同居的特色，密集的小型四合院民居更具有邻里社群同居的形态，构建了居住社群及邻里组成的人文网络。其中以前门东区（今崇文）的草厂头条至十条及宣武区的大栅栏地区最为典型。此地区形成于明代，作为

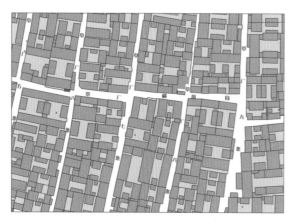

图 2-11　今崇文区草厂的百姓居住区

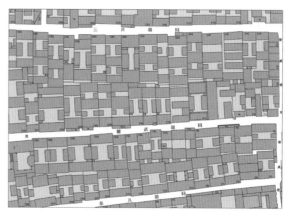

图 2-12　今宣武区大栅栏的百姓居住区

图 2-13a　大栅栏、鲜鱼口商居结合区

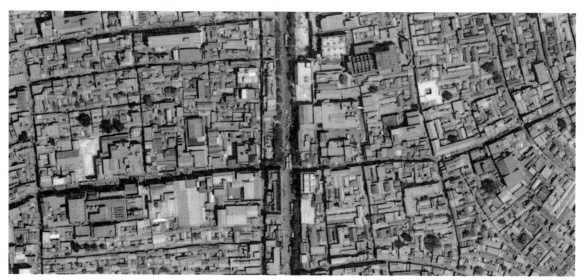

图 2-13b　前门商居结合区航拍照片

百姓聚集的居住区，其院落小巧，人口密集（图 2-11、图 2-12）。

3．商居结合的居住形态

清代，随着资本主义经济因素的增长，出现了手工业与商业的新发展，特别是外城前门街区商业的发展，促使大量商业经营者云集在前门地区就地建宅，并采取面街经商，背街居住或作坊相结合的居住方式，在临街处形成"下店上宅"、"前店后宅"、"前店后坊"等多种建筑形式，在商街之后为满布胡同之中的宅院居住区，形成商居结合的居住形态（图2-13）。

4. 产、居结合的居住形态

在外城区聚集着全国各地来京的手工业者和修建皇宫等的匠人，形成了集约型的居住区。其中有独家产居结合的合院、多家合居的合院及作坊与集体居住相结合的院落，形成了产居结合的居住形态，并发展成为外城特殊手工业者聚居的居住区。例如崇文区形成于明代的花市头条至四条居住区，居住者多为玉器商和制作玉器及铁花挂屏等工艺品的工匠，也是拉洋车、做小买卖为生的平民共居的地区（图2-14）。

5. 会馆寓居形态

在京都商业中心和进京必经之门——前门地区，汇聚着全国各地抵京经商、赶考的商贾、举子等外地人。因此，以前门地区为聚焦点的外城地区，成为外地各层次人员来京聚集的中心地带，

并在此形成了大批具有接待、聚会、交流功能的会馆寓所。据统计，截止到清代末年，南城曾经分布着460余座会馆[2]，形成京城独具特色的文化风貌。几百座大小会馆分布在外城前门的东、西两片（今崇文区、宣武区）居住区中，构建了融全国各地人员汇聚在京城的寓居会馆，形成与居住区相融的寓居形态（图2-15、图2-16）。

6. 少数民族聚居形态

城市人口是衡量城市规模的首要指标，在北京，建帝都的800多年历史中，北京城市人口，除以汉族为主体外，还有蒙、满、回等民族。京都具有多民族聚居的城市特征，并形成各民族世代和睦相处的社会风尚。自辽代契丹人迁入燕京，金代女真人大量迁入中都，元代蒙古人迁入京都和清代满族人入京，形成了北京多民族聚居的传统。

图2-14a　花市中二条

图2-14c　花丝镶嵌

图2-14b　制作水果工艺品

图2-14d　制作景泰蓝

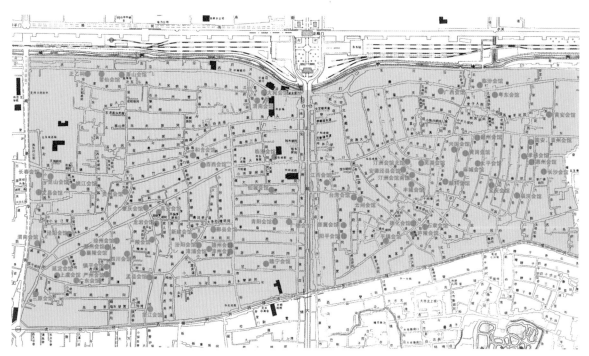

图 2-15　外城会馆分布图

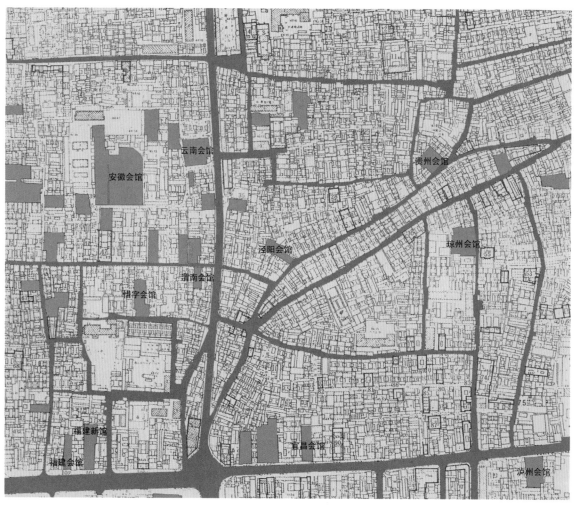

图 2-16　宣武区局部街区会馆分布图

虽然清初曾有明确的制度规定，满、汉分离，内城不准汉人居住。但汉人始终占北京城市人口的绝大多数，汉文化一直延续主导地位。在整个北京城市构建中，有很多少数民族聚居的居住区，例如在北京内城、外城均有回族、维吾尔族等居住区分布，各民族共同创造了北京丰富的居住文化。

据统计，今西城区现有回、满、蒙、藏、朝鲜、维吾尔、苗、壮、侗、高山族等 39 个少数民族，数量约占总人口的 5.73%。今宣武区现有回、满、蒙、壮、朝鲜等 38 个少数民族，共计 39308 人[3]。少数民族聚居区各具特色，例如今宣武区（外城）的牛街是一处历史悠久的回族聚居区。早在明代称此区为礼拜寺街，清乾隆称牛街。区内街道不宽，但干净整洁，居住建筑也十分考究。街区中的"牛街礼拜寺"始建于元初（现为全国重点文物保护单位）。万余回族居民聚居于该寺四周，形成北京规模最大的回族聚居区（图 2-17）。

图 2-17a　牛街礼拜寺

三、住区分布，融入京城

自明代开始，北京都城由内城、外城组成，并下辖五个城区，即中城区（以宫城为中心的核心区，即今日东单、西单、东四、西四之间的地区）、北城（中城以北，安定门、德胜门以南地区）、东城（中城以东地区）、西城（中城以西的地区）、南城（为外城地区）。此城区划分为清代沿用（图 2-18）。

图 2-17b　宣武区回族清真教堂

1. 内城居住区分布特征

城市中的民居建筑及居住区的分布，根据城市功能分区的不同和居住者的身份、地位的差异而有所不同。其京城内城与外城的分布特征体现了这一特色。

在明代，内城功能区划和各阶层居住区的划分特征是：中城为京师贵族聚居区；东城为商业繁荣、富商云集区；西城多为生产一线的劳动者；北城贫民与闲散士兵较多；南城在明代，以天坛、陶然亭等苑囿坛庙为主，除此之外商业与居民聚集状况还处于发展之中。

在清代，北京内城为满族人和八旗军旅居住

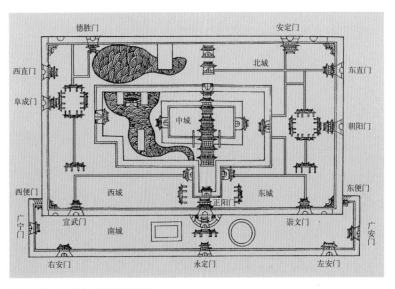

图 2-18　明代北京城区划分图

或驻扎地，将汉人和其他少数民族全部迁出内城，形成拱卫皇室的居住区（图2-19）。其中皇亲国戚的居住区分布于城中的东、西海子（后海、前海）所在地。东西城多为高官富贾的宅邸，北城为贵族及内务府官员居住区。同时，内城的居住建筑多为形制等级高、规模大、装饰精致的四合院建筑。随着京城发展的需要，清政府也曾放宽限制，允许高层次的汉族人和回族人进入内城居住，促进了内城居住形态、居住区及建筑群体的多元化和多层次发展。北京城居住区层次划分有如民间俗语所描述："东富西贵，南贫北贱"、"东直门的宅子、西直门的府"。城区居住区的分布不同时期有各自不同的居住人群和居住形态。

2. 外城居住区分布特征

依托外城经济、文化的综合发展和全国各地商贾、士官、举子等云集在以前门地区为核心的聚居优势，促进了外城居住区多元化、居住建筑类型多样化的发展。外城居住区的分布特征：一是居住区分布结合外城肌理灵活组织，外城地区的城市肌理多随地区地理环境、地形走向灵活布置街、巷、胡同，其街巷有弯、有斜，不如内城规整。其居住区布置多结合地区功能区划，灵活布置，形成大小不等，朝向各异的居住区。二是按阶层和行业聚居的特征进行居住区域划分。其中以前门大街、西河沿、大栅栏、鲜鱼口等街区商业为依托，以临街的店铺与居住院相结合的聚居区为特色；特别是明代万历年间，前门外为了发展商业，政府建有若干"廊房"，以出租给商人经营居住，形成商居结合的居住形态，并延至今日，老北京街区居住风情仍在（即今著名的廊房头条至四条街区）。在宣武、崇文地区有大量寓居型会馆云集，并分布于居住区中；其中有宣南地区较集中的士人、官宦、名流居住的深宅大院；在崇文区等地有花市、草厂、冰窖胡同等手工业者聚居的宅区；在今宣武区有少数民族的聚居区等。这些不同人群聚居区特色鲜明，形成了老北京市井文化、士文化最为浓郁的地区和全国各民族、各地域不同文化聚集的多元文化交融区

（图2-20）。

第二节　京郊村落居住形态

一、村居形态，灵活多样

村落是从事农业生产、社会活动的人群居住、生产、生活的载体。北京郊区的村落民居体系是以村落为单位，结合当地的地理环境和当时的社会历史、经济文化背景条件而形成与发展的。据统计，北京郊区的村落主要分布在通州、顺义、密云、怀柔、平谷、延庆、昌平、门头沟、海淀、朝阳、丰台、房山、大兴各区县。其中，千人以上的大型村落，多集中在山麓平原和河流两岸自然地理环境好、农业发展较早、交通方便的地区。

北京郊区村落形成的历史悠久，历经辽、金、元、明、清至今，在各朝社会、经济、文化、商贸、军事等各种因素的支撑和影响下而形成。农业是封建社会的经济命脉，京郊村落多以农耕为主体，但作为封建帝都的北京郊区村落，其形成与发展也深受社会、经济等因素的影响。因此，京郊村落中有结合京城防御体系、交通要道、驻军守城屯田、修筑长城、养战马供边防军等所需而建村的，也有为守护皇家陵园、皇家园林及行宫、寺庙等等所需的背景条件下，分别在各种功能区近处择地建村，从而促进了北京郊区农村的迅速发展，并形成功能不同、性质各异的村落，也形成了灵活多样的村落居住形态。

1. 聚族而居的农耕型村落

在中国宗法社会的支撑下，传统村落多为同姓、同族聚居或多族、多姓聚居的居住形态，构建以宗族血缘为凝聚力的，同耕、同居型村落。在北京郊区各区县的传统村落中，此类村落较多。仅在北京门头沟区的几十个古村落中，几乎都是以姓氏家族组村。例如杜家庄村、齐家庄村、张家庄村等很多单姓或多姓聚居的村落，成为一种传统的村落文化。至今在门头沟区的山里人，几乎只要一说姓名，就能知道是哪村人士。这种家

族聚居的村落遍布北京各区县。在以家族、姓氏聚居的村落中，多为一家一户居住、家族几代或几兄弟同住的形式，形成京郊村落聚族而居的居住形态。

2．移民的社群聚居村落

在北京村落发展史中，各朝代都曾以移民政策促进农业发展，建立村落。这类村落多由多姓氏人群聚居建村，形成京郊社群聚居的居住形态。北京村落的形成深受民族战争的影响。当大批契丹人、女真人、蒙古人等北方游牧部落攻伐中原时，伴随北方少数民族内迁，在北京郊区建村，出现了少数民族聚居的村落。同时，这些少数民族在战争中，又大量掳掠中原地区的人口进京安置建村。例如今日京郊的骚子营、阿苏卫、索罗营等等就是当时少数民族建立的聚居村落。在北京村落发展史中，明初移民建村成为京郊村落发展中比较大的社群聚居的一种居住形态。明代建都北京，确立了帝都政治文化地位，同时也确立了北京作为继续征伐元军、备御蒙古势力卷土重来的重要军事基地。为了充实北京地区人口，发展农业生产、增强军事实力，抗御败退的蒙古贵族再次来袭的实力，明政府实行了移民政策。并采取措施从地狭民稠的山西、山东等地向北京移民，同时实行迁南方——浙江、江西、湖广等地富户及移流民或罪囚于北京等措施，促进了北京村落的新发展，构建和发展了移民社群聚居的居住形态。这类村落一般规模不大，聚居人的姓氏、层次不一。当时的大兴县东郊凤河沿岸的荒沙地、门头沟山区、顺义县、大兴县等区域，就是山西、山东移民安置较为集中的地区（图2-21），至今仍保存有长子营、解州营、忻州营、红铜营（洪洞营）、川底下村等明代移民形成和发展的古村落。例如门头沟区"燕家台村"，该村以李姓、赵姓为主体组成，相传至今已有二十二代，随着村落发展，该村有军户后裔陈姓、柴姓、高姓和史姓共同聚居发展，成为典型的社群聚居村落（图2-22）。

3．屯田型村落

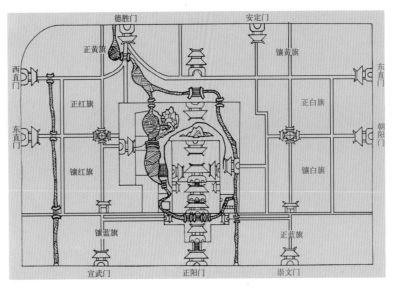

图2-19　清代北京内城八旗驻地区划

图2-20　外城居住形态分布

图2-21　大兴县凤河沿岸的山西、山东移民村

图 2-22   门头沟区燕家台村

图 2-23   平谷区青羊屯村

屯田型村落分民屯和军屯两类，其中民屯型村落以移民屯田和商屯为主，"军屯"是指卫所驻军聚居守城、屯田而建的村落。这类村落，多选址于军事要地附近处的土地肥沃，利于耕垦的地方建村。其居住建筑多为规格统一的卫所形式，以同一标准的住房及院落按照整齐的组群布局，构建统一规格的院落式聚居形态。这类村落多分布于北京以南、以东和东南诸县，即今日的密云、平谷、房山、通州、大兴、顺义等区县较多，例如，房山区的四季屯、普安屯；平谷县的韩屯、北屯、青羊屯；大兴县的王家屯、崔庄屯；密云县的不老屯、金沟屯等多为明代形成的村落。这说明军屯型村落形成的历史早，促进了京城郊区的村落发展（图 2-23）。

4．卫守型的城堡式村落

由于明代高度重视并坚持不懈地修筑长城，因此，多在长城沿线内侧修建城堡式的村落。此类村落规模大，其中大村的规模可达千户聚居。村落布局多以集团式布局，或修筑城堡以坚固长城的防守，从而修建城堡式的村落。特别是扼守重要关口外的城堡式村落的居住者多为防军与眷属，成为京郊民居的特殊类型。此类村落始建于明代的居多，多分布于昌平、密云、延庆、门头沟等区县。例如门头沟区的沿河城，密云县的遥桥峪村、小口村等等村落都位居长城下，以为增加防守而设（图 2-24）。

5．马坊型村落

明代为了保证军事防御的后勤给养，发展了许多养马之所和马户聚集定居的村落。这类村落多分布于顺义、大兴、昌平、平谷、房山、门头沟等区县。此类村落多为住宅、养殖相结合的形态，除建集中的居住建筑外，多建有以养马为主，兼养牛、羊、驴、骆驼等的马房、料仓及草场等，形成功能特殊、产居结合的村落形态。例如位于顺义区东北，潮白河东的马坊村，据《顺义县地名志》记载，"明代已成村。初为军屯养马之地，后成聚落，称马房"。另有门头沟斋堂镇的马栏村，又名马兰村，为明代圈养马匹之地而得名。该村

图 2-24a　密云县遥桥峪村村景

图 2-24b　密云县遥桥峪村城堡

为管理马匹的马倌、多姓氏养马人员聚居的村落。该村选址于有山有水有草的地方，现有 406 户，806 人，村内有依山而建的居住建筑和寺庙、井、私塾等，是一处完整的居住与养殖结合的村落（图 2-25）。

6. 田庄型村落

清代皇室、勋戚、内臣官僚划占有大片土地，耕耘者在此所建的村落为田庄型村落。其中属于皇室的田地称田庄，属于贵族勋戚、官僚内臣的田地称私庄等。此类村落多为租佃庄田的贫苦农民聚集之地，也称庄户村，多分布在京郊的通州、昌平、顺义等区县和今日的东城区（和平里小黄庄）、朝阳区大黄庄及海淀区的黄庄等一带。例如通州区郎府乡的"老庄户"，顺义区李遂镇的"宣庄户"、龙湾屯镇的"焦庄户"等都属于此类村落。

其中，通州区郎府乡的老庄户村，就属于租佃庄田进行耕种的农民聚集村落。据《通县地名志》载，老庄户村于"明代已形成聚落，村民为庄田大户种地，因系老佃户，得名"（图 2-26）。

图 2-25a　门头沟马兰村村景

7. 守陵、护园、护寺型村落

作为几代帝都的北京，皇家陵墓、园林及寺庙多设于京郊，京郊的村落也都为此设立，大量护陵、护园、护寺的专项服务的人员聚集建村落。如明十三陵建立后，设有各陵的神宫监，形成的特殊的护陵型村落就有数十座，并得以发展至今

图 2-25b　门头沟马兰村梯田

图 2-26　通州区老庄户田庄型村落

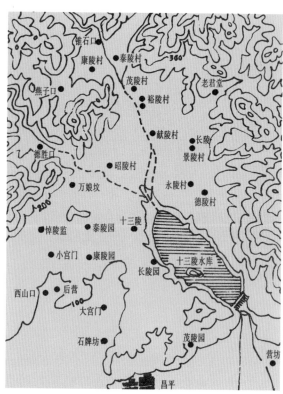

图 2-27　明十三陵护陵村分布图

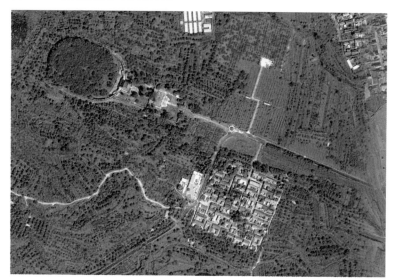

图 2-28　明十三陵康陵村

图 2-29a　戒台寺和秋坡村

图 2-29b　潭柘寺和平原村

图2-30a　韭园村村景

图2-30b　韭园村商铺

（图2-27、图2-28）。另外，也有清代皇家"三山五园""皇家行宫"和各朝代寺庙的建设，促进了护园、护宫、护寺型的专业性村落的形成。其中，护寺型的专业村分布在京郊名寺所在地区。例如，门头沟区的潭柘寺周边就有平原村、栗园庄、石佛、秋坡等村，妙峰山周边有涧沟村、樱桃村等。这些村落多为潭柘寺、戒台寺、妙峰山等进香礼佛、游山休息的皇亲国戚、达官贵人服务的村落（图2-29）。

8.多产业型村落

帝都北京对外通商的要道上，有不少商农结合的产业型村落形成，如京西古道上就有不少商、贸、农、耕相结合的村落出现。以京西门头沟地区为例，此地区为京西古道必经之地，京西古道是京城通往山西、河北、内蒙古等地的商旅之路，也是京城军事要道，是各朝代战争防卫、商旅通行、马帮往来必由之路。它孕育了古道两侧众多商、农相融的村落，也发展了以煤、琉璃烧制生产为主的村落。例如京西古道上的三家店古村、韭园古村等都是典型的产业型村落，既发展农耕产业，也经营商贸、客栈（图2-30）。例如，三家店村为辽代成村，因建村之初有三家客栈而得名。该村位居数条古道交会处，又是永定河的总出水口，因地理位置的特殊性，而促成三家店村的发展，成为店铺林立的物资集散地，并形成典型的多产业型的古村落（图2-31）。

北京古村落的发展也随都城建设、修宫殿、建城池等大兴土木需求形成各式专业村落。元大都建造宫殿、城池，明嘉靖年间修建外城和皇家园林、行宫等等，大兴土木所需的大批木材、石料、砖瓦、琉璃构件等建筑材料，除部分材料就近取材加工外，大多数都从遥远的南方采办进京，因此，京城需设置加工或收存物料等不同类型的村落，如通州区张家湾的皇木厂村就是典型之一。据《通县地名志》记载："明清时营造北京皇宫所需大木（称皇木）自南方各地经北运河运抵该地区储存，敕宦官、佑司把总署驻此，运木的车户、脚夫居此，渐成聚落，故名。"同时，张家湾还设有砖石厂等。此外，在房山区和怀柔县分别设有汉白玉开采加工的石窝村和石厂村，丰台区的大灰厂村，即因盛产石灰而得名（图2-32）。此类村落形成产居结合的居住形态。

综上所述，北京郊区村落发展历史悠久，早在辽、金时代已有村落建成，明代得到较大的发展，形成类型多样、居住形态各异的村落，造就了深厚的北京农村居住文化。

二、村落名称，多彩意深

北京郊区村落经历着不同历史时期的兴建与发展，从遗留至今的村落名称分析，都记载着不同时期村落形成的印迹。据尹均科先生《北京郊区村落发展史》研究总结："北京郊区村落计5700余个，各有其名……许多村名清楚地反映出村落所在地的自然环境或者村落出现的时间、原

图 2-31　三家店村

图 2-32　房山区石窝村

因及发展特点"。从北京郊区常见的村名如:村、庄、寨、屯、营、堡、城、镇、铺、店等命名分析,它表征了村落的主要特征、成因、类型、功能及居住形态等,其含义深刻。

1. "村"——早在唐至辽金时期的村落多称为"村",在出土的唐代墓志中就有刘村、邓村、石槽村等出现。在房山云居寺石经题记中,也有现今保存的甘池村、北郑村、李曲村等等。在唐代按"百户为里"的唐制中,也有将较大的村落称为"里"。

2. "屯"——元代重视屯田,也有大批军队屯田出现,此时形成的村落多称为"屯",也有称为"营"的。据《昌平外志》记载，就有手屯、福田屯和索罗营、质子营等村名。明代有制度规定："土著之民编为里，迁发之民编为屯"[4]因此，明代不仅有军屯，也有大批移民屯及商屯，分布在昌平、通州、延庆、顺义等各区县。如昌平的水屯、景文屯，延庆的高庙屯、西屯，通州的常屯、后屯，顺义的龙湾屯、水屯等等。

3."社"——是由农村基层组织名称演化而成的村名。据《元史·食货志》记载："县邑所属村田疃，凡五十家立一社。择高年晓农事者一人为之长。"以"社"命村名比较普遍，如大兴县就有贤社、黄村社、束儿社等等。

4."营"——为各朝代驻军地，经发展演变为村落的名称。明代移民屯田所形成的村落名称为"营"，也有清代专为皇家园林、陵墓、行宫服务的村落名称为"营"。因此，以"营"命名的村落所包含的村落类型多，分布广。例如，顺义区西北部，许多村落都用山西州县名作为村落命名，如河津营、大同营、山西营等等。

5."庄"——为明、清时代在京郊建立，大批皇亲国戚、达官贵族圈地所建村落以"庄"命名，以示此类村落的高贵、文雅的意蕴。这类京郊村落发展很快，称庄命名的村落比例也随之扩大。如命名为积庆庄、怡乐庄、志远庄、宏农庄等等。

6."堡"——多为防御性需要所建立的村落，其中包括有筑墙防御，养马、牛、羊等保证军需供给的村落。凡地处长城以外的村落，多修筑围墙，也有建城堡式村落。特别是地处居庸关外的延庆一带，建"堡"最盛，至今保存较完好村落如密云县的榆林堡、双营等仍能显示这类村落的特色。

7."垡"——"垡"字是指耕地翻土之意。以垡命名的村落，多分布于北京南部的永定河频频泛滥而形成的河间洼地中。这种地带多为土质板结而难于破碎的土垡。在京城南部的房山、大兴、通州等地区，出现很多以"垡"命名的村落，如房山的葫芦垡、闰仙垡，大兴的榆垡、张公垡、通州的东西垡、尖垡等。这类的村落命名，也体现了村落所处地区的土质特征。

8."卷"——多为供皇家祭祀、宾客、官府膳所的牲畜之用而建的牛、羊、猪、等专业圈养户组成的村落，此类村落以"圈"命名，后改为雅名"卷"。例如顺义区城北，潮白河西岸马卷、官志卷等一系列以"卷"命名的村落。这是因为顺义在明代就有林苑所属的良牧署设于此地而有所发展。

9."城"——此类村落多数都选址于历代所见大小不一的城池旧址所在地，因此各地以原城相关的城名命名。例如通州区的古城村，即该村落建在西汉渔阳郡所属的路县城故址上而得名。门头沟区的"沿河城"、密云县的"南石城"等则是明代修建的县城关口内的防御性城堡之名的沿用。

北京郊区村落发展历史久远，村落的命名也随时代的变迁而沿用和发展。丰富多彩的村名，不仅是村落的代号和标志，更反映了北京建村的地理环境特征，各朝代不同历史时期、社会、农业经济、村落产业形制、村宅居住形态与建村聚集的历史发展轨迹。因此，对村名的研究也是研究京郊村落发展的因素之一。

注释：

[1] 段柄仁. 王府. 北京：北京出版社，2005.

[2] 侯仁之. 北京城市历史地理. 北京：北京燕山出版社，2000.

[3] 西城区地名志.

[4] 明史·食货志.

第三章 北京民居建筑空间构成

北京四合院民居建筑是中国传统合院建筑的典范，也是北京城市文化的象征。它的建筑格局与空间组合随不同时代居住者的经济实力、社会地位、文化层次与居住环境的不同而不断发展变化。即便如此，北京民居建筑的基本构成单元仍然是单体建筑，它按合院的空间格局加以组合，形成不同类型、不同规模与不同形制的合院式民居。

第一节 北京民居建筑构成

一、建筑计量单位——"间"、"架"

北京民居建筑构成的基本单元是单体建筑，而单体建筑的计量单位则采用"间"、"架"，这也是中国传统单体建筑所采用的计量单位。其中"间"是指单体建筑平面组合的基本单元——开间，"架"是指屋架，即房屋结构的举架，它表示单体建筑的进深长度。在民居建筑的结构体系中，"开间"表示柱与柱之间的水平尺寸，"进深"表示屋架的跨度尺寸。开间的大小与进深的长短，两者决定使用空间的大小规模。北京民居虽历经各朝代的发展，但单体建筑的"开间"、"进深"的尺寸差异不明显，并逐渐趋于模数化、规格化（图3-1）。

一般民居建筑中"间架"的基本尺寸为："间"的宽度多为一丈左右（如八尺、九尺、一丈、一丈二等）即320厘米左右，"架"的进深长度多为一丈六尺左右（如一丈四尺、一丈六尺、一丈八尺等）即512厘米。北京四合院的单体建筑由多间组合而成，不同位置的"间"有不同的命名，其中常以"明间"（即位居房屋正中的一间）、"次间"（位于明间两侧的间）、"梢间"（位于次间两侧的间）、"尽间"（位于梢间两侧最外端的间）组成。其中以明间尺寸为大，两侧次间尺寸为次，梢间和尽间尺寸大小再顺次递减。四合院中的屋架结构和进深尺寸大小，则根据建筑的规模大小而定（图3-2）。

二、单体建筑"间"的组合与构成

北京民居中单体建筑以"间"为单位，按横向（即面阔方向）布置的格局，采取数间组合的方式，构建单体建筑并以"栋"为单位表示。横向组合的建筑其间数多采用奇数组合的方式，如"三间"、"五间"、"七间"、"九间"等，强调以奇数间的组合体现阳刚的属性和保持明间居中的格局。房屋间数的多少，按不同等级而定。一般民宅受封建王朝制定的庶民房舍，不得超过三间五架的规定所限，规模小巧，其中正房多为三间一栋。宅主实力强的，正房为五间。为扩大使用面积，多设东西耳房加以调整，耳房间数可做到两耳、四耳不等。倒座房、后罩房及厢房等房间数的组合视需要和基地尺寸而定。一般民居耳房多为一到二间，倒座房多为三到五间，规格高的王府、官邸正房多以五间的规模建造。为保证房屋结构构件的稳定性，也采取主体建筑两侧加设耳房的方式，如"三间两耳或四耳"、"五间四耳"的组合方式，以扩大建筑面阔和增加使用面积（图3-3）。

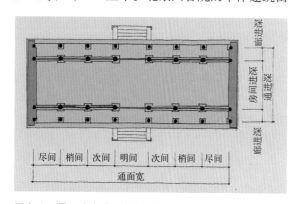

图3-1　民居建筑"间"的组成

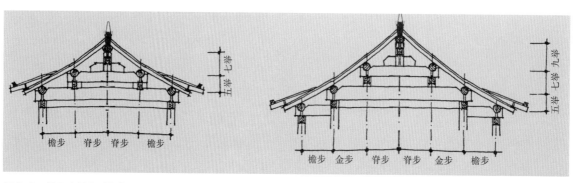

图3-2　民居中的屋"架"

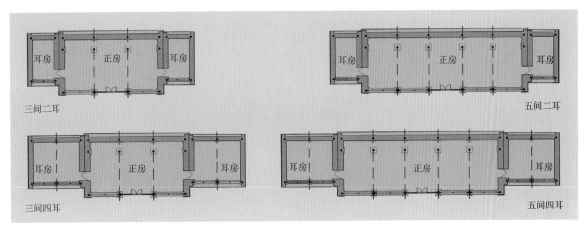

图 3-3　单体建筑间的组合

三、合院建筑组合单位——"院"、"进"

合院建筑以多栋单体建筑组合而成，其组合的方式是以"院"为中心，单栋建筑按东、西、南、北四个方位围合布置组成，故名"四合院"，也有三面围合的"三合院"。在北京民居建筑组合体中，是以"院"为基本组团，采取院落组合的形式构建四合院民居，并以"进"为单位表示民居院落组合的规模大小。常分为"一进院"、"二进院"、"多进院"等，也有数个多进院并列组合而成的大型住宅，从而形成了"间—栋—院"构成的合院民居体系（图 3-4）。

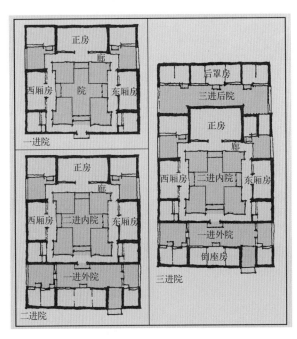

图 3-4　院的组合单位

第二节　北京民居建筑构成元素

北京四合院民居建筑是由不同功能、不同形制、不同规模的单体建筑元素组合构建而成的合院型建筑，其建筑空间构成的单体建筑元素包括房、门、廊、墙和影壁等功能、形状、规模、尺度、高低等。多种单体建筑元素的巧妙组合，构建出北京四合院民居特有的形式、气质和风貌，成为北京城市独特的文化景观。

一、功能各异的房，构建合院空间

四合院民居是由各功能用房按东、南、西、北方向和房屋的功能关系组合而成的，通常包括：正房、厅房、厢房、耳房、后罩房、倒座房、群房等（图 3-5）。

1. 正房——为北京四合院民居中的主房，多为宅主居住用房。位于全宅中轴线上的北端居中处（或中轴线靠后位置），称正房，也称北房、上房或主房。在合院建筑布置受限，不能坐北朝南时，也有以位居主轴线上方的主房（如南房或西房）为正房。正房的开间、进深、高度的尺寸及用料、装修等均为全宅最高标准。院中的正房的间数必须是奇数，以求吉利。因此，正房规模多为三至五开间，最高者可做到七开间。进深方向常采用檐廊处理，增加正房空间层次，加大进深尺寸。屋顶多采用硬山式，一般屋面都带有屋脊。正房建筑高度为院内最高，多为长辈或宅主

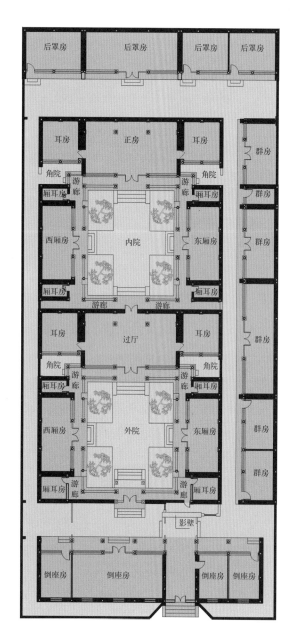

图 3-5　合院民居房屋组合图

图 3-6　四合院中的正房

图 3-7　四合院中的厅房

居住。中央明间为起居室，卧室设于次间或梢间。其室内空间多采用隔扇及罩分隔，创造相互渗透的居住空间形态（图 3-6）。

2．厅房——为位居中轴线上居中的主房。它位居正房之前，多设有前后廊，它具有多种功能，可作为穿行的过厅，专供前后院穿行用；可作为客厅，供接待宾客或家人活动用；也可作为宴请宾客或供娱乐的用房。厅房建筑造型讲究，常在前檐处加抱厦或卷棚廊，装饰精致，以提升院中客厅型建筑的形象（图 3-7）。

3．厢房——位于院落正房前东、西两侧对称布置的房屋称厢房。其中位居东侧的称东厢房、位居西侧的称西厢房，房门均开向院落。厢房的间数多采用奇数，但根据院落进深的大小也可灵活处理。房间规模多采用两间或三开间。在厢房两侧设耳房，以扩大使用面积。在一般小型民宅中厢房多为两间，为晚辈居住。厢房一般采用硬山式屋顶，其建筑高度次于正房（图 3-8）。

4．耳房——位于正房东、西两侧，规模较小的房屋称耳房。一般为一间或两间。耳房与主房相接，一般做主人的小卧室或书房，或门向外开，做储藏室使用。耳房前的空地称"露地"，为露天的小院。大院的厢房两侧常设小平房以节约建筑成本（图 3-9）。

5．后罩房——位于正房之后宅院轴线最末端，横贯基地宽度的一排居住、储藏用房称后罩房。房屋间数与倒座房相似，建筑的等级和高度低于厢房。后罩房所在院落窄长，处于合院最深处，多为女眷、女佣人等居住。当后院与胡同相接时，多在后罩房西端开后门，以便与胡同相通（图3-10）。

6. 倒座房——位于宅院大门的两侧，临胡同而建的房屋称倒座房。此房的朝向一般为坐南朝北，故又称倒座房为南房。倒座房的间数较多，其房屋宽度与基地宽度相同。房屋功能多为门房、男仆用房及作为不宜请入内宅的男宾客房。该房后檐墙临街，一般不开窗或开设高窗，以保持宅院的安静和胡同街面的整齐美观（图3-11）。

以上个体建筑的功能和规模，由宅院的规格高低及建造规模大小而定，个体建筑按不同的规制加以组合，构建多种类型的四合院民居。

7. 群房——群房又称裙房，多布置在宅院东侧或西侧地界线处。群房平行院落中轴的方向布置，多为厨房等服务性用房，供男仆使用，包括厨师、车夫、护院、管家等。群房相对独立，且与内院分隔，设有群房的宅院也多为规格较高的大户人家（图3-12）。

图3-8　四合院中的厢房

图3-9　四合院中的耳房

图3-10　四合院的后罩房

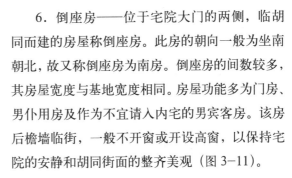

图3-11　四合院的倒座房

图3-12　四合院中的群房

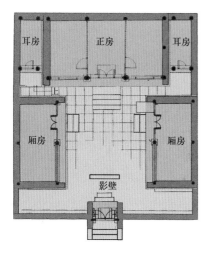

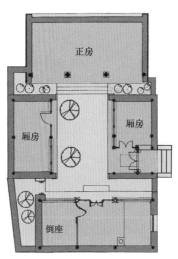

农家三合院　　　　　　　　农家四合院

图 3-13a　京郊村落宅院分析图

图 3-13b　京郊村落农家三合院

图 3-13c　京郊村落农家四合院

二、村宅规模小巧，房屋组织灵活

在郊区村落民居中，建筑的组合更为灵活。一般村落宅院单体建筑简单、规模小巧、组合灵活多变，有正房、厢房、耳房、倒座房组成的小型四合院，也有正房、厢房组合的三合院等。而村落中的财主大院规格多与城内大宅院相似，有二进、三进院等不同规格的宅院（图 3-13）。

三、宅院的屋与门，形式规格多样

在居住空间中宅院进出之门，是最具有标志性和通行性的单体建筑。根据门的位置及功能的不同，分临街大门和内院的分隔门（常有垂花门、屏门两类）。门的规格是历代宅院具有严格等级制度的体现，也是体现宅主身份和地位的标志。宅院大门都是面街而开，因此，北京人也常叫它为"街门"。在北京胡同里，一座座规格不同、大小不一、形式各异的宅门相连排列，形成了老北京一道独特的城市景观（图 3-14）。

北京的宅院大门的形式虽然多种多样，但归

图 3-14　北京胡同中的宅门

纳分析，主要有屋宇式和随墙式两类。其中，屋宇式宅门采取单间（即一间硬山房）宅门，采取与两侧相邻建筑外墙连接的形式建造。随墙式宅门则采取在院墙上直接设门的形式建造。根据清代有关沿街建筑必须排列整齐的规定，沿街的宅门建筑必须采用与两侧建筑外墙相连接的方式。因此，北京四合院宅门多采用屋宇式大门，构建了临街宅院相连，具有整体性的建筑立面和胡同四合院景观。随时代的发展，街门的设置限制放松，随墙式宅门得以发展，使北京的宅院呈现出多种多样的大门形式。

北京四合院民居大门的设置，是根据宅院的等级高低，而设置不同规格、不同形式的大门。其中屋宇式大门规格高，装饰精良，形式多样。屋宇式大门按等级的高低依次可分为广亮大门、金柱大门、蛮子门、如意门等数种。墙垣式大门规模小巧，形式简洁，主要的大门形式有小门楼、栅栏门和中西合璧的"圆明园"式大门等。

1. 屋宇式宅门

广亮大门——是住宅大门中等级最高的大门。这种大门多为官宦人家或贵族豪门所采用，多为一开间屋宇。门的进深与高度都超过两侧的房屋，并设有门自身的山墙。大门宽敞，门扇安装在位于门间进深中央的两柱间。门的抱框、门扇、门钹、门簪、门枕、门槛、连楹、门枕石等一应俱全。大门的地面高出外侧地面有几步台阶，台阶两侧设有垂带踏跺，以显示主人地位的高低贵贱。门前空间开阔，拴马桩、上马石等配备齐全。大门装饰讲究，檐柱顶端装设有雀替和三幅云，显示出不一般的社会地位和宅主的品位。门设有自身的山墙，大门墀头墙的戗檐上做砖雕花饰，花饰精美，寓意深刻。广亮大门的屋顶形式多为硬山式，常采用筒瓦或阴阳瓦屋面。屋脊有元宝脊、清水脊等，造型精妙、生动、美观（图3-15）。

有的广亮大门两侧设有倒八字形影壁，又称撇山影壁，更显示出大门的气派（图3-16）。

金柱大门——金柱大门的进深小于广亮大门，门扇外移，设于前金柱位置，故称金柱大门。门扉设于前檐金柱之间，门洞内深外浅，体量小于广亮大门。门的各种构件齐全，装饰讲究，顶棚、檐檩、垫板、枋子常施苏式彩画，规格仅次于广亮大门（图3-17）。

蛮子门——蛮子门是门扇装于前檐柱处的屋

图3-15b　广亮大门

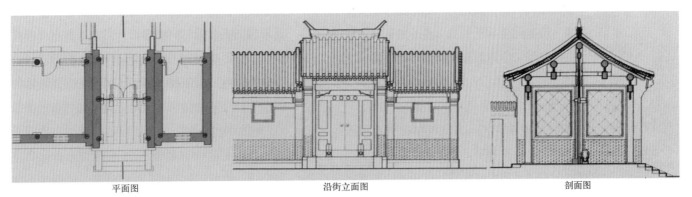

平面图　　　　　　　　　沿街立面图　　　　　　　　　剖面图

图3-15a　广亮大门平、立、剖面图

宇式大门。门洞位于门扇以内，整体较为简朴，为整樘木制门。这种宅门形式来源于南方宅门，多为南方商人率先使用，因此而得名（图3-18）。

如意门——设于前檐柱间增设的两侧砖墙上的门为如意门。双扇小门置于砖墙框内，既安全又灵活，故有称心如意之意而得名之说，另一说法是门洞上端左右各做成如意头状，故得名。如意门的规制虽不高，但不受等级制度限制，装饰

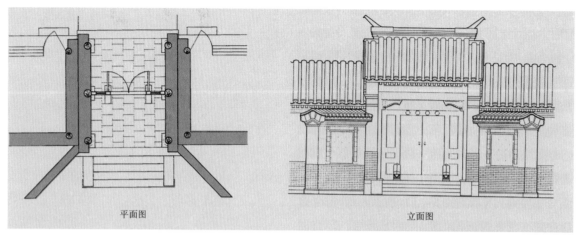

平面图　　　　　　　　立面图

图3-16a　带八字墙的广亮大门平、立面图

图3-16b　带八字墙的广亮大门

图3-17b　金柱大门

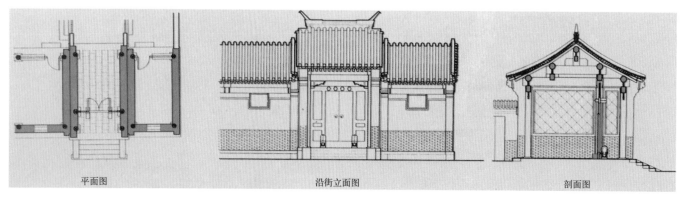

平面图　　　　　　沿街立面图　　　　　　剖面图

图3-17a　金柱大门平、立、剖面图

可精致华丽，也可简单质朴。如意门多采用两颗门簪，而在门楣的上方可施以大面积精致多彩的砖雕，来展示宅主的品位，从而成为北京极富文化品位的一种宅门类型。它可华丽可朴实，是北京四合院应用最普遍的宅门形式（图3-19）。

随墙门——是与墙相连的墙垣式宅门。其中小门楼最为典型，为百姓宅门最常见的形式。此种门上设有小屋顶，门的两边各以一很短的山墙与墙体相接。多为一进四合院或三合院等小型宅院所采用的宅门形式。小门楼等级较低，为纯砖

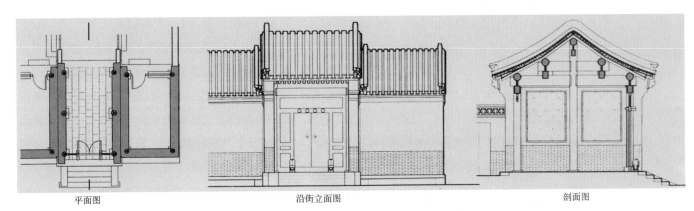

平面图　　　　　　　　　　　沿街立面图　　　　　　　　　　　剖面图

图 3-18a　蛮子门平、立、剖面图

图 3-18b　蛮子门

图 3-19b　如意门

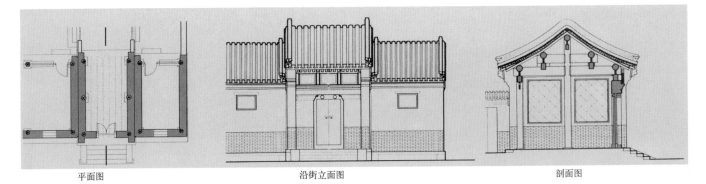

平面图　　　　　　　　　　　沿街立面图　　　　　　　　　　　剖面图

图 3-19a　如意门平、立、剖面图

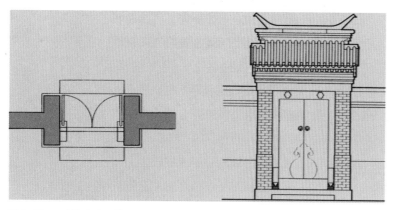

图 3-20a　随墙式小门楼平、立面图

图 3-20b　随墙式小门楼

图 3-21a　中西合璧的宅门

图 3-21b　中西合璧的宅门

图 3-22a　王府宫门之一

图 3-22b　王府宫门之二

结构。小门楼的形式多样，考究的小门楼，屋顶上多做有正脊、蝎子尾、花草砖等装饰。对屋檐、门框、门扇、门簪、抱鼓石等的装饰十分讲究。小门楼小巧精致，常在门扇上书施门联，如"家道泰而富，门庭清且吉"、"国恩家庆，人寿年丰"等等，体现出宅主的文化素养和对文化、生活的追求（图 3-20）。

中西合璧的门楼——此种宅门多建于清中后期，随着西方建筑文化的输入和中国人求新、求异的追求，从而出现了中西结合的西洋式门楼形式。此种门多建在中式屋宇或随墙门上，加设西洋式砖雕的券洞门等，成为具有时代特征的宅门（图 3-21）。

特殊宅门——在住宅建筑中因地位高低，贫富贵贱的不同，也有一些特殊的宅门。如王府的大宫门、二宫门和东、西阿斯门都很特殊，其大门的间数、装修、色彩等等均需按规制而建。例如，清代顺治九年（1652 年）《大清会典事例》中规定："亲王府……正门广五间，启三门"，"均红青油饰，每门金钉六十有三"；郡王府、世子府："正门金钉减亲王之二"等等。王府大门采用筒瓦屋顶，调大脊，设吻兽及仙人走兽，大门的梁枋均施油漆彩画。门楼多为五间三开门或三间一开门组成，气魄宏大庄重，装饰华丽（图 3-22）。除此之外，四合院民居中还有多种不同形制的门，例如专供富贵人家车马进院的门，多为随墙门。门宽大便于车马进出，屋檐出挑的方式随意而美观。也有栅栏门、半间门等等，都体现了宅门的多样性。

2. 内宅分隔门

以多进院落组合而成的北京四合院民居，院内常设沟通内外院空间的门，称二门，有垂花门和屏门两种。

垂花门——为内外院的分隔门。此门设置于多进院，位居四合院中轴线上的内外院相交处。它是内院的入口，用以分隔内外空间，也就是封建规矩中所指的大家闺秀"大门不出，二门不迈"和"宾不入中门"的二门（即中门）。垂花门的类型多样，也有屋宇式和随墙式两类，其中屋宇

图 3-23a　垂花门

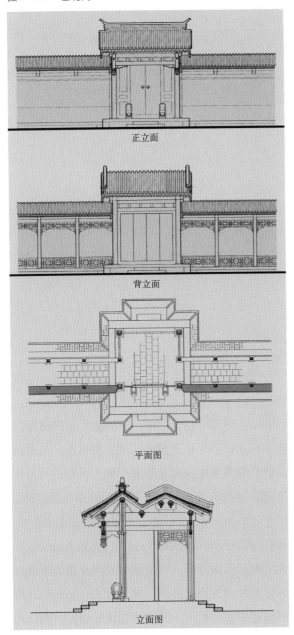

正立面

背立面

平面图

立面图

图 3-23b　一殿一卷垂花门平、立、剖面图

式垂花门使用为多，常为单开间的悬山建筑，体量小巧。一般设有前檐柱和后檐柱，并分别在前后檐柱处，安装槛框和整樘门扉。前檐柱间安装的门为可开关的防卫性二门。后檐柱间安装的四扇组合门，作为内院分隔，遮挡视线之用。仅在红白喜事及重大礼仪活动之时，才"大开中门"。常见的垂花门屋顶形式有两种，较大规模的垂花门采用勾连搭屋顶，即"一殿一卷式"（即前者为带正脊的悬山，后者为卷棚悬山）。而较简单的垂花门仅为一个屋顶，即"单卷棚式"或"单脊式"。"抬梁式垂花门"为随墙门，用以增加空间层次。垂花门多用于宅园中，是北京四合院装饰中最精致的建筑，造型轻巧华丽、装饰俏丽讲究，雕刻精美多彩。特别是在垂花门的外檐处，设有两根悬臂式的垂莲柱，并以精美莲花花蕾的垂头装饰而得名。垂花门的做法与大门相似，梁头、垂珠、门簪的木雕，梁架、驼峰等的苏式彩画，门前的抱鼓石、滚墩石的石雕等中国传统建筑装饰艺术均有采用，因而也成为宅院主人身份和艺术品味的象征（图 3-23）。

屏门——建于内院分隔墙上的单层门为屏门，门墙相结合，样式简洁朴素。门为绿色以增加院落的生气。屏门也常设于四合院进门的两侧，作为从宅门入内院的过渡之门。在大型四合院中，屏门也常作为院内空间的分隔和相通联系而设置（图 3-24）。

图 3-24　屏门

村居小门楼——
石甬居门楼（一）平面图

村居小门楼——
石甬居门楼（一）正立面图

村居小门楼——
石甬居门楼（一）背立面图

村居小门楼——
石甬居门楼（一）剖面图

村居小门楼——
石甬居门楼（二）正立面图

村居小门楼——
石甬居门楼（二）背立面图

村居小门楼——
某民居门楼正立面图

村居小门楼——
某民居门楼剖面图

图 3-25a   村居小门楼

图 3-25b   燕家台村小门楼

四、村居宅门小巧，造型朴实自然

1. 村居小门楼——在京郊村落环境中，宅院大门是表现民居个性的标志性建筑，它精巧玲珑，形式多样。门楼尺度小巧、造型轻盈、装饰简洁，各式屋脊精致飘逸。门楼用料多为青砖、青瓦、木材，质朴而亲切（图3-25）。村宅院门位置与开启方向都很灵活，一般随地形特征及道路走向而定。不少院门向东开，布置在东厢房与倒座房连接处，也有的开设在厢房一侧，体现出村落宅院布置的灵活性，使宅院大门成为村落一景（图3-26）。村居宅门的装饰朴实多彩，特别是村居宅门处的佛龛，更是村民们敬神的风景。

2. 村落的大宅门——在村落中，富人大院的门很讲究，多引用城区四合院宅门的形式。设置有广亮大门、如意门和蛮子门等规格不一的宅门。但这些门的做法不如城区宅门那样严格，反而富有几分乡土的气息（图3-27）。宅门的用料及装饰特别而有创意，例如，外门步架处常采用蝙蝠等形象，以彩色天花吊顶，象征福到人家，也有采用别具一格的木雕门罩等等。宅门上的门簪、墙腿石、佛龛、门墩石等朴实精致，多彩的村宅大门是京郊村落的特色景观之一（图3-28）。

3. 村宅中的二门——村落大宅院常为二进、三进院组成。内院的分隔门形式多样而灵活简朴，有砖砌隔门，也有砖石两用的隔门，尺度小巧、木门扇、装饰简洁，成为多进四合院的内部空间的分隔与联系相通的门。在富有的财主院中，二门尺寸较大，多为砖雕装饰的隔门（图3-29）。

4. 村街的宅门——在村落的街巷中有许多

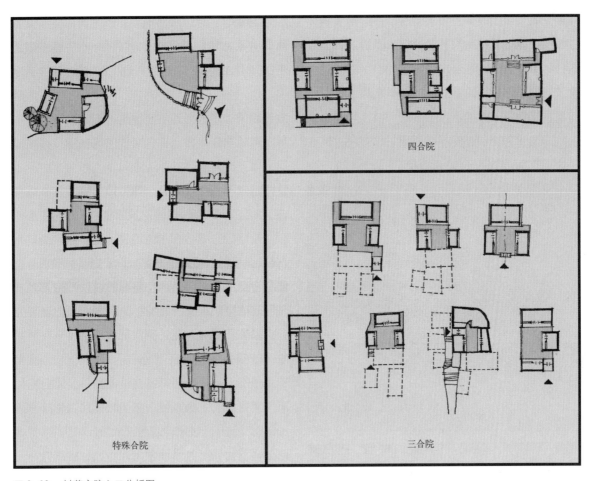

四合院

特殊合院

三合院

图 3-26　村落宅院入口分析图

图 3-27a　水峪村大宅门

图 3-27b　石门营村大宅门

图 3-28　村宅门的装饰

图 3-29　水峪村二门

沿街而建的宅院，两侧排列着形式多样、规格各异的宅院大门，多面向街面开设，整齐而富于变化，其中有城市化的大宅院门，也有简朴的随墙门。宅门前的小空地格外亲切，门前、树下常聚集着休闲的老人、邻里和过路人，充满活力与乡情（图 3-30）。

五、宅院入口影壁，丰富空间层次

影壁为四合院宅门组合的建筑元素之一，门和影壁的组合既丰富了宅院的入口空间层次，也遮挡了外界视线和避开冲煞之气。影壁也是四合院与宅门间最富装饰性、标志性的建筑元素，具有很强的宅院艺术表现力。从影壁设置部位可分为大门外和大门内两大类。

1. 大门外影壁

设于宅院大门外的影壁，有设于胡同对面与宅门相对应的一字或八字影壁和与宅门相结合的撇山影壁。影壁一般饰有精致砖雕，花饰丰富多彩而富有寓意，以增加宅门入口的美感，提升入

图 3-30　村街宅门

口的标志性和丰富入口空间层次（图3-31）。在
大户宅院入口处，与门、影壁相配置的设施常有
上马石和拴马桩，它是当年以骡马为主要交通工
具时的特殊设施，反映了北京人历史的生活风情
和宅主的社会地位（图3-32）。

　　2．大门内影壁

　　大门内影壁是设于院内，与大门相对布置的
影壁。内影壁的形式、装饰外观各不同，其做
法有独立式和跨山式两种。独立式影壁是在大门
相对应的空间设置独立型的影壁，也称"照壁"。
在东厢房南山墙上做出的影壁，称为"跨山式影
壁"。影壁是从大门进入宅院的第一个装饰景观，
其形式与做法多样，装饰精致，艺术意蕴生动。
影壁的构造多为一堵砖墙，由基座、墙面、屋顶
组成。讲究的影壁多设有须弥座、筒瓦屋檐、屋脊、
蝎子尾。墙面上以砖雕塑造柱枋形象，极为生动
逼真。影壁的砖雕精致，图案丰富多彩，松、竹、
梅、菊、牡丹等等成为宅院中的装饰艺术品（图
3-33）。

　　木影壁也是四合院内用以分隔空间的设施之
一，它相当于院内固定位置的屏风。这种位置的
影壁，常采用形式多样的木制影壁，其中有带月
洞的木制门，摆放灵活，装饰性强。在多进四合
院中，还有在垂花门内加设木影壁，丰富空间层
次和院内的装饰（图3-34）。

图3-31　宅院的入口影壁

图3-32　宅院前的上马石

图3-33　多彩的内影壁

图3-34a　院内木影壁之一

图3-34b　院内木影壁之二

图3-34c　院内木影壁之三

图3-35a 村居宅院影壁之一

图3-35b 村居宅院影壁之二

图3-36a 宅院中的廊之一

图3-36b 宅院中的廊之二

图3-37a 村中反光照明的墙

图3-37b 石头围墙

3．村居宅院的影壁

在京郊村落宅院中，影壁是居者珍爱的装饰性入口分隔墙面。它是宅门楼的对景，更是村宅入口空间层次分隔的组成部分。村居宅院的影壁与城区四合院影壁相似，但也具有形式多样、规格高低不一的特点。有布置在院门相对应的外影壁，也有布置于宅院大门相对应的院内独立影壁。但在川底下村，更多的则是设于与宅门入口相对应的东厢房南山墙上的跨山影壁。村宅的影壁多数小巧简洁，装饰朴实精致，一般采用挑檐做影壁顶，而在清水脊上多施砖雕花饰。壁心处理常采用青灰勾框、白灰刷出方形壁心打底，上书"福"、"寿"等字，象征吉祥。讲究的大宅院，影壁采用浮雕的艺术形式加以装饰，影壁的细部装饰精妙，提升了山村宅院建筑的表现魅力（图3-35）。

六、宅院的廊与墙，空间有隔有透

1．宅院中的廊——"廊"为四合院中室内外联系的过渡建筑，一般有檐廊和游廊两种类型。檐廊随屋而筑，廊子小巧，尺度宜人，它是房屋的组成部分。游廊（又叫抄手游廊）是连接各房屋并带转角的有顶通廊，常与墙相组合。四合院内从垂花门通往各房的廊称为抄手游廊，该廊连通各房屋的檐廊，并以空间的"渗"与"透"的变化，丰富空间层次。四合院中的游廊，多为一面朝院开敞，一面为开设什锦花窗的墙。锦窗多为镶有玻璃的，内可放灯的装饰窗，丰富了院内的装饰艺术。四合院中的游廊为单步廊，造型简洁，多为灰色小筒瓦卷棚顶。有绿色梅花柱（即四角内凹，形如海棠花瓣的方柱），柱间额枋之下装有挂落、花牙子雀替，廊的下部设有坐凳式栏杆。居者走在半开敞的廊中，往来于院内各房时，免受日晒雨淋，也可随步观赏院中花木。坐在檐廊下休息，更能享受院景，享受与家人在廊中交谈的乐趣。由此可见，廊在四合院中是极具活力的建筑空间元素，提升居住环境的意趣（图3-36）。

2．宅院中的墙——在四合院建筑中，墙是围合院落空间的建筑元素，常称为围墙。在临街部位，一般都以房屋的后檐墙沿胡同布置，形成胡同界面。入口处常有设置于宅门左右的八字形墙，常称"撇字墙"，墙的做法类似八字影壁，也称"撇山影壁"。相邻宅院之间常设高墙分隔。在围墙内也有宅院设置宽一米左右的甬道，称为"更道"，作为护宅防火用墙。因此，墙的主要作用是四合院建筑用以分隔功能空间和胡同空间。

在村落宅院的墙中，有分户围合的墙，也有矮的石头墙，围合宅院空间，自然和谐。村宅的墙有作装饰用、防卫用，也有以墙面上的白色墙作为夜间反射月光，照亮道路的功效（图3-37）。

第三节　北京四合院建筑空间构成

在传统的合院民居中，其空间构成模式是以"间"为单体建筑的基本单元，以"间"组成"幢"，以"幢"组成"院"，以"院"作为合院民居建筑空间的基本单元。以"院"重复组合形成"进"，以"进"扩展成"路"，构建不同规格、不同规模的多院组合体。因此，北京四合院民居空间构成的基本要点可以概括为："构建中心院落"、"确立中心轴线"、"组合多元空间"、"塑造空间意蕴"，从而创造出和谐、舒适的北京四合院民居。

一、以院落为中心，构建空间体系

合院式民居的基本构成单元是"院"。由东、西、南、北四个方向的单体建筑，以院为中心围合而成，故称四合院。民居院落空间构成的核心理念是"择中而居"、"居中为上"的传统尚中理念。也是儒家哲学追求"中正"、"仁和"思想、讲究"不偏不倚"的中庸之道的体现。因此，北京四合院民居讲究"择中立院"。围合四周的建筑门窗均朝向院落开启，构建以院落为核心的功能空间，以统率和控制四周的房屋和其他从属院落空间，形成典型的"内向聚合"的居住形态。

在北京四合院民居中，院落大小不同、功能有别、形式多样。最常见的小型四合院，仅有四面建筑围合的一进院落，院落小巧方正，以居住功能为主。大型的多进四合院，沿轴线和入口方向分别布置前院、中院和后罩院，分布在耳房与厢房之间的院为角院。在多进院中，内院为中心院，宽大方正，前院和后罩院分别由东西横长的倒座房和后罩房围合而成，院落呈扁长形。角院则小巧灵活。不同的院落的组合形式塑造出了室内外交融的北京四合院民居环境和合院建筑文化特征（图3-38）。

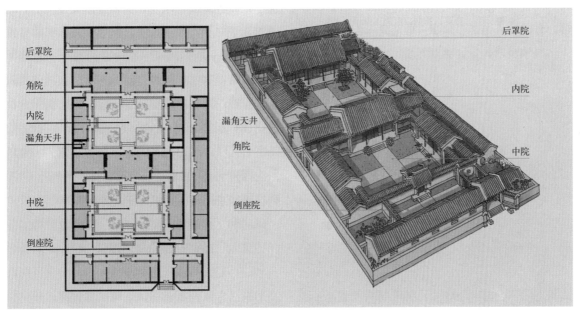

图3-38　北京民居中的院

图 3-39a　天、地、人相通的院（张振先摄）

图 3-39b　充满亲情的院（张振先摄）

图 3-39c　家的室外客厅

因此，传统合院民居中的中心院落是天、地、人交汇的开敞式空间，也是居住建筑"藏风纳气"、"阴阳和谐"、"天、地、人沟通"的开放场所。在北京四合院民居中，院落空间是北京人之所爱，常在院中种植枣树、石榴、玉兰、桂花；设置山石，养花、草、鱼、鸟，塑造了院中绿色之韵。在院中春有绿树，秋有花果，夏有凉风，冬避冷寒，在院中可纳凉、赏月、晒太阳。院通天接地，沟通了人与自然的相通与和谐。院落成为一种绿色环境，为居者创造出休息、娱乐、亲近自然、怡情养性的室外空间。院落更是人文空间，成为家人团聚、人际交往的室外起居厅。它凝聚着几代人同居同乐的亲情，成为情感交流的室外活动空间，也是接待宾客、棚下摆宴的室外客厅。一些红白喜事在院中举办堂会，整个院中充满了人文情感。由此可见，北京四合院的院落空间具有深邃的文化内涵，充满自然生气，它是北京人最喜爱、最眷恋的居住环境（图 3-39）。

其特点是：京郊村落农家宅院的院落空间与城区相比，规模大小不一，布置灵活，形状不规则。不讲求方正，更加强调与自然地形及道路布置相融相通。院落功能多样，除具有户外活动、家人团聚的空间功能外，更注重空间功能的综合性和空间的充分利用。村落宅院除供起居、休闲等功能外，常将院落兼做农村生产的空间，如晒粮食、养生禽、储存等多项功能。位居山地的宅院，院落均十分小巧，院中多设有可拆卸的晒物或遮阳的木架荆笆。木架为可拆的木柱支撑，需要用时插入院内四角地面的石孔中。夏时支架遮阳，秋时支架晒粮，也有利用院落地面直接晒谷物等。还有利用院落的地下空间设置地窖，成为天然冷藏室等等。使山村院落成为多功能的室外空间（图 3-40）。

二、以轴线为主导，控制空间布局

在北京四合院民居建筑中，"轴线"是四合院建筑之脊梁，是组织单体建筑、构造居住空间秩序的控制线。特别是在多进院落空间组合体的

图 3-40a　多功能的村院之养蜂

图 3-40b　多功能的村院之晒晒场

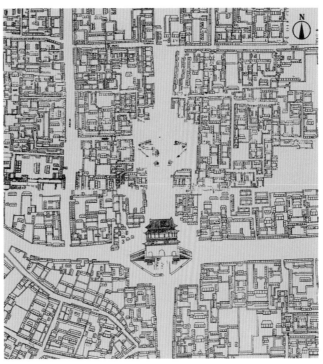

图 3-41a　内城街区四合院方位平面图

图 3-41b　钟鼓楼鸟瞰

布局中，强调"轴线"对称，以传统的中轴规制与手法，控制院的发展和群体合院的空间层次与秩序，构建了主次分明、前后有序、协调和谐的空间序列，塑造出北京四合院建筑含蓄、深邃的内涵和严谨的气质。"轴线"在民居建筑中的应用具有多层次的意义。

1. 以轴线控制建筑布局

北京四合院民居依托京城建设规制和街、巷、胡同纵横布置的城市肌理而生长。因此，北京内城区居住建筑方位强调与古都南北轴线和内城规整的棋盘式布局相一致；强调北京四合院以南北中轴为主导，组合有序的空间层次；强调主体建筑坐北朝南、负阴抱阳的典型格局（图 3-41）。

分布在外城和京郊村落的各类四合院民居，因所处地段地理环境和道路走向的变化，宅院入口及宅院布局方式各不相同。因此，四合院轴线方向也随之调整，形成民居建筑轴线方位的可变性特征（图 3-42）。

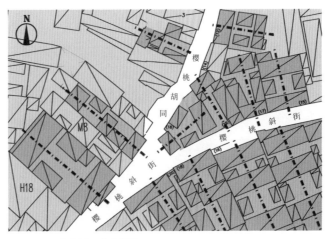

图 3-42　北京民居中的轴线

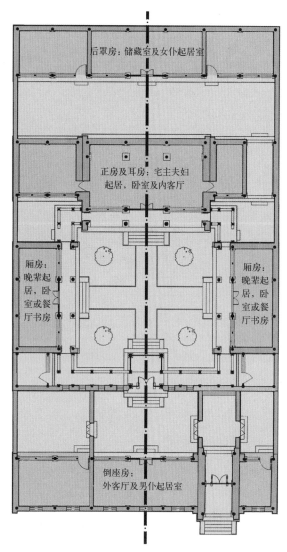

图 3-43   北京民居中的空间伦理秩序

图中文字：
后罩房：储藏室及女仆起居室
正房及耳房：宅主夫妇起居、卧室及内客厅
厢房：晚辈起居、卧室或餐厅书房
厢房：晚辈起居、卧室或餐厅书房
倒座房：外客厅及男仆起居室

2. 以轴线构建伦理秩序

北京四合院民居的布局强调中轴线的统帅地位，并以中轴线控制房屋布局和院落组合的次序。并按传统的"择中"观念，布置宅院中房屋，组织有序的居住空间，以体现封建社会家庭中长幼、尊卑有序、男女、内外有别的伦理秩序。院中的房屋布局讲究位居轴线上的居中者为主、侧为辅，左为上、右为下，前为轻、后为重的等级秩序。其中，布置在中轴线上的房屋为长辈住正房，房屋宽阔，规格最高，朝向最好。中厅或正厅居中，作为接待宾客、节日或举行婚丧嫁娶礼仪活动场所。并以正厅作为公共空间与内宅私密空间的区划，形成"前厅后室"的格局。晚辈用房布

置于东西两侧的厢房。其中，长子住东厢房，次子住西厢房，体现左（东）为贵之意。未婚女子住内院，仆佣住后罩房偏处或倒座房。以构建住宅伦理精神的礼制空间和井然有序的功能空间结构（图 3-43）。

3. 以轴线为主导，控制院的布向

北京四合院民居是以院为单位的多院组合体。其合院四周的房屋布局和不同功能的院落组合都强调纵向、正位的中轴线的主导性和主院的中心地位。合院中的房屋以中轴线为脊，有序地布置于轴线前后、左右，形成以院落为中心的规整空间。合院中的院落空间组合，以主院功能空间为主导，组织前院、后院、旁院等不同的功能空间，以形成有机整体。规模大、规格高的大型四合院居住建筑为多院组合体。虽然因宅院规模、规格、用地面积及用地大小、宽窄、地形变化等因素的差异有不同的组合形式，但多院组合的宅院仍是以合院纵向正位的中轴线为主导，加以有序地组织，构建沿纵轴线布局的多进四合院。

三、以组合与划分，构建合院空间

中国民居建筑的创造、尊奉"整体有机""中庸和度"的传统思想，确定以"院"作为居住建筑空间组合的基本单元。应用"重复"或"扩展"的方法，对居住建筑多元空间加以组合与重构，构建多功能、多元化的合院型居住空间体系，以提高空间效应，创造不同类型、等级、规格和不同规模的传统合院民居。

北京四合院民居是中国北方合院民居的典范。此类民居建筑由不同功能的数栋建筑，按轴线和中心院规制，排列组合，构建合院式的建筑组合体，以产生多元、多种单体建筑组合一体的空间效益，构成舒适，富有天、地、人交融的人性化的北京合院民居。其居住空间组合方式是根据宅院的规格、规模、宅主身份、家庭结构和基地条件等灵活组构，一般常用沿纵轴线布局形成"纵向组合"的多进四合院，或以横向多轴并列布局，形成"横向组合"的多路四合院，或以"纵

横双向组合"形成多进、多路组合的四合院等形式，将不同功能、不同形状、不同大小的院落，以主轴线为中心加以控制，有机组合从属的院落空间，形成功能齐全、居住生活安静亲和、有理有规、特色各异的北京合院式居住建筑。

1. 纵向组合空间，以"进"拓展宅院

纵向组合的多院空间是北京四合院民居的基本构成形式。在一般中小型四合院民居中，是以正房、耳房、厢房、倒座房等主要功能建筑围合构成的"院"为基本单位。将不同功能的多院空间，以中轴线为导向，顺着延伸方向组织多个"院"，形成连续递进，纵向发展的空间组合体。组合体中的"院"以"进"为单位表示，常以"几进院"表示住宅组合的规模，形成不同规制、不同规模和不同功能的居住空间组合体。北京四合院民居多为"一进院"、"二进院"、"三进院"，而高规格的大型豪宅，可达到四进、五进院之多（图3-44）。纵向组合的宅院均由十分明确的中轴线加以控制。

● 例如，前鼓楼苑胡同7号、9号宅院。该院建于清末，是以南北中轴线为核心轴，纵向组合的三进院。院门设于东南角，为蛮子门一间，入院处设有随墙影壁。前院由倒座（七间）围合组成，前后院以垂花门分隔，并以四隅抄手廊连接四面房屋，形成宅院的中心空间，后院为后罩房围合。不同功能的三进院落组合严谨有序，体现了"内外"、"前后"有别的空间秩序。宅院建筑讲究，是京城中颇具代表性的四合院。该院保存完好，为北京市文物保护单位（图3-45）。

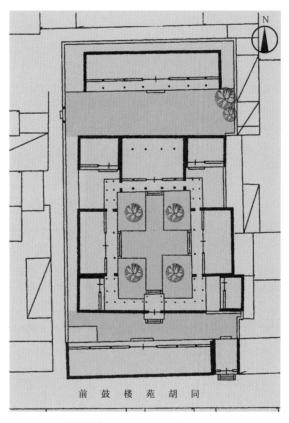

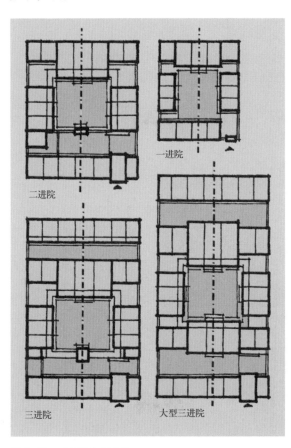

图3-44　合院纵向组合体

图3-45a　前鼓楼苑胡同7号、9号院

图3-45b　前鼓楼苑胡同7号、9号院

2. 横向组合空间，以"路"扩展宅院

横向多院组合的形式多用于地形受限的大型宅院。其组合方式有一进多路组合及多进多路组合两种形式。由于北京胡同肌理一般按 30～60 米的间距排列构成。在合院布局的进深大小受限的情况下，大型的合院建筑常采取将多个纵轴合院组群，按横向并列的形式加以再组合。形成纵、横结合的群组空间。此种组合方式以一轴组合的纵深院为基本单位，称"一路"。多轴平行并列组合的合院，称多进多路组合院。此类合院其功能空间和建筑平面的布局灵活，组合的方式有轴线平行组合、垂直组合、放射式组合等，形成前后、左右空间交融的格局（图 3-46）。多进多轴组合的宅院为传统的大型宅院模式。一般用于贵族、兄弟聚居等大型宅院，具有多功能空间组合一体的优势，也便于有分有合的空间布局，形成既分区明确，又联系方便、亲和情的空间特色。大型合院的平面布局常以"左路院"为上，布置长辈、院主居住，"右路院"设一般居住用房，而中路则是公共性的活动空间。王府建筑多由三路合院组合而成，东路为花园、花厅、书房等，西路为居住区，而中路则是殿、庙等组成的政堂、议事、祭祀区，构建出功能流线组织流畅有序的多项居住功能空间的组合体。

● 例如，西草厂街 88 号院。该院为两路一进组合院。该院为京剧表演艺术家萧长华故居，由东、西二座院落并列组合而成。其中东院为内院，由南、北房组成，西院为外院，院门设在西北角。合院建筑布局简洁，功能分区明确，居住舒适合用（图 3-47）。

● 南池子大街 32 号院。该院为两路三进组合院，院落坐北朝南。宅门为广亮大门。西路院为内院，尺度小巧，安静适宜。东院为公共活动院，以垂花门分隔内外院，抄手廊和檐廊联系各房，形成富有变化的、多个院落有机组合的合院建筑（图 3-48）。

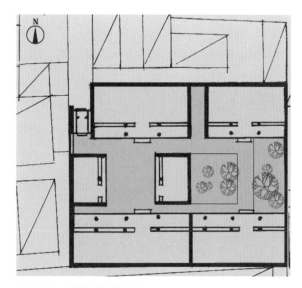

图 3-47a　西草厂街 88 号院

图 3-46　合院纵向组合体

图 3-47b　西草厂街 88 号院

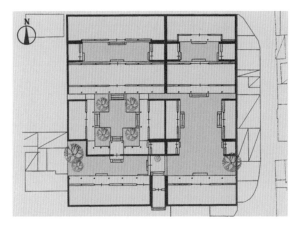

图 3-48a　南池子大街 32 号院

图 3-48b　南池子大街 32 号院

图 3-48c　南池子大街 32 号院

图 3-48d　南池子大街 32 号院

图 3-48e　南池子大街 32 号院

● 史家胡同 51、53、55 号宅院。该院为三路三进四合院，51 号院曾为章士钊先生在京的住宅。合院坐北朝南，三路院落大小，和组合形式各不相同。中路院以公共活动功能为主。二进院设过厅，和东西耳房相连。院落组合中巧用抄手游廊连接各房。院内四隅种有海棠、苹果等果树花木，居家环境优美宜人。院内建筑造型优美，建筑装饰讲究，是一处规格高、功能全、规模大的四合院（图 3-49）。以上三院均为北京市东城区文物保护单位。

● 南锣鼓巷南炒豆胡同 73～75 号院。该院为四路三进大院，为科尔沁亲王僧格林沁王府。规模大，由四路二、三进合院组成，各院功能分区明确。建筑规格高，临街的三门均为广亮大门。

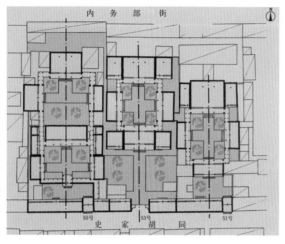

图 3-49a　史家胡同 51、53、55 号院

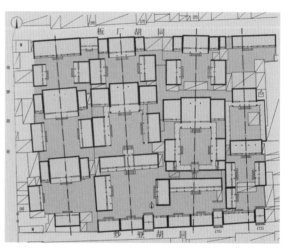

图 3-50a　南锣鼓巷南炒豆胡同 73～75 号院

图 3-49b　史家胡同 51、53、55 号院

图 3-50b　南锣鼓巷南炒豆胡同 73～75 号院

图 3-49c　史家胡同 51、53、55 号院

图 3-50c　南锣鼓巷南炒豆胡同 73～75 号院

中心院设有豪华的垂花门，并以抄手廊相连，使大院空间有机组合形成整体，是一处空间组合有序的实例（图3-50）。

3.灵活组合空间，适应基地条件

在城区住宅基地受限、地形多变或道路弯曲、走向多变的情况下，合院建筑随多变的基地条件，采取灵活布局与组合，形成特殊的四合院形态。特别是在旧城区的外城（前门地区一带），城市街巷胡同肌理随地形变化布置，形成走向不同，形状各异的胡同肌理。随地区肌理布置的四合院，空间组合灵活自由，大小不一，围合形式多样，其合院群组形式多采取多进、多路灵活布局的形

式加以组合，形成灵活型群组式合院（图3-51）。

4.村落合院空间，组合灵活多变

在京郊村落民居建筑中，一般都采用合院式平面形制，由正房、耳房、厢房、倒座房及门楼等组成。各栋功能用房以院为中心，围合形成对内开放，对外封闭的合院建筑。但村落的一般民居规模较小，宅基地的地形变化大，有平原、有山地及河流地段等等。因此，村落民居的空间组合及平面布局灵活多变，特别是山地四合院民居多结合地形分台布局，基本的组合形式为平行等高线的横向组合、垂直等高的纵向组合以及纵横双向组合三种（图3-52）。其中：

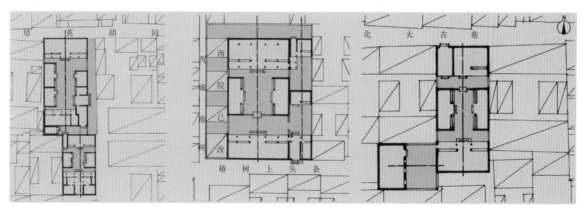

图3-51　灵活型宅院

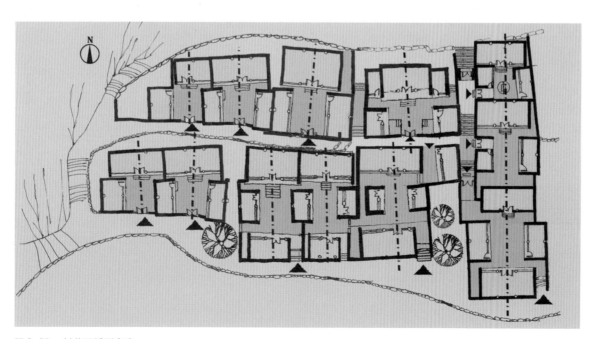

图3-52　村落灵活型宅院

平行等高线的横向组合院根据宅院规模大小，多为一进院、二进院，少数规模较大宅院由三进院组成。此类组合的平面布置多为一进多路的四合院或三合院组合构建空间，其功能活动流线为横向联系。

垂直等高线的纵向组合院多沿承北京典型四合院形制，有明确的轴线关系，但前、后院落和院中的建筑随地形变化布置，形成高低不一的布局。这种高低错落的合院布局，不仅提高了建筑密度，而且利用地势高差，构建了良好的采光通风和观景视线。

例如，川底下村民居空间组织灵活多变，由于村落一般的宅院小，多为二合院或三合院。但各家的院都相联相依，以窄小的通道情系各家，格外亲切，是另一种合院的组合的典型。其主要的组合形式有：垂直等高线的多进院组合，院落有较明显的轴线控制，不同功能和不同的宅院门，合院沿轴线纵向分台布置，以适应地形高低的变化，形成纵向组合的合院组群（图3-53）；平行

等高线的多进院组合，合院以"多路"水平方向的组合以扩展宅院规模，节约用地，形成有序的横向空间序列（图3-54）；"进""路"纵横组合型，多适应地形变化而设，此类宅院组合层次丰富，并能充分利用地形。

四、以虚实相结合，塑空间形与意

"虚"与"实"相结合是中国传统哲学的宇宙观。老子的哲学思想强调宇宙本体的"有无"论。他认为世界万物都是"有"与"无"，"虚"与"实"的结合。"实是虚之躯，虚是实之魂"辩证的哲学思想是中国建筑空间创造、园林艺术和造园创作的指导思想。北京四合院民居建筑空间构成与空间塑造常以"虚实结合"与"虚实变化"的手法丰富居住空间层次，丰富空间环境的意蕴。在四合院建筑过渡空间的处理中，多采用"垂花门"、"屏门"分隔前院与中院空间，门开启则两院相通相融，以扩大空间。门关闭则两院分离，既保证两院各自居家活动的私密性，又增加了空间宁

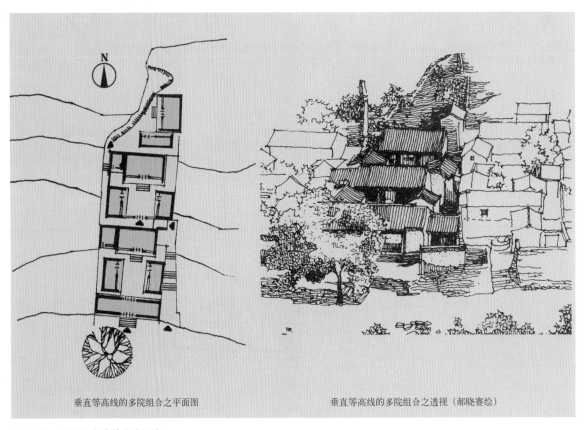

垂直等高线的多院组合之平面图　　　　垂直等高线的多院组合之透视（郝晓赛绘）

图3-53　垂直等高线的多院组合

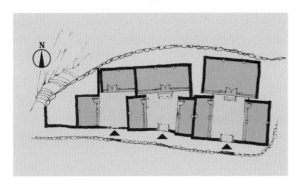

图 3-54a　平行等高线的多进院组合

图 3-54b　平行等高线的多进院组合

图 3-55a　垂花门分隔空间

静的气氛。其中院内的垂花门不仅是四合院中空间分隔的元素，更是合院空间居家文化及精神空间的聚集点。垂花门位居合院中轴线上内院入口处，位置重要。它以小巧的建筑体量、轮廓优美的"殿""卷"组合屋顶、精美的彩画装饰和悬空的垂莲柱，构成院中最华丽的内院门。从内院看垂花门更是院中的景门。那绿色的屏门、门上的图案、儒雅的文字和精致的楹联、门簪、门钹、抱鼓石等等，与院内的绿树红花相映，格外生动潇洒，成为四合院空间构成的景观中心，也是家人团聚和节日喜庆的舞台（图 3-55）。四合院空间"虚"、"实"塑造的另一元素是"廊"，也是四合院中空间构成与变化的要素之一。"廊"有檐廊和抄手游廊，宅园中有爬山廊、回廊及内外廊等。其中，檐廊为房屋前的廊，是房屋的组成部分，也是屋内与院相联系的半开敞过渡空间，它不仅可遮阳遮雨，还起到联系各房的作用，也是檐下休息，观院景之处。四合院中的抄手游廊是连接各房屋转角的廊，常与垂花门相连接。游廊尺度小巧亲切，一面开敞，一面为开什锦花窗的墙。开敞部分面向内院，与院落相融合，形成空间的虚实对比，丰富合院空间层次和变化。廊的尺度小巧宜人，装饰精美。园中的游廊、爬山廊不仅是观景之廊，更是园中之景。因此，北京四合院的空间塑造，以檐廊连接各房间，增加室内外空间过渡层次。以"游廊"（又称"抄手廊"）或"通廊"的虚与实，塑造院落空间层次，构建廊院休息空间，在廊中观赏院中花草、绿树、山石。以侧墙上的景窗塑造空间的渗透和景观的影映。

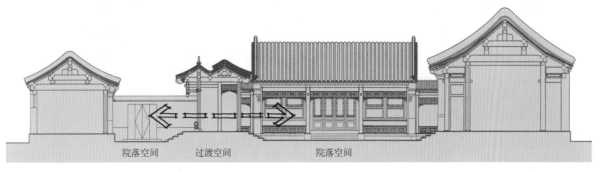

院落空间　　　过渡空间　　　院落空间

图 3-55b　垂花门分隔院落空间

图 3-56a　爬山廊

以虚中有实、实中有虚的手法塑造合院富有变化的空间形态和充满生机的环境意蕴（图3-56）。

　　例如菜厂胡同甲3号，原为三路组成的一组大宅，现仅有甲3号院保存较完整。现存的甲3院坐北朝南，由三进院和旁院组成，宅门设于东南角，有广亮大门一间，门内有影壁。宅院的空间布局很有特色，前院宽敞，由前出廊式的五间倒座房。正中的北房为前后廊式的五间过厅，左右檐廊式厢房三间。院中各房均以檐廊连通。二

图 3-56b　游廊之一

图 3-56d　檐廊

图 3-56c　游廊之二

进院扁窄，进深很小，北门设有精致的垂花门，门内为三进内院，设抄手游廊与正房连接，形成虚实相连的空间特色。院中植树、栽花、养鸟，充满生机。家人在廊中蔽荫、纳凉、交谈、观花，构建出亲和、愉悦的居家气氛（图3-57）。

又如帽儿胡同35号、37号，该宅为清末内务府大臣荣源的宅第，也是清朝"末代皇后"婉容旧居。婉容被册封为皇后，按皇后潜邸的规制，改建府门、扩大前院。府门为面阔三间筒瓦过垄脊门楼，气魄不凡。此宅最经典之处在于宅院的布局和空间组合。该院由东西两路院组成，西路为居住区，东路为小型花园。不同功能建筑实体围合的院落有机组合，以廊、墙分隔与联系，形成"隔而相透"、"透中有隔"的空间层次。前院与内院以装饰华丽的垂花门相隔，以抄手游廊向东西两翼延伸，与二进院正房檐廊相接，形成围合空间。而廊又以廊中内侧墙上的锦窗和坐凳栏杆沟通内院与花园空间的联系和透视东花园中的景色。宅院中不仅有前、中、后院中的种花、绿树、鱼池等景观映入各个房间，充满生机和情趣，更有东花园中的叠石假山、绿树红花的美景，使宅院充满生机供欣赏、享受自然之美（图3-58）。

五、居住功能齐全，活动流线通畅

合院建筑居住功能的布局和居住活动的流线根据居住者的需求和儒家伦理秩序，顺院落纵深方向布置，其空间安排特点为：强调中院为主人居卧等内事活动区，以正厅为中心，沿中轴上下、左右有序组织；建筑布局以坐北朝南为上、坐南朝北为下、坐西朝东为长、坐东朝西为次的传统观念为指导，采取正房为宅主、长辈用房，厢房为晚辈用房，倒座为客人用房的布局方式；前院多为会客管理等功能区，常布置于临近院门入口之处，便于内外功能划分与联系；厨房、杂房及仆人用房一般设于最后部，或东部群房之中。形成功能分区明确、流畅的平面布局（图3-59）。大型宅院多为富人名流聚居住宅，其生活居住标准高，人口多，社会交往、诗书文化等功能要求

图3-57a　菜厂胡同甲3号之正房

图3-57b　菜厂胡同甲3号之抄手游廊

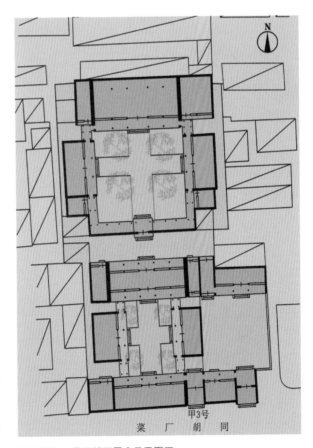

图3-57c　菜厂胡同甲3号平面图

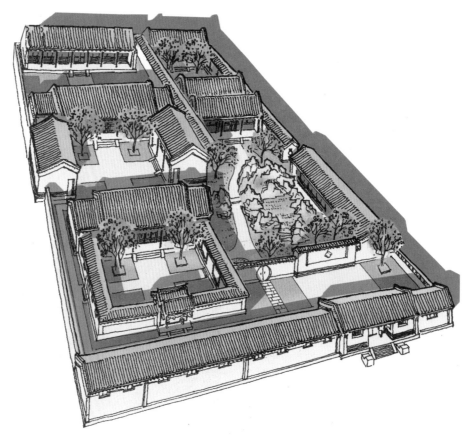

图 3-58a　帽儿胡同 35、37 号鸟瞰

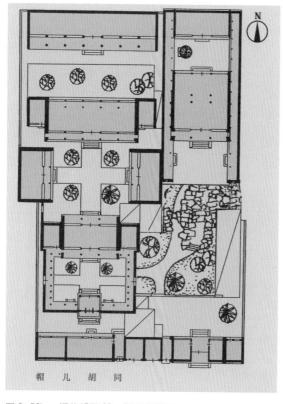

图 3-58b　帽儿胡同 35、37 号平面图

齐全。四合院布局更加强调长幼有序、男女有别、主仆有规等封建礼制规训和原则，强调有序组织不同功能的空间组合和居住活动的流线。其布局特点是：中院为宅主居卧、生活的内事空间，最前院大门入口处为会客、管理等交往空间。中院与前院空间常以垂花门加以分隔。后院为女辈、女佣、储藏等生活空间，一般后院设有后门与后胡同相通，东部群房为男佣、厨房、护院等家居住空间。其院内人员的活动路线通畅有别，各行其道，充分体现了居住生活的有序的温情（图 3-60）。

图 3-58c　帽儿胡同 35、37 号剖面图

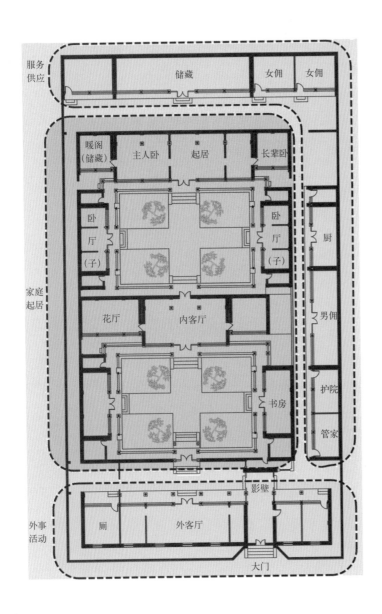

图 3-59　典型四合院功能分区

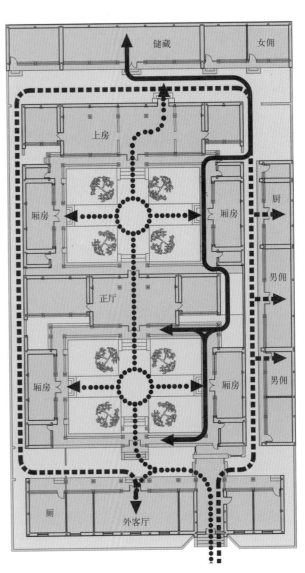

女佣流线 ▬▬▬　男佣流线 ▪▪▪▪▪▪▪　主人流线 •••••••

图 3-60　典型四合院功能流线

第四章　北京民居类型

　　"民居"泛指居住建筑，北京民居是以四合院为基本原型的居住建筑总称。作为六朝帝都的北京，四合院民居随宅主不同的阶层、身份、社会地位及财富多少等而呈现出有不同的规制、规模、使用功能和不同的合院形式，形成多种类型。既有朴实的城区百姓民居，也有灵活多变的京郊村落民居；既有城区的官宦、豪富名流的豪宅，也有京郊财主大院；既有商居结合的居住建筑，也有寓居式的会馆，还有京城特殊类型的居住建筑"王府"等等。不同层次的四合院建筑构建了北京多样化、多层次的民居类型。在此，仅以建筑形制特征及院为单位的组合类别和不同等级，不同规模和不同功能的居住建筑形式加以分类研究（图4-1）。

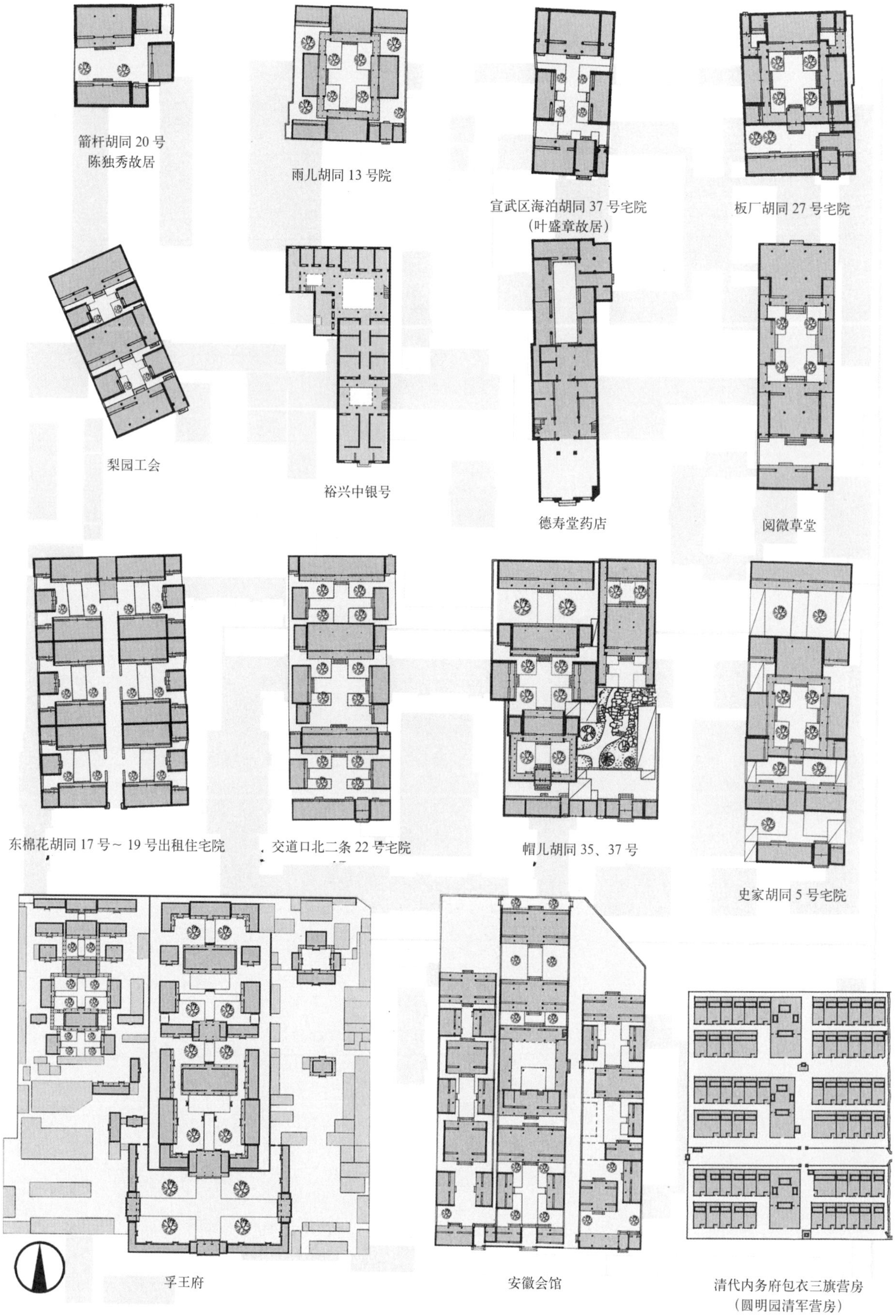

箭杆胡同 20 号
陈独秀故居

雨儿胡同 13 号院

宣武区海泊胡同 37 号宅院
（叶盛章故居）

板厂胡同 27 号宅院

梨园工会

裕兴中银号

德寿堂药店

阅微草堂

东棉花胡同 17 号～ 19 号出租住宅院

交道口北二条 22 号宅院

帽儿胡同 35、37 号

史家胡同 5 号宅院

孚王府

安徽会馆

清代内务府包衣三旗营房
（圆明园清军营房）

图 4-1　北京民居类型分析图

第一节 城区类型与特征

一、中小型四合院，空间紧凑规整

四合院是由东、西、南、北四座建筑，以院落为中心，围合组成的合院式建筑而得名，它成为北京居住建筑的基本类型。北京虽是帝都城市，在此，官宦、商贾、名流云集，但城市人口的主体仍然是百姓。因此，中小型四合院民居是北京居住建筑的主体，多为一至二进四合院。其合院规模大小与组合形式的不同，都由宅主经济实力、人口多少及用地条件而定。

1. 一进四合院，小巧而规整

一进四合院是以一条南北走向的中轴线为脊，正房（又称北房）居中布置，常以三间主房，东西各配一间耳房组成。合院中轴线两侧，布置东西厢房，厢房多为2～3开间，为扩大居住面积，厢房南墙外常采用平屋顶式的耳房。合院南端设倒座房（又称南房），倒座房的间数多与正房相同。小型的百姓住房因受用地窄小或宅主财力不足的限制，多采用正房两侧的厢房内靠，而压正房的形式布置，其院落的进深窄长，用地紧凑。一进院规模虽然小，但居住者讲究大门的设置及合院空间层次的塑造。通向胡同的院落大门多开设在东南隅的"巽"位，其院门形式和做法多样，多采用如意门或墙垣式门（随墙门）或小门楼。门的规格与形式，由院的规格和宅主爱好而定。四合院也常在东厢房南山墙设置与外门相对的照壁（又称座山影壁），并以各式影壁装饰、丰富四合院建筑的空间艺术，提升居住环境品质（图4-2）。在一进院民居中也有三合院的类型，规模比四合院更为小巧，不设倒座房，而只设围墙形成三合院。此种类型在外城民居中较为常见（图4-3）。

● 例如，宣武区海泊胡同37号宅院。该四合院为京剧著名武丑演员叶盛章故居。占地392平方米（即东西14米，南北28米）为标准的一进四合院。由正房、耳房、厢房、倒座房、宅院

图4-2a 一进四合院透视图

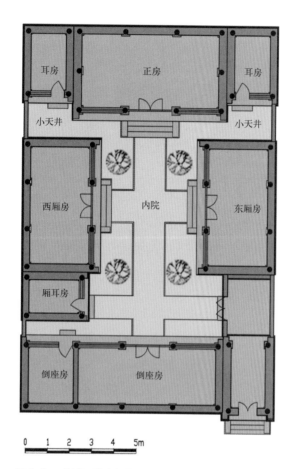

图 4-2b　典型一进院平面图

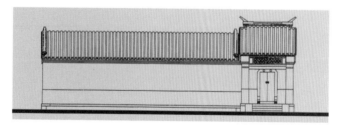

图 4-2c　一进四合院沿街立面图

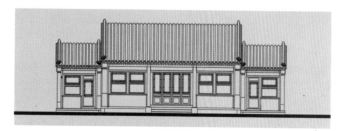

图 4-2d　一进四合院正房立面图

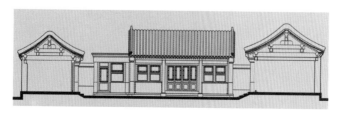

图 4-2e　一进四合院剖面图

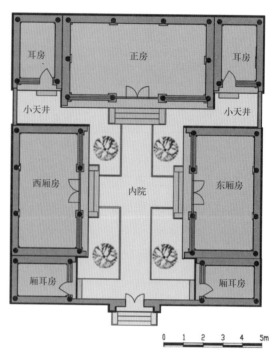

图 4-3　典型三合院平面图

大门组成。院落坐北朝南,房屋宽敞,其中正房为三间,进深七檩的前出廊式建筑。正房东西两侧加设耳房各一间;东西厢房各为三间,进深五檩;倒座房为三间、五檩加前廊;东设临街宅门,大门开间宽阔有气魄,宅院安静,居住舒适,为北京典型的一进四合院(图4-4)。

● 东城区雨儿胡同 13 号宅院。该院为完整的单体四合院。宅院坐北朝南。院内四周主要用房均为三间,正房配有东西耳房各三间,倒座房东西两侧各有耳房三间。　大门设于东南角,东厢房南墙有砖刻"紫气东来"四字,以象征接纳东南风的吉利。院中各房以檐廊和游廊连接,形成通透的空间构成,丰富了居住空间的变化,提升了院落空间效应(图4-5)。

● 箭杆胡同 20 号宅院。此院坐北朝南,院落四边均为 17 米(其中东南部分缺角)。因基地条件所限,宅门开设于东北角。院内正房和倒座房仅三间,东侧设两间厢房,西侧设墙,为三合院,该院小巧,组合形式灵活。宅门为蛮子门一间,建筑为合瓦硬山式过垄脊,简朴亲切,曾为陈独秀旧居(图4-6)。

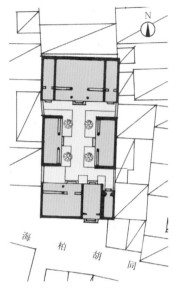

图 4-4a 宣武区海泊胡同 37 号宅 　 图 4-4b 宣武区海泊胡同 37 号宅院 (叶盛章故居) 大门
院 (叶盛章故居) 平面图

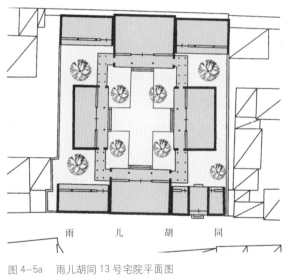

图 4-5b 雨儿胡同 13 号宅院

图 4-5a 雨儿胡同 13 号宅院平面图

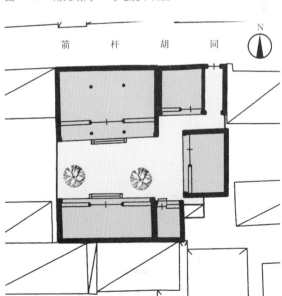

图 4-6a 箭杆胡同 20 号陈独秀故居平面图 　 图 4-6b 箭杆胡同 20 号陈独秀故居

2. 二进四合院

二进院民居是在南北中轴线上，设置前院和内院两进组合式合院民居。除合院布局与四合院基本模式相同外，常在前院与内院间设置隔墙和二门加以分隔，也有采用过厅房分隔的形式。一般二门建筑很讲究，多为装饰精致、造型轻盈的垂花门，或造型庄重简洁的屏门。讲究的四合院，内院设有游廊、檐廊，连接院内各建筑，构建完美、方便的内院，以加强内外院的分隔。二门之内的居住空间也就是指传统社会讲究的"大门不出，二门不迈"的"内宅"。二进四合院的分隔处理有利于内外居住空间的划分，有利于提高居家生活品质，构建宜居的环境质量（图4-7）。

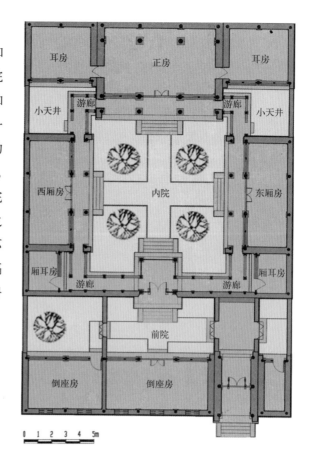

图4-7a　典型二进院平面图

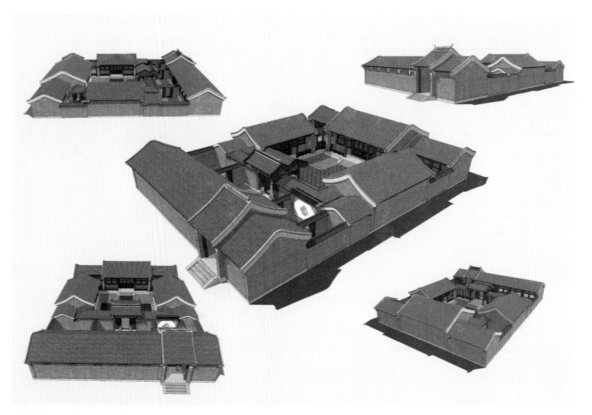

图4-7b　二进四合院透视图

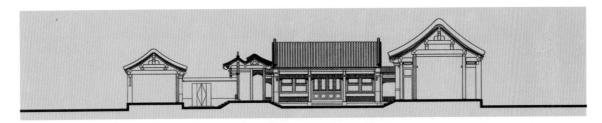

图 4-7c　二进院纵剖面图

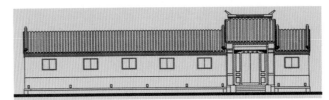

图 4-7d　二进院沿街外立面

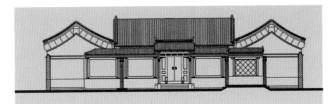

图 4-7e　二进院横剖面图一

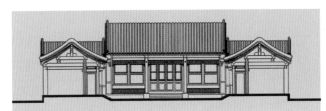

图 4-7f　二进院横剖面图二

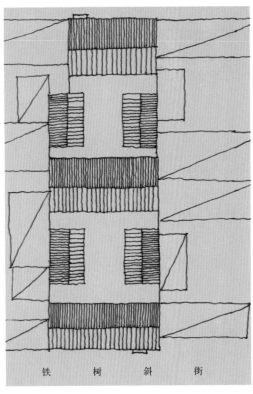

图 4-8a　铁树斜街 101 号梅兰芳祖居总平面图

● 例如，铁树斜街 101 号，该院为戏曲艺术大师，京剧"四大名旦"之首，梅兰芳先生祖居。此宅为梅兰芳先生祖父，京剧"同光十三绝"之一的梅巧玲先生（著名旦角）住居，也是梅兰芳先生的诞生地。此宅位于今宣武区铁树斜街与樱桃斜街之间，其用地范围为南北进深 38 米，东西长 13 米，占地 494 平方米，为小巧的二进院。合院沿南北中轴线对称布局，严谨有序、层次分明，西侧与后街均开有宅门。大门设于一进院的东南隅的"巽"位上。一进院正房面阔为五间，五檩进深，东西两侧建有面阔为两间的厢房。二进院布局与一进院相似，但北房仅为三间，西耳房处设有后门。院中房屋采用硬山顶合瓦屋面，清水脊。建筑风貌朴实大方（图 4-8）。

图 4-8b　铁树斜街 101 号大门

● 板厂胡同 27 号宅院。此组二进院建筑为
两路大院组成，其东路院保存较完好，建筑形制
规整。主体建筑均为硬山合瓦过垄脊屋面和硬山
清水脊屋面。院门为硬山清水脊广亮大门，内院
设独立硬山影壁，具有晚清建筑风格。该院空间
布局讲究，前院与内院以抄手廊和檐廊相连通，
并延伸至正房和耳房，从而形成以垂花门和廊构
建的内院景观，也成为两进院的空间构图中心。
塑造了安静和谐、尺度亲切的院落空间，呈现出
亲和的居住氛围。该院于 1986 年公布为东城区
文物保护单位（图 4-9）。

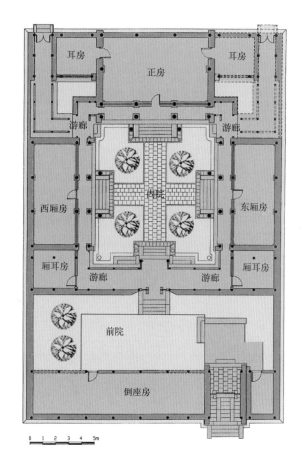

图 4-8c　铁树斜街 101 号梅兰芳祖居平面图

图 4-9a　板厂胡同 27 号宅院平面图

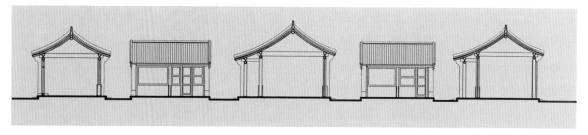

图 4-8d　铁树斜街 101 号梅兰芳祖居剖面图

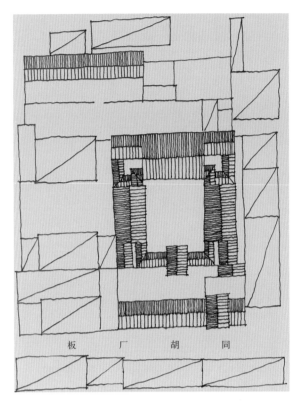

图 4-9b　板厂胡同 27 号宅院总平面图

图 4-9c　板厂胡同 27 号宅院纵剖面图

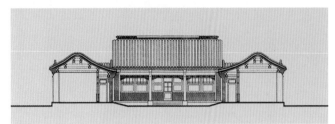

图 4-9d　板厂胡同 27 号宅院内院横剖面图

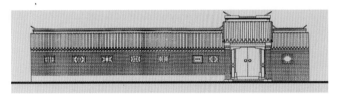

图 4-9e　板厂胡同 27 号宅院倒座南立面图

3．三进四合院，建筑规格高

三进四合院民居是沿中轴线布置，由三进功能不同、层次有序的院落组合而成。其组合方式各有不同（图 4-10）。典型的三进四合院布局形式，多在前院与内院之间设置垂花门或屏门分隔空间，以抄手游廊连接各房。二进院与三进院之间设置过厅，与后院相连。后院的布局形式通常有两种：一种是在内院（即二进院）的正房之后，设置一排坐北朝南，间数与二进院的正房同等的后罩房和东西厢房，并以檐廊连接内院正房，构建安静舒适的后院居住空间。另一种空间布置方式，采取正房后再加设一排南北朝向的"后罩房"，并与内院正房形成横向狭长的后院。此种院落组合的后院多从东侧通道进入，居住环境安静。在院内的房屋功能安排上，多以内院正房为客厅，接待外宾或家人活动厅，构建生活起居的公共空间。后院（即三进院）为居住用房，居住环境舒适安静。三进四合院规模较大，设施完善，为北京典型的中型民居（图 4-11）。

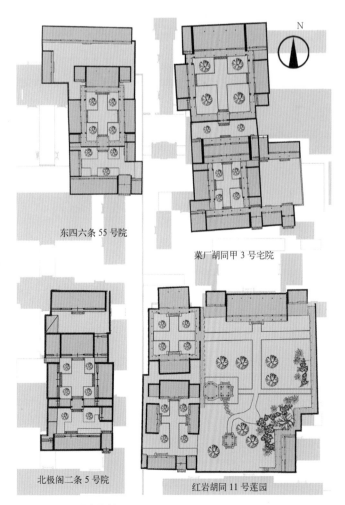

东四六条 55 号院

菜厂胡同甲 3 号宅院

北极阁二条 5 号院

红岩胡同 11 号莲园

图 4-10　三进院分析图

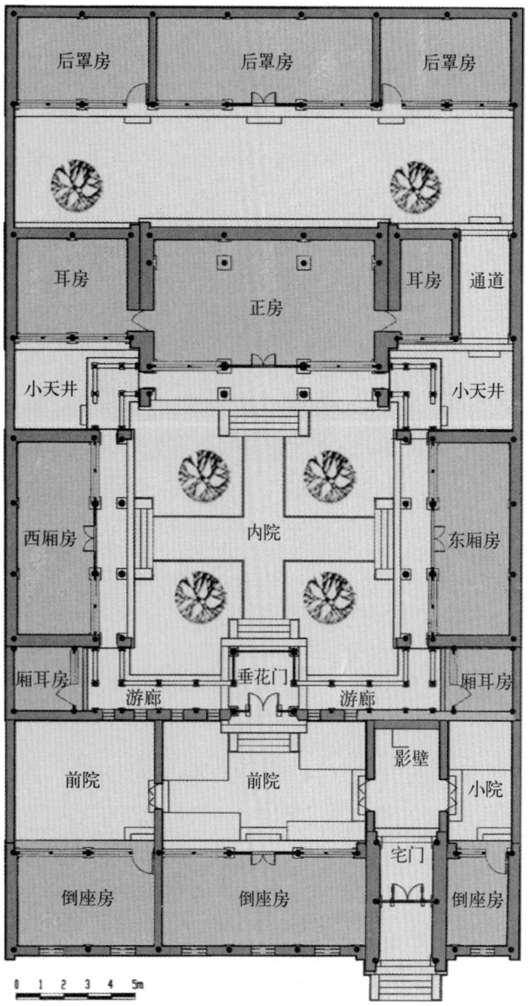

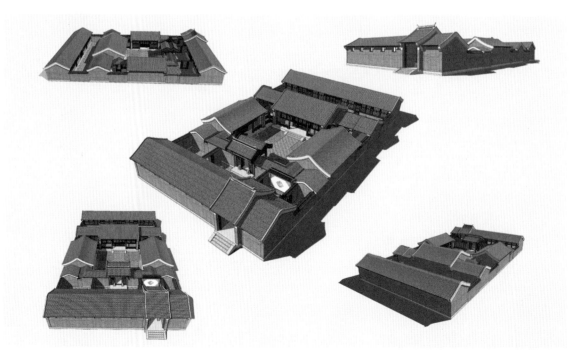

后罩房　后罩房　后罩房

耳房　正房　耳房　通道

小天井　小天井

西厢房　内院　东厢房

厢耳房　游廊　垂花门　游廊　厢耳房

前院　前院　影壁　小院

倒座房　倒座房　宅门　倒座房

图4-11a　典型三进四合院平面图

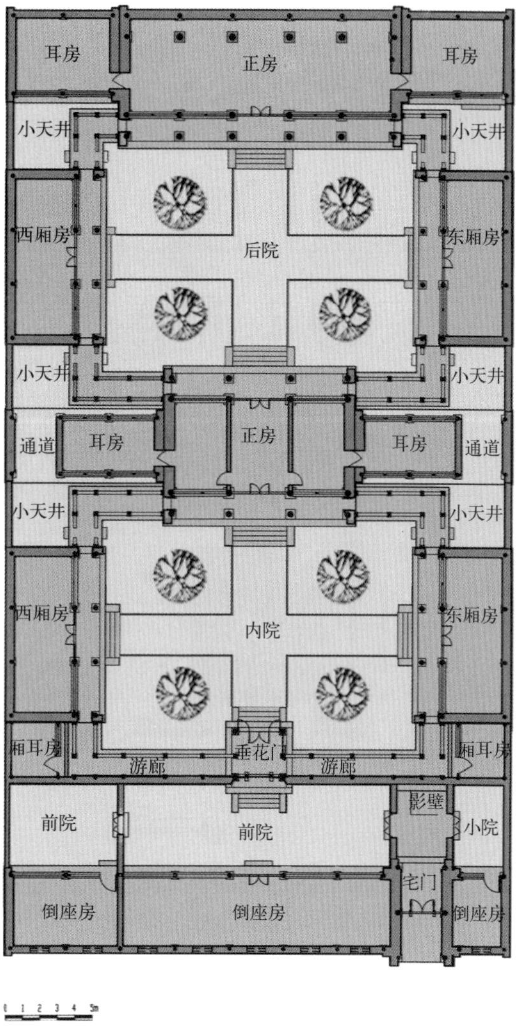

耳房　正房　耳房

小天井　小天井

西厢房　后院　东厢房

小天井　小天井

通道　耳房　正房　耳房　通道

小天井　小天井

西厢房　内院　东厢房

厢耳房　游廊　垂花门　游廊　厢耳房

前院　前院　影壁　小院

倒座房　倒座房　宅门　倒座房

图4-11b　典型大三进四合院平面图

图4-11c　三进四合院透视图

● 例如，前孙公园胡同 31 号宅院。此院为宣南地区历史建筑中形制规整、标准高、保存最完好的三进四合院。该院原为孙承泽大学士故居。占地范围：南北长 52 米，东西宽 24 米，占地面积 1248 平方米。大院坐北朝南，设南北中轴对称布局。建筑形制规范，两院檐廊与东西游廊连通，空间流畅。可避雨雪日晒，创造了庭院深深、房房相连、家人共聚的安静舒适的居住环境。院内栽有果树、花草，秋日硕果满枝，夏日绿荫架下，家人围坐院中，交谈纳凉亲情浓郁。一、二进院正房均为三间加东西耳房组成，厢房均为三间。院门为广亮大门，内设有砖雕影壁。门和影壁的砖雕精致，花饰寓意深邃。二进院的垂花门为"一殿一卷"式，造型华丽，装饰精美，成为院中景观的中心点。院内建筑均设檐廊，灰色的屋面和墙体，风貌典雅、端庄，是一处品位高、充满文雅之气和居住舒适的四合院范例（图 4-12）。

● 又如，交道口北二条 22 号宅院。该院位于交道口北二条与交道口北头条之间，坐北朝南，为三进院布置，广亮大门设于宅院的东南"巽"位。一进院正房为带有前后廊的七间过厅，两侧设东、西耳房。内外院的过厅分隔不同于设置垂花门的做法而别具一格。二进院正房为带前檐廊五开间房，并设东、西耳房各一间。后院设有七间后罩房及东、西耳房围合而成。各功能院宽敞疏朗，院中种植绿树盆花充满自然生气。宅院建筑讲究，过厅为合瓦过垄脊铃铛排山屋面，其他房屋多为合瓦过垄脊屋面，建筑造型简洁大方（图 4-13）。

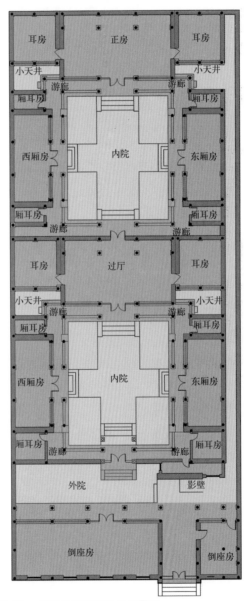

图 4-12a 前孙公园胡同 31 号平面图

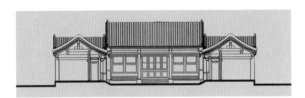

图 4-11d 三进四合院内院横剖面图

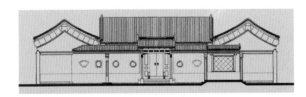

图 4-11e 三进四合院垂花门南立面图

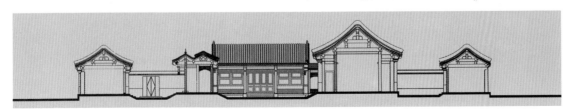

图 4-11f 三进四合院纵剖面图

图 4—12c　前孙公园胡同 31 号倒座北立面图

图 4—12d　前孙公园胡同 31 号正厅南立面图

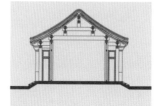

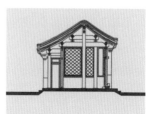

图 4—12e　前孙公园胡同 31 号　　图 4—12f　前孙公园胡同 31 号
过厅剖面图　　　　　　　　　　　倒座剖面图

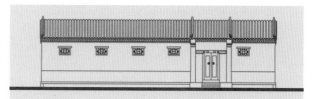

图 4—12b　前孙公园胡同 31 号内院

图 4—12g　前孙公园胡同 31 号倒座南立面图

图 4—12h　前孙公园胡同 31 号檐廊

图 4—12i　前孙公园胡同 31 号内过道

图 4—12j　前孙公园胡同 31 号古树

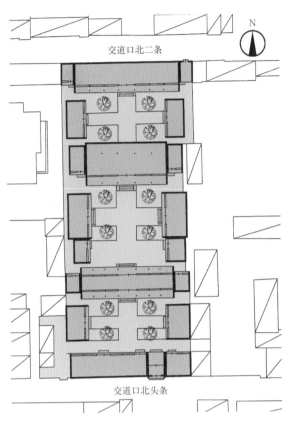

图 4-13a 交道口北二条 22 号平面图

图 4-13b 交道口北二条 22 号宅院大门

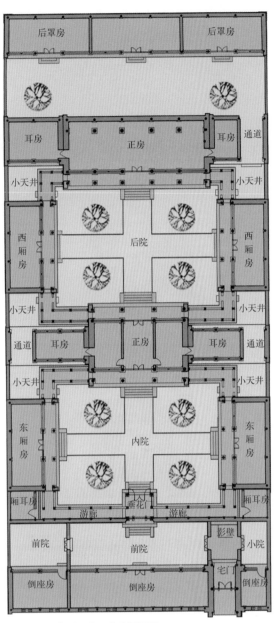

图 4-14a 典型四进四合院平面图

二、多进多路大院，空间组合有序

北京作为帝都，聚集着大量官宦、富豪、文人、名流，他们大多有高深的文化修养，雄厚的经济基础，对于居住建筑的营造有着生活情趣的追求和审美取向。这类大院成为北京民居中特殊的组成类型，代表着人们对高质量生活环境的追求，体现了传统居住观念，值得研究。

1. 四进、五进深宅大院

在这类四合院建筑中，一般规模宏大，院的组合方式灵活多样。常为四、五进院或以"多进"、"多路"院相组合的大院。构成几世同堂，兄弟同住的宅院或官宦、富豪、士人、名流居住的深宅大院，具有等级高、规模大、人口多的特点。此类四合院布局规整，强调南北中轴线式的对称布局，追求房屋坐北朝南。院内正房、厢房、倒座房等房屋规格高、面积大、装饰精致，宅院功能完善、分区合理，居住活动流线清晰，多为"前堂后寝"的布置形式。其中前院、中院为接待宾客或家族聚会的空间，后院为居住空间。规模大的四合院设有后罩房，形成五进。此类四合院多为四进、五进组成的深宅大院，讲究塑造环境空间的伦理秩序、文化意蕴，体现了天人交融的思想（图 4-14）。

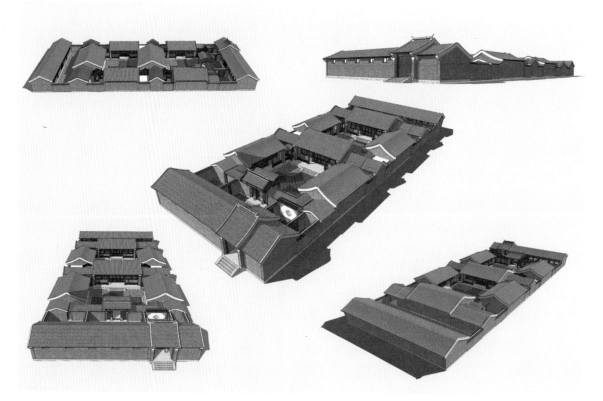

图 4—14b　四进四合院透视图

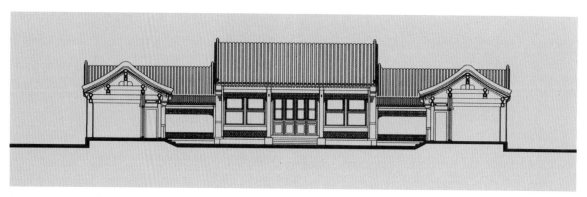

图 4—14c　四进四合院横剖面图

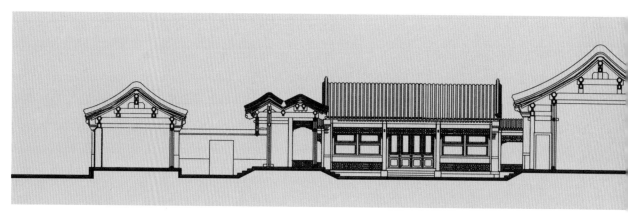

图 4—14d　四进四合院纵剖面图

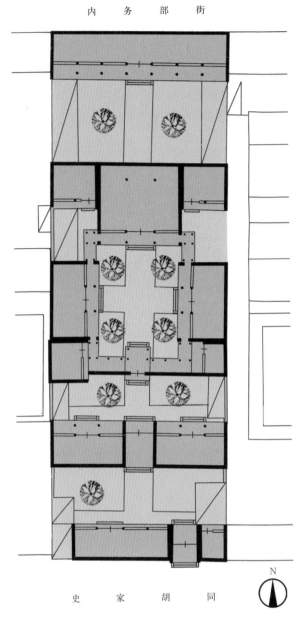

内 务 部 街

史 家 胡 同

N

图4-15a　史家胡同5号宅院平面图

● 例如，史家胡同5号宅院。该院位于史家胡同与内务部街之间，为规整的南北走向的四进院。此院严格按南北中轴线为脊组织院落空间，形成不同功能区划。一进院由院门、七开间倒座房及北房（七开间带后出廊的过厅）组成。二进院北墙设有一殿一卷式垂花门分隔空间，三进院以垂花门、游廊、檐廊组合构成内院空间，为家人起居使用。最北处为七开间后罩房组成扁平、宽敞的后院。不同功能的四进院落，创造了功能不同的生活空间，组成深宅大院。该院规模大、装饰讲究、规格高。院门讲究，为广亮大门，门为双扇红板门，上有门簪四个，下有带兽头的圆门墩，檐柱以雀替装饰，内设一字影壁，丰富了入口空间层次。宅院内各房均为硬山顶合瓦清水脊屋面，典雅大方。院内种植果树、花卉，十分清新舒适，是一处典型的深宅大院（图4-15）。

图4-15b　史家胡同5号宅院正房

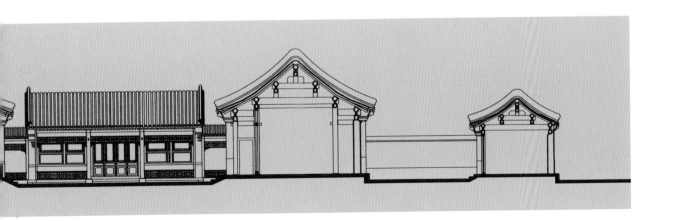

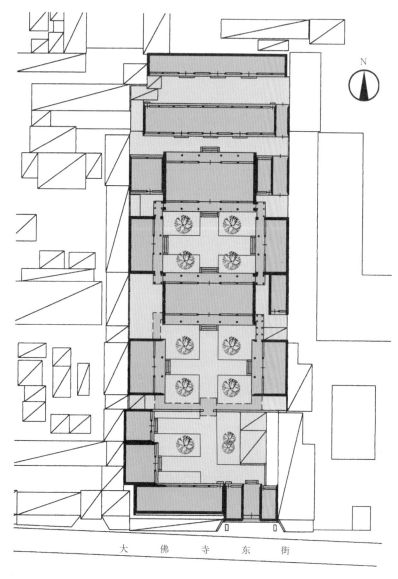

图4-16a　大佛寺东街6号承恩公志钧府平面图

图4-16b　大佛寺东街6号承恩公志钧府正房

● 又如，东城区大佛寺东街6号。该府第原为清代承恩公志钧府。由两大宅院组成，据史料分析，现保留完好的宅院为原府第的西部宅院。宅院沿南北中轴线，由五进功能不同，大小、形状各异的合院组成。中轴线上的二进、三进院，设前、后廊式的过厅两幢，成为内、外不同层次的活动空间。四进、五进院各由九间罩房围合构成。这座府第形制规格高，大门为三开间，当心间开门，位居原东西两组大院之间。大门前设有上马石一对，对面设一字影壁，内设有迎面影壁一座，丰富了入口空间层次。一进、二进院设有垂花门。垂花门与抄手游廊、檐廊相连，形成虚实相结合的空间特色，体现了宅主追求通透而又相连相依的多层次空间组合，追求拥有天、地、人相融的居住环境。院内的主体建筑均为大式硬山筒瓦过垄脊屋面，建筑装饰精致，许多砖雕保存至今（图4-16）。

2. 多进、多路群组宅院

北京四合院民居是以"院"为单位的群组体。其组合形式多样灵活；有纵向组合的"多进"组合宅院，也有横向组合的"多路"组合宅院及纵、横相结合的多进、多路群组宅院。不同的组合形式形成不同规模、不同层次和不同地形的多元组合体（图4-17）。

● 例如，东四六条63号、65号院。该宅院为清光绪时大学士崇礼住宅。由三路三至五进大宅院并列组合而成。全院面积近万平方米，为家族兄弟聚居的大宅院。

宅院布局坐北朝南，由东、西、中三路四至五进院组成。中路为花园，西路为崇礼居住，东路为家人居住。三组宅院既各成独立体系，又相互连通，具有中国家族几世同堂的居住特色。

宅院突出了中路花园的中心地位，院南端设大门三间，带东西耳房，庄重气派。入院的一进院设有假山及山上带围廊的轩室。二进院设有五间戏台。三进院正中设工字形厅，与戏台围合的院为内花园，设假山圆亭为主体，以游廊围合，十分讲究，塑造出全宅居中的公共活动中心。东、

鲁迅故居平面图

北京东单史家胡同 26 号平面图

谭鑫培故居平面图

康有为故居平面图

尚小云故居平面图

图 4-17　多进、多路大院分析图

西两路居住院均为五进院，规模大、功能全，各院以檐廊、游廊相连接，院间以垂花门相隔，装饰华丽的垂花门与廊相连，成为院中独特的景观。宅院建筑规格高，房屋高大、宽敞，装饰精细。特别是房内刻有清代著名书法家邓石如题写的苏东坡诗句的硬木隔扇格外珍贵，体现了居住环境的儒雅之气，提升了居住环境的文化品位。该宅院于 1988 年公布为全国重点文物保护单位（图 4-18）。

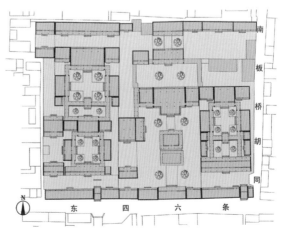

图 4-18　东四六条 63 号、65 号院（大学士崇礼宅）平面图

三、花园式豪宅院，房园相融相生

花园式住宅源于古代园居文化，早在唐宋时代已有园居出现。唐代诗人元结《宿洄溪翁宅》有诗句云："长松万株绕茅舍，怪石寒泉近岩下。"形容青松绕舍，山石立宅院。又如宋代王安石在《书湖阴先生壁》诗曰："茅檐长扫净无苔，花木成畦手自栽。"这些诗句描述了古人重视居住环境的自然美。在计成《园冶》中提出"虽由人作，宛如天开。"强调建筑宅园造景有如自然生长一样天然成趣。北京的宅院具有重视造园的传统。特别是清代乾隆帝六下江南，赞赏江南园林之美，并在京城兴起皇室造园之风。不少官宦、富豪纷纷效仿。加之京城有不少江南、闽南等各地官宦、士人居住，南方的园林文化也带进京城。多元文化的交融，出现了许多规模大，容山石、水池、花鸟、名木等样样俱全的府园、宅院和皇家园林，形成了特色各异的花园式豪宅（图4-19）。

随着历史的发展，北京规模较大的民宅也都追求设置花园。花园的规模随宅主的实力而定，大小不一，设施各异。大者建亭台楼阁，景观池水。小者巧叠山石，植树种花，以仿江南园林，引山水画景于院内。其中文人宅园多借自然景物，造景抒情，花园中也常设有书房或花厅，追求花园自然而富有书卷气息，以提升居住环境的意趣和

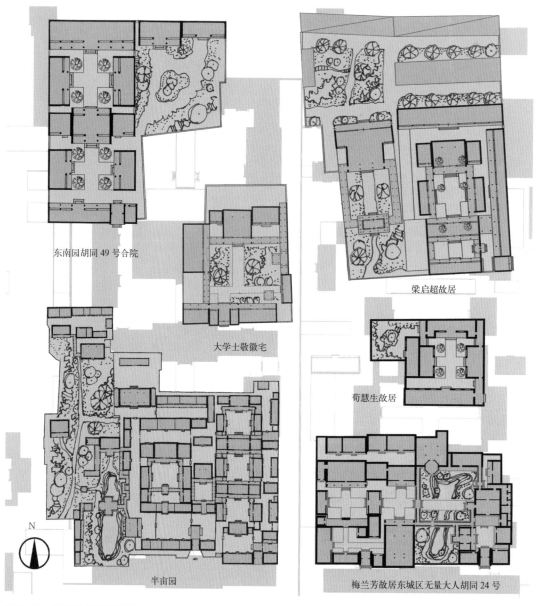

东南园胡同49号合院

大学士敬徽宅

半亩园

梁启超故居

荀慧生故居

梅兰芳故居东城区无量大人胡同24号

图4-19　花园式宅院分析图

自然生机，而京城的王府花园规模宏大，既讲究自然风韵，更以华丽的亭台楼阁，显示崇高、雍容的华贵（图 4-20）。北京的花园宅院不多，仅从以下几例加以分析：

图 4-20a 成亲王府恩波亭

图 4-20d 僧王府花园庭院

图 4-20b 秦老胡同某宅花园

图 4-20e 僧王府花园游廊

图 4-20c 成亲王府花园

图 4-20f 僧王府花园凉亭

● 例如，红岩胡同 11 号莲园。该宅院为清末民初所建。住宅坐北朝南，由东西两路院组合而成。西路为居住院，由两进院组成。一进院由正房、倒座房、东西厢房组成，为典型的四合院格局。二进院设正房、倒座房各三间，以游廊相连接，形成方正的院落，院中种植绿树花草，组成安静的居住环境。该宅院的一大特点是占地东西宽约 40 米，南北长约 50 米的东路的花园。花园布置讲究，北边设正厅（七间、两耳），设南北长廊围合。园中设有八角亭、方亭、小榭和假山、水池，更有大树、花草，具有江南园林的精美。虽然此园为富人所建，但它代表了北京人对居住环境园林化的追求。莲园至今还存在。但经时代的变迁，宅院已不如当年（图 4-21）。

● 东城区帽儿胡同 7、9、11、13 号。该宅院为清末大学士文煜宅第中的一部分。这是一座由横跨五路的多进合院组合而成的建筑群。其中，中院以厅堂为中心构建公共活动空间，作为接待宾客和全家活动之用。东路以花厅分隔为前后花园，西路为五进的居住院。院落布置既严谨又灵活亲切，空间以游廊、檐廊相连、相互渗透，有机组合，共同构成了这座规模宏大，布局严谨，最具代表性的清代官宦豪宅，2001 年被公布为全国重点文物保护单位（图 4-22）。该宅第中东路的花园最为精致，称"可园"。花园规模大、宽敞，占地范围南北长 97 米，东西宽 26 米，以居中的花厅分隔为前后两园。据园记石碑称此园"拓地十方，筑室百堵，疏泉成沼，垒石为山，凡一花

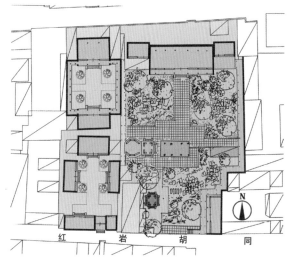

图 4-21a　莲园（红岩胡同 11 号）平面图

图 4-21b　莲园（红岩胡同 11 号）正房

图 4-21c　莲园（红岩胡同 11 号）转角廊

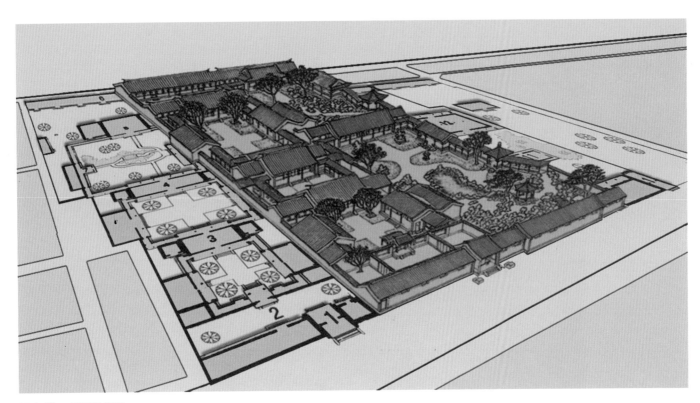

图 4—22a　可园透视图

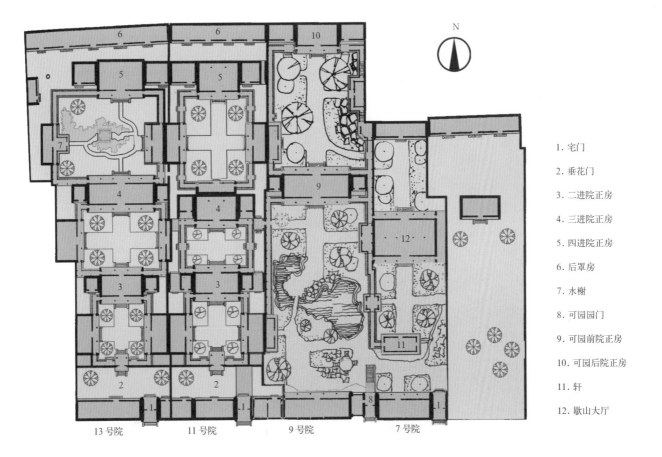

1. 宅门

2. 垂花门

3. 二进院正房

4. 三进院正房

5. 四进院正房

6. 后罩房

7. 水榭

8. 可园园门

9. 可园前院正房

10. 可园后院正房

11. 轩

12. 歇山大厅

13 号院　　11 号院　　9 号院　　7 号院

图 4—22b　可园平面图

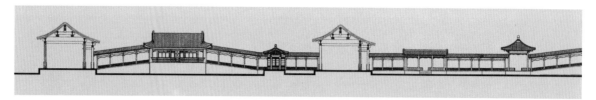

图 4-22c　可园纵剖面图

图 4-23a　可园花园

图 4-23b　可园后花园

图 4-23c　可园前院敞轩

一木之栽培，一亭一榭之位置，皆着意经营，非复寻常。"该园造景精致。可园中的前园以沼池为中心，以湖池小桥、花卉林木、碑记小亭、游廊等多景观组合造园，巧妙地引大自然之美景入园。后园小巧宁静，以居中的假山为主景，园中点缀湖石，以石堆山，花木多彩，不少珍贵的松、槐、桑树保存至今。两园以东西两侧的长廊贯通相连。前园设有正厅与倒座房相对，东厅、假山上的敞轩与游廊相连，建筑与园形成有机的整体，并以穿山亭廊围合，形成两园相连相通的观赏空间，丰富和提升了居住环境（图 4-23、图 4-24）。

可园的建筑典雅大方，均采用灰色筒瓦、清水砖墙。以红柱和绿色的亭、廊点缀，丰富院中的色彩。特别是建筑装饰更为讲究，梁枋上的苏式彩画，檐下木雕吊柱、楣等各不相同。装饰图案松、竹、梅、荷花、飞鸟生动、典雅。

文煜宅第中的其他几路合院，布局严谨、功能各异、自成体系，但又紧密相连。空间序列丰富而有变化，表现出北京四合院庄重典雅的气质，是晚清具有代表性的宅第建筑。

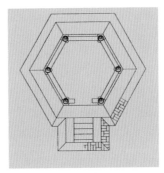

图4-24a　可园六角亭平面测绘图

图4-24b　可园六角亭立面图

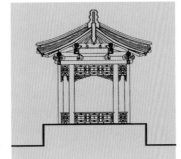

图4-24c　可园六角亭剖面图

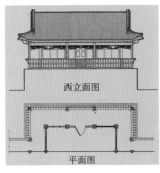

图4-24d　可园水榭平、立面测绘图

在北京多进院住宅中，也常设置小型的花园，以栽植花木，堆石造园，构建舒适的居住环境。即使在小规模的四合院民居中，人们也讲究在自家的合院空间中种植花木，陈设盆景，摆设湖石或大缸养鱼，让自然灵气融入居住环境之中。这是北京人的追求，处处可见。但保存宅中花园的实例并不多。

四、多功能型宅院，商居产相结合

在北京传统街区中，为适应当时个体经济为主的封建社会经济模式，除店铺为专营性商业建筑外，在北京街巷中出现了经营、生产功能与居住生活的住房相结合的居住类型，并以"前店后宅"、"下店上宅"、"前店后坊"等多种形式的建筑排列于街道两侧。将营业的开放空间、居住的私密空间及生产加工空间有机结合，密布在街道两侧，形成传统的繁华街区（图4-25）。

● 例如，廊房二条商业街区。该区位于大栅栏中心地段，商街东西总长为270米，街道宽4～5米，为大栅栏地区有名的商业地段。该地段为明代政府统建的廊房头条至四条组成的商业街区之一。街区商店规模、规格及装饰水平不一，居住和营业相结合的建筑形式各异。其特点在于商业店铺与居住区的紧密相连，充分体现了京城特殊历史背景条件下，以商居结合的居住建筑形式，适应各朝代社会经济文化发展的需求，创造了新的居住模式和街区的独特风貌（图4-26）。

● 布巷子街区。该街区位于前门大街东南部，以经营布为主要产业。布巷子街名正是因为

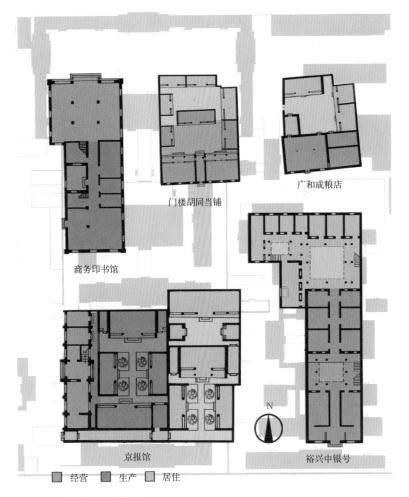

门楼胡同当铺

广和成粮店

商务印书馆

京报馆

裕兴中银号

经营　生产　居住

图4-25　商住建筑分析图

专经营、生产布而得名，也是京城前店后坊的经典之一。因受街面所限，这类建筑由窄长的两进院组成。临街设店面，院中为作坊区，后院为居住及库区。因用地所限，有的后院为两层楼房，以扩大使用面积，形成自产自销的经营模式。此种模式前门地区还有著名的药业等多种产业（图4-27）。

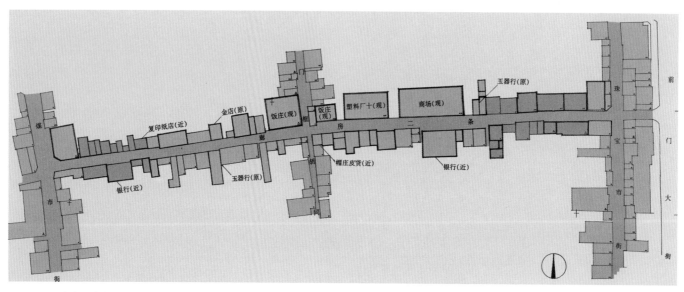

图4—26a　廊房二条商居建筑总平面图

图4—26b　廊房二条沿街东段商居建筑南立面图

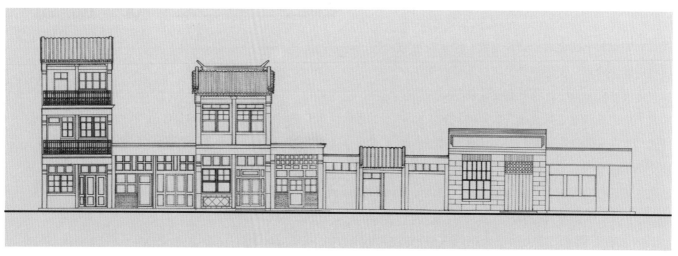

图4—26c　廊房二条沿街西段商居建筑南立面图

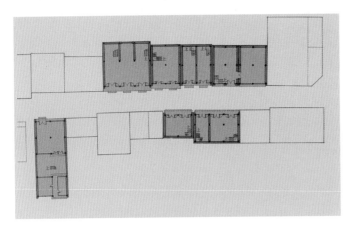

图 4-26d　廊房二条沿街东段商居建筑平面图

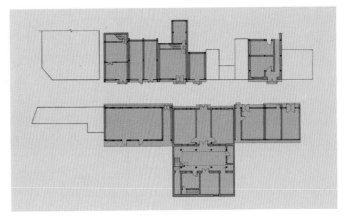

图 4-26e　廊房二条沿街西段商居建筑平面图

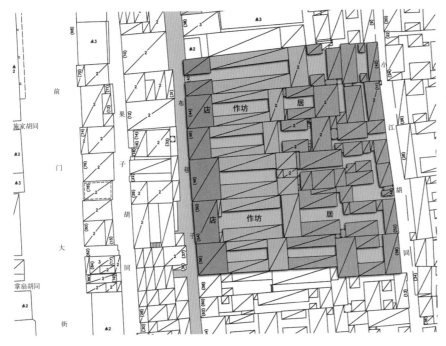

图 4-27a　布巷子总平面图

图 4-27c　布巷子里的建筑现状

图 4-27b　画家笔下的布巷子(盛锡珊先生绘)

图 4-27d　布巷子胡同现状

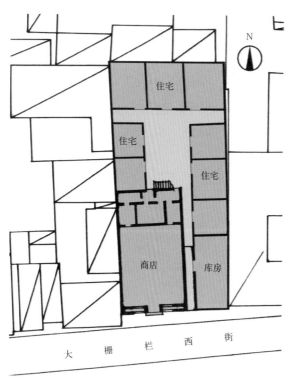

图 4-28a　亨得利钟表店平面图

在商、居、产结合的居住建筑中，规模大小、经营业务及建筑形式各不相同，其商居结合的建筑类型多样。

● 例如，"前店后宅"的亨得利钟表店。该店位于大栅栏西街15号。采取"前店后宅"的形式，将营业与居住结合为一体。其中，前店部分为三层砖木结构建筑，作为店面，建筑装饰讲究。建筑的外部装饰采用假拱券红砖饰窗，女儿墙上用简洁的雕砌花饰线脚等现代处理手法加以装饰，追求创新。店铺后为合院式宅院，以

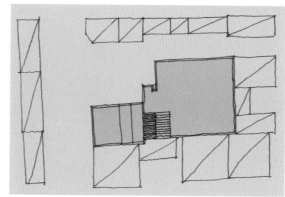

图 4-29a　荣丰恒煤油庄总平面图

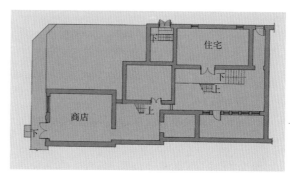

图 4-29b　荣丰恒煤油庄一层平面测绘图

图 4-28b　亨得利钟表店

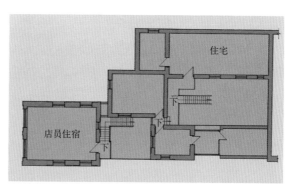

图 4-29c　荣丰恒煤油庄二层平面测绘图

图4-29d　荣丰恒煤油庄立面图

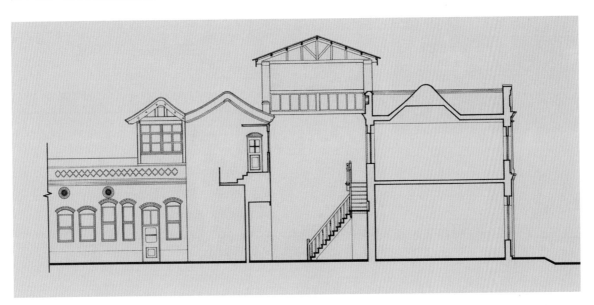

图4-29e　荣丰恒煤油庄剖面图

店的东侧小巷相联系。两者联系方便，经营与居家紧密结合，成为京城一种特殊的居住形式（图4-28）。

●"店、居、库房相结合"的荣丰恒煤油庄。该店位于煤市街与掌扇胡同相交处。占地约280平方米，为地上二层，局部地下室组成的砖木结构建筑。建筑由不同功能的铺面、库房、住宅三部分组成。铺面面向主街——煤市街。一层营业，二层供店员住宿。店后由二层楼组合的一进院为店主家眷住房。出入大门设于掌扇胡同，营业厅与居住用房分区明确，库房设于地下室以保证安

全，成为商居结合的典型实例（图4-29）。

●"前店后坊"的德寿堂药店。该店位于珠市口西大街75号，为近代著名药铺，占地约510平方米，为宣武区文物保护单位。店铺坐北朝南，平面狭长，分前店后厂两部分，为砖木结构建筑。平面由两个中庭组合而成，药店为二层三开间主楼。北院为仓库和作坊区，设有专用出入口，功能分区明确，是北京店、居、坊相结合的典型范例之一。建筑风貌为中西结合形式，既有特色鲜明的中国传统匾额、中式彩画凤凰梧桐图案，也有西洋式的柱式及穹顶，建筑风格别具一格（图

图 4-30a 德寿堂药店

图 4-30c 德寿堂药店立面图

图 4-30b 德寿堂药店总图

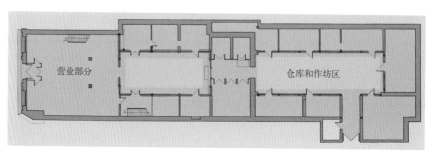

图 4-30d 德寿堂药店一层平面图

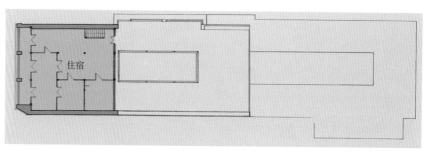

图 4-30e 德寿堂药店二层平面图

4-30)。

五、寓居型的会馆，外地同乡旅居

北京是帝都之城，不仅是政治集权之地，也是商贾云集，士人聚居，举子进京赶考，以求功名之地。因此，自明初开始，已出现文人试馆和商业会馆的寓居型居住建筑，并集中分布在外城最重要的商业中心、科举考试考场等所在地。大量会馆多建在百姓聚居的前门地区（今宣武区、崇文区）。会馆兴起于明代的京师，是为同乡人士客居京城而建造的。此类会馆的性质，是为客居人口提供聚会、交往服务的一种社会组织。会馆由各地商会及民间组织筹资兴建。北京会馆主要分文人试馆和商业会馆两类。其中文人试馆类会馆是为接待来京应试的同乡举子、进京的各地官员和居住在宣南地区的士人、旅京人员等而设立。这类会馆中除规模大的会馆设置有为来京同乡聚会场所外，更多的是设有大量住房为主的会馆。因此，多数会馆为宅第或不同规模的宅院改造、发展而成。

商业类会馆多为工商业人士、各地商会在京的聚集地，也是各地在京官员、原籍士绅聚会、开展疏通商业贸易、联系官场等活动办事之地。此类会馆一般规格高、设备全，成为接待流寓的同乡、举办不定期的聚会交流活动之地，以求立业求利，互助共勉。规模大的会馆不仅设有剧场，也常设有庙宇、祠堂开展祭典活动，成为联系各地侨居乡亲情谊和交流原生地区域文化的聚集场所。因此，会馆以多元的地方文化和独特的建筑风貌，构建了来自全国各地，具有乡音如旧、乡情浓郁、出入相依的乡土环境。会馆建筑具有同于北京四合院民居建筑的形式，而规模大小、功能及建筑风格又有所不同，成为京城独特的综合性寓居型建筑。会馆多分布在外城，特别是繁华的前门地区，这里是进京的必经之地，又是商业、文化、服务业最集中地段，居住环境安静、舒适，成为建造会馆的黄金地带。在明清时代，北京的会馆建筑发展迅速，其数量有多少，各个时代的各种统计数目不尽相同。据近代人综合清代《顺天府志》、《京师坊巷稿》等清代、民国文献统计，有会馆567座。据1949年北京市民政局的调查统计，清代北京会馆极盛时期有391座。现存会馆有71座之多，是古都重要的历史遗存建筑和会馆文化存在之处。

北京的会馆建筑类型多样：一类为寓居型会馆，主要供进京会考士子、旅京同乡居住。这类会馆建筑多为不同规模的普通四合院组成或以原有四合院改造发展而形成的小型会馆，仅有几间至十几间住房的规模，大者由几座院组合，有几十间房屋的规模。如莆阳会馆、宜兴会馆、台湾会馆等。另一类为祭祀、议事、集会为主，兼有少量居住小院的会馆，设有小型戏楼、专祠、议事厅等，一般为建筑规模较大的多进、多路院。有将原府第改造的，也有新建的，如阳平会馆、安徽会馆等。第三类专为祭祀、议事场所，而不设寓居客房。此类多属行业会馆，如书业会馆——文昌会馆（以祀文昌帝），钱业会馆——正乙祠（以祀正乙玄坛元帅赵公明）等。在北京的大量会馆中，以寓居型会馆最多、分布面广。多设置于胡同居住区中，采取利用原有不同等级的宅院改造、发展而成。也有新建的和利用原有大府第、大宅院改造发展的地方会馆，其建筑形式为多进、多路组合的合院建筑，从而形成了北京独特的寓居型会馆建筑（图4-31）。

● 例如，福建汀州会馆。该馆位于崇文区长巷二条48号，始建于明代弘治年间（1488～1505年），系福建省在京同乡集资修建。会馆由南、北两馆组成。其中北馆占地1400平方米，建筑面积约860平方米，由三路南北合院组合构成，正中以宽大的一进院落为中心，东西路各由一组二进院建筑组合而成。北馆由大小6个院落组成，各院中古树苍劲，花草、奇石点缀其中，呈现出院院相通的组合格局。北馆中路主院设有一座五开间的大殿，为会馆的祠堂，供奉天后娘娘和会馆创建先辈的牌位。全馆大小院落中，共设有50多间居住用房，以接待同乡居住。南馆建筑年代

图 4-31　会馆类型分析图

在北馆之后，为清乾隆年间建成。规模小于北馆，但馆中的中心院落设有大殿一座，内祀奉一尊硬木文魁星像。其他院落房屋以居住为主。该会馆建筑装饰精致，其中祠堂建筑梁、柱、门、窗全部用南方的杉木制作。屋顶起坡平缓，前廊后庑。廊内装饰为雕花门窗，梁、柱装饰为镂雕的象、天马、神牛等多种动物纹饰，雕工细腻精湛，处处注重表现福建乡土风貌和乡情的魅力。该会馆是北京独一无二的福建风格浓郁的民居建筑，现为北京市历史文物保护单位（图 4-32）。

● 宜昌会馆。该会馆位于宣武区珠市口西大街 247 号，占地面积 969 平方米（东西 17 米，南北 57 米）。为湖北省宜昌市在京的地方会馆。始建于清代，其建筑形式为典型的二进四合院建筑。由会馆活动及寓居的合院建筑和临街的二层商铺楼两部分组成，是京城典型的前店后舍，商

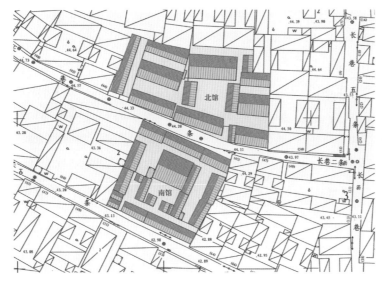

图 4-32a　福建汀州会馆总平面图

图 4-32b　福建汀州会馆之一

图 4-32c　福建汀州会馆之二

图 4-32d　福建汀州会馆之三

业与寓居相结合的会馆类型。会馆主体部分为二
进四合院建筑，严格按南北轴线布置，其规制与
居住建筑相同。由于会馆具有公共活动和寓居
的功能，因此该会馆强调南北中轴线上布置正
门。一进院设有面阔三间，加前廊式的正厅。
在厢房布置中，为增大房屋间数在二进院厢房
处各设五间住房以扩大寓居功能。会馆的临街
部分为二层店铺，经营宜昌土特产商品，组成
前店后舍格局，成为商业与寓居相结合的会馆
类型（图 4-33）。

● 湖广会馆。该馆位于骡马市大街和虎坊路
街角，为北京市文物保护单位。该馆在乾隆时期
为张惟寅、王杰、刘权之等官员府邸，嘉庆十二
年（1807 年）捐为会馆。自道光十年（1830 年）

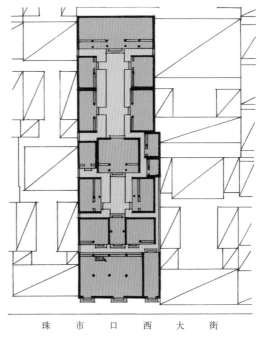

珠 市 口 西 大 街

图 4-33　宜昌会馆平面图

至光绪二十二年（1896年）之间先后增建戏楼、扩建文昌阁、增修花园等。1976年因拓宽骡马市大街，拆除北部部分建筑。于1996年该馆进行大修，并辟为北京市戏曲博物馆，戏楼恢复演出功能，西部院落改建为饭庄（图4-34）。

湖广会馆分东、中、西三路建筑组成，现保留的会馆建筑有所改动，大门坐北朝南现已不存。中路建筑文昌阁、戏楼保护完好。文昌阁为面阔

三间，进深五檩加前廊，后边设有爬山廊可上至"风雨怀人馆"，建筑装饰简洁。戏楼建筑面阔五间，舞台柱间宽度（即当心间）达5.68米，高达两层。后楼单坡五间为戏房。观众席设于堂座和二层的东、西、北三面。戏楼为抬梁式木结构双卷重檐悬山顶，合瓦屋面，建筑造型富有变化，建筑装饰精美，该会馆为功能齐全的大型会馆之一，是北京现存会馆的典型。

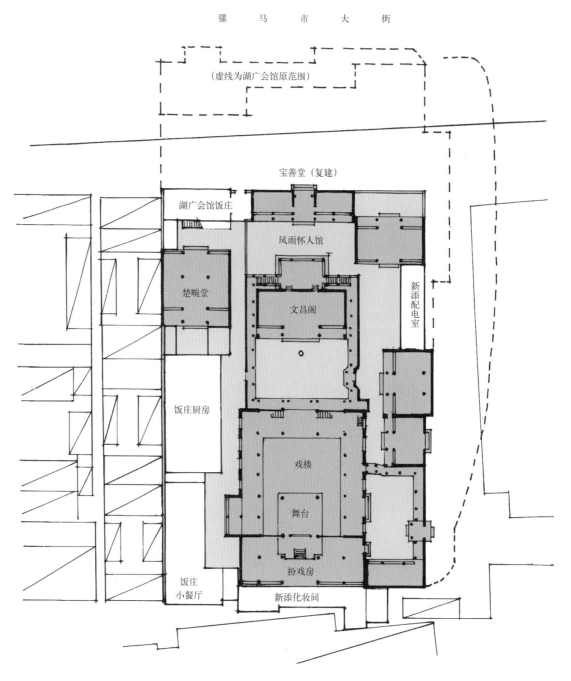

图4-34a   湖广会馆改造后平面图

图 4-34b 湖广会馆戏楼东立面图

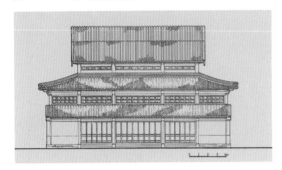

图 4-34c 湖广会馆戏楼南立面图

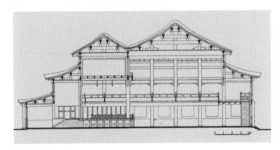

图 4-34d 湖广会馆戏楼剖面图

图 4-34e 湖广会馆院门

图 4-34f 湖广会馆戏楼

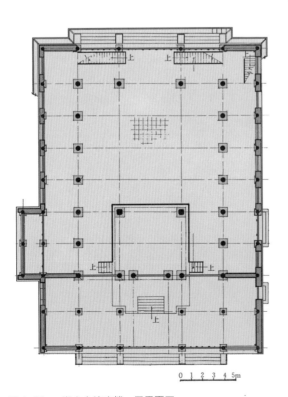

图 4-34g 湖广会馆戏楼一层平面图

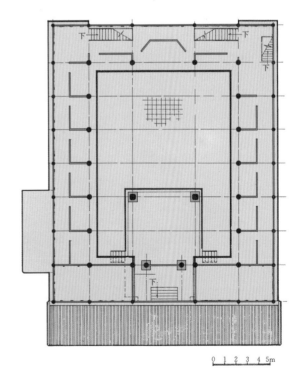

图 4-34h 湖广会馆戏楼二层平面图

六、特殊营地住所，军人眷属聚居

北京为帝都，也是军事要地。明、清时期北京城区设置有驻军营地型建筑。特别是清代实行八旗军事制度，分设八色军旗（即正黄、镶黄、正白、镶白、正红、镶红、正蓝、镶蓝八色）为标志的皇旗和满族姓氏贵族统领为主体的军队，分区驻防京都及各重要防地。规定军队允许携带家属，并与汉人分域而居。因此，北京内外城均建有携带家眷的各旗人居住型营房，形成北京城军营型民居的特殊类型。

● 例如，明末女将秦良玉屯兵营。该营位于宣武区棉花上七条 1 号，占地面积 1290 平方米（南北 30 米，东西 43 米）。秦良玉为明代著名的女将军，万历四十七年（1619 年），秦良玉奉召率师北上，抗击东北女真族进犯京师，保卫京城。崇祯三年（1630 年）再次率军勤王，并会同友军收复滦州、遵化等四城，又一次保卫了京城，并为此受朝廷奖励和明代崇祯帝召见并赐诗。该屯兵营建筑是简洁的合院式，原规模较大，并设有女眷手工生产（纺纱等）用房。现保留的建筑仅为其中一部分。从现有建筑看营房为三路并列式合院建筑，各院均由前、后房组成。正房为面阔三间，进深七檩前出廊式的大式硬山建筑。南房为面阔三间、五间不等的建筑。围合成合院式布局的营房。秦良玉将军为四川忠州人，后人为纪念她，曾将此屯兵处命名为四川营，并在此建祠堂纪念她。后扩大为"四川会馆"，现院内建筑已经拆改（图 4-35）。

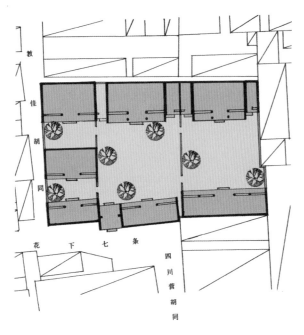

图 4-35a　秦良玉屯兵营平面图

图 4-35b　秦良玉屯兵营鸟瞰图（朱余博绘）

● 清代内务府包衣三旗营房。该营房为圆明园地区修建驻防军营房，属城外特殊的军营型旗军营房建筑。该军营型居住区多以三间北房为主体，前后设院，占地面积标准统一，形成营房的基本单元。各单元按联排的组合方式，构建多单元为一体的组团，形成纵横交错，整齐划一的棋盘式布局。相同规模的军营单元，在整体军营中，参领官员的住房为占地相当于6个居住组团用地规模的四合院。在军营型居住区中常设有庙宇、水井等设施，形成一种特殊的功能的居住区（图4-36）。

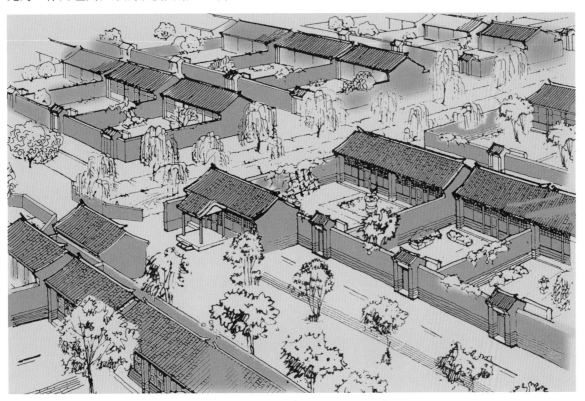

图 4-36a　清代内务府包衣三旗营房（圆明园清军营房）鸟瞰图

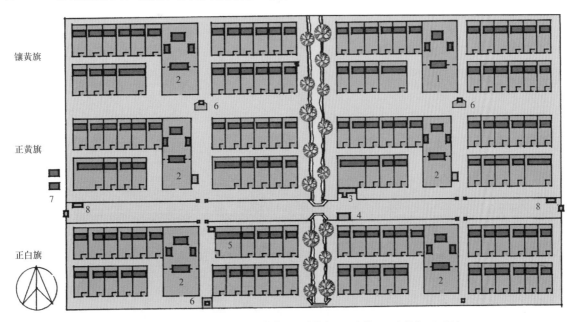

1. 都统院　2. 参领院　3. 官厅　4. 储藏　5. 武器库　6. 庙井　7. 官学房　8. 门房

图 4-36b　清代内务府包衣三旗营房（圆明园清军营房）平面图

七、宅院中西合璧，兴近现代民居

随着时代的变迁，北京四合院民居也有着不同的变化与发展。清末封建社会解体、外国入侵、西方文化的进入，传统的价值观和审美观发生变化，以及华侨、外国人入驻京城等因素，促进了北京四合院建筑的变化，出现了不少中西合璧的宅院建筑和近代的合院式住宅。

● 例如，崇文区珠市口东大街 161 号院。该院为典型的传统三进院和西侧花园组成，院主为华侨。宅院保持合院式布局，但建筑形式、装饰及建筑技术等都引进了西方建筑元素和处理手法。布置于一进院正厅的建筑为前、后廊式建筑。二进院与三进院门设有西洋式分隔门（现仅遗存门柱）。三进院由主房及厢房组成，房间布置讲究，

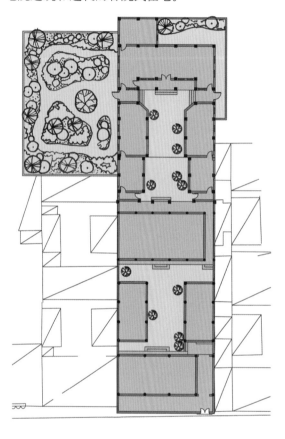

图 4-37a　珠市口东大街 161 号院平面

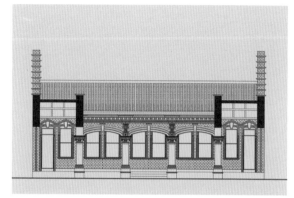

图 4-37c　珠市口东大街 161 号院正房南立面图

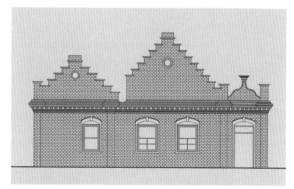

图 4-37d　珠市口东大街 161 号院正房西立面图

图 4-37b　珠市口东大街 161 号院鸟瞰

功能齐全，设备齐备，院内设有客厅、卧室、卫生间、厨房等，并设有地下室。建筑的檐柱、山墙等为西洋装饰，图案别致，做工精美。正房与厢房间的过渡空间，以壁龛式装饰处理。此例四合院体现了清末民初北京引入西方文化后，呈现出了中西合璧的建筑发展趋势（图4-37）。

图 4-37e　珠市口东大街 161 号院正房山墙

图 4-37f　珠市口东大街 161 号院装饰细部

图 4-37g　珠市口东大街 161 号院正房柱式

● 大外廊营胡同 1 号。该院为清代同治、光绪时期最著名的京剧文武老生谭鑫培故居。位于铁树斜街与大外廊营胡同交会处。宅院随铁树斜街的东北至西南走向布置，并以多路一进院组合形成宅院整体。宅院布置灵活，仅二路为完整的平房四合院，三、四路院组合自由，为二层砖混结构的楼房（建于民国初期）。建筑的屋顶采用坡屋顶与平屋顶相结合的形式。拱式门窗、山花、檐口、栏杆、铁制栅栏等都采用西洋式，而门窗拱心、拱角采用中式砖雕，形成中西合璧的特色，是当时北京四合院民居的一种发展（图 4-38）。

图 4-38a　谭鑫培故居（大外廊营胡同 1 号）

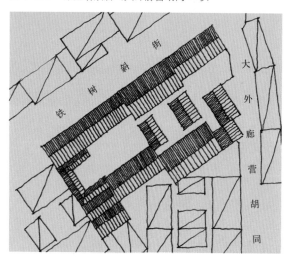

图 4-38b　谭鑫培故居（大外廊营胡同 1 号）总平面图

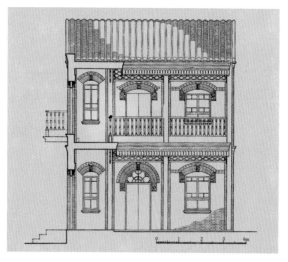

图 4-38c　谭鑫培故居（大外廊营胡同 1 号）南楼北立面图

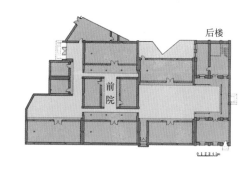

图 4-38d　谭鑫培故居大外廊营胡同 1 号平面图

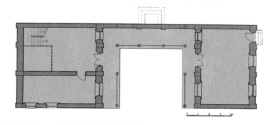

图 4-38e　谭鑫培故居大外廊营胡同 1 号后楼一层平面图

图 4-38f　谭鑫培故居大外廊营胡同 1 号后楼西立面图

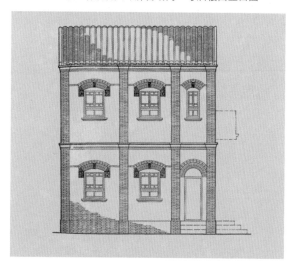

图 4-38g　谭鑫培故居（大外廊营胡同 1 号）南楼南立面图

● 后圆恩寺胡同 7 号、9 号宅院。该院为清末辅国公载尃府邸。建于清代后期，后被法国人购得，抗战胜利后，为蒋介石的行辕，现为友好宾馆，1984 年被公布为北京市文物保护单位。宅院为中西合璧式宅院，合院坐北朝南，由中、东、西三路组成。中部宅院为一幢西洋式楼房，采用砖混结构，由地上两层，地下一层组成。大门楼设有八根爱奥尼克式柱，与门前水池相映。东部为宽阔的花园，设有北房五间和花厅三间，与东侧廊、亭相连，西北处设有勾连搭式屋面的敞轩，东南有六角攒尖亭，两者间以南北走向的假山组景，以分隔中间的空间。西部为一座中式二进四合院，保持着传统四合院布局和原汁原味的建筑风格。一、二进院间以装饰精美的垂花门和游廊相隔空间，以东侧廊门与中心花园相连，空间流畅，景观相映，形成既有传统四合院亲和宁静的院落空间，又有西式洋楼和开敞式花园，还有东院静雅的中国园林，组成了具有一定创新的中西合璧的宅院，也体现了近代京城居住建筑的发展（图 4-39）。

图 4-39a 后圆恩寺胡同 7 号宅院主楼

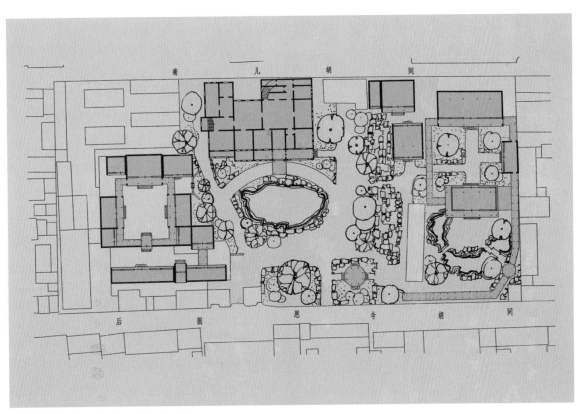

图 4-39b 后圆恩寺胡同 7 号、9 号宅院平面图（何平绘）

图 4-39c　后圆恩寺胡同 7 号宅院花园廊亭

北京四合院民居随着城市的发展和时代的变迁而发展，在民国时期也出现了合院形式的现代住宅。突破独家独户的居住模式，形成多户聚居的单元式、合院式居住建筑，它见证了北京民居的发展。

● 例如，东棉花胡同 17 号～ 19 号出租住宅院。该建筑为 20 世纪初修建的城市平民租住的宅院式住宅，住区入门设于南端宅墙居中处。该居住组团为多单元居住院组合而成，每个单元由正房、耳房、厢房围合成三合院。院中的建筑规模较小，其中正房三间、耳房一间、厢房一间，建筑为单层砖木结构、瓦屋面。该居住区的布局采用以南北巷道为中轴，东西两侧对称布置六个单元院落组合而成。在南北通道处，设居住院大门，中轴线的北端设有车库一间。各院均设有随墙砖垛头拱门，拱门采用双方柱饰的小三角山花院门，具有现代装饰风格。此组宅院可说是延续了四合院的基本格局，发展为多院、多户组合区，是北京的中国式单元住宅的原形，也是适应平民租住的新类型（图 4-40）。

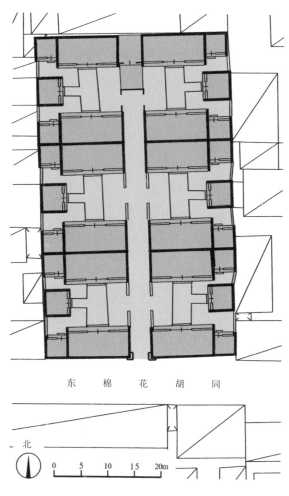

东 棉 花 胡 同

北

0   5   10   15   20m

图 4-40　东棉花胡同 17 号～ 19 号出租住宅院总平面

● 华康里住宅。华康里为民国初的新住宅，
建于宣武区天桥中部路北，西临板章路，占地
2480 平方米（长 40 米，南北长 62 米），建于
1915～1918 年，为当时京城新区的一组建筑。
该建筑群以南北两组三开间的平房建筑围合成
院，形成扁长的合院式的单元体。建筑为中式平
房，居住区按南北中轴线对称布置。两院连接的
建筑背靠背，共有十排平房组合形成并联的建筑
整体，院落狭长，布置紧凑。在临街的入口处，
设有二层西式楼房。居住建筑结构沿用了传统的
砖木结构，建筑装饰采用中西结合的艺术处理，
该居住区原规划为集中式的妓院，后改为平房居
住区，成为变革式的平民住宅（图 4-41）。

● 泰安里居住区。该居住区位于宣武区，天
桥仁寿路和仁民路交会处的东北角。始建于 1915
年至 1918 年间。占地面积为 1722 平方米（东西
41 米，南北 42 米），为当时"新市区"中的一
组仿上海里弄式住宅。该组住宅建筑由六栋以内
天井为中心的二层单元住宅，天井设有罩棚，以

图 4-41b　华康里住宅巷道

图 4-41c　华康里住宅入口

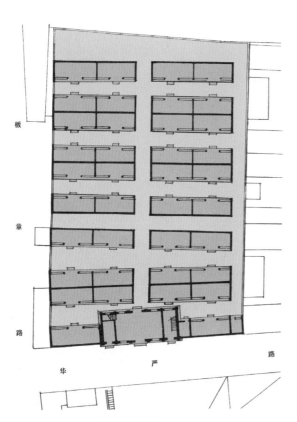

图 4-41a　华康里住宅总平面图

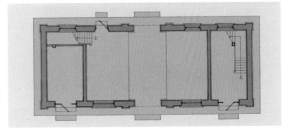

图 4-41d　华康里住宅入口建筑一层平面测绘图

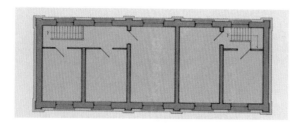

图4-41e 华康里住宅入口建筑二层平面图

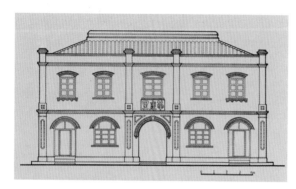

图4-41f 华康里住宅入口建筑正立面图

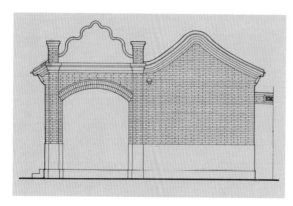

图4-41g 华康里住宅侧立面图

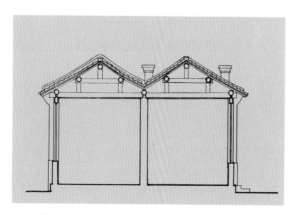

图4-41h 华康里住宅剖面图

避风雨。建筑组团西、南两面临街,沿用北京东西胡同的格局。六幢单元住宅布置于近40米长的内巷两侧,每栋楼的单元门均向内巷开启。单元内以上下两层的天井为公共空间,以回廊联系各家住户,建立起了邻里共居的单元式住宅,突破了老北京独院、独户的传统居住模式,推进了城市集约化住宅的新发展。该住宅为二层砖混结构住宅,建筑外装修以青砖、青石砖墙为主,加设西式柱及门窗装饰,建筑风貌别具一格。它体现了民国初期,北京人求新、求异的追求和审美观,以及现代化、西方化的追求与变化(图4-42)。

图4-42a 泰安里居住区

图4-42b 泰安里居住区巷道

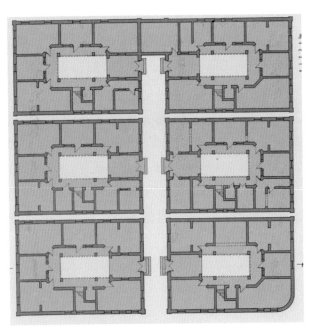

图4-42c　泰安里居住区平面图

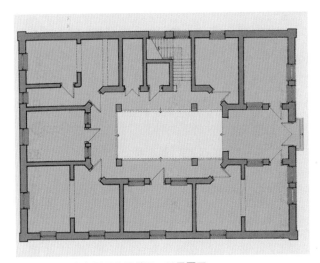

图4-42d　泰安里居住区单元一层平面图

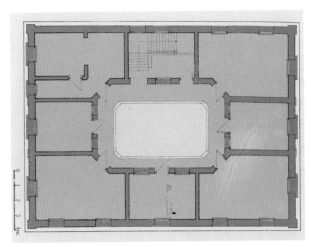

图4-42e　泰安里居住区单元二层平面图

图4-42f　泰安里居住区单元立面图

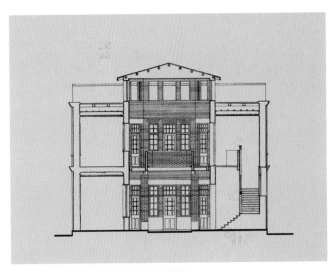

图4-42g　泰安里居住区单元纵剖面图

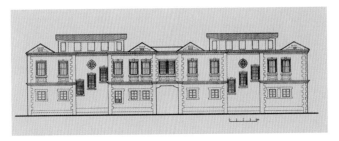

图4-42h　泰安里居住区西立面图

图4-42i　泰安里居住区横剖面图

第二节　城区特殊合院类型

一、京城王公府邸，特殊合院撷英

　　"王"是指封建时代的最高封爵，而"王府"则是为王所居的府邸。虽然其建筑形制、规格、规模均超越民居，并兼有政务功能，但王府仍以居住为主，同属民居建筑。作为特殊类型四合院居住建筑，具有研究价值。"王府"在北京历史上留下了特殊的印记，成为特权的居住府邸。"王府"在元代已有出现，据元代的《析津志》记载："文明门即哈达门，哈达大王在门内，因名"，而现今北京遗存的王府则多建于清代。按清制规定，只有亲王、郡王、公主的住所才能称府。王府由政府出资建造，世袭使用。

　　"王府"建筑具有规制严格、等级分明、规模庞大的特点。院内设有行政殿堂建筑、家庙和王庙以及马厩等，体现了行政、办公、居住相结合的特色。在规制方面，朝廷有严格的定制。从顺治九年（1652年）清廷颁布的条文中，对王府定制作了详尽的规定："凡府第各颁其制。亲王府制，正门广五间，启门三间，缭以崇垣，基高三尺。正殿七间，基高四尺五寸。翼楼各九间。前墀环护石阑，后殿五间，基高二尺。寝室二重，各广五间。……凡正门、殿寝，均覆绿琉璃瓦，后楼、翼露、豪庑，均为本色筒瓦。正殿上安璃吻，

压脊仙人，以此，用七种，余尾用五种"。针对王府中轴线上的正门、殿、堂、寝、楼等主要建筑的规模，建筑物上梁栋彩绘、压脊兽种及数目等均有详细规定。

　　在王府的建筑群体布局上，强调严格按南北中轴线布置建筑，并以几路轴线组合的形式，构建不同功能的合院组群。强调建筑布局对称和谐、错落有致，强调以严格的平面组合，呈现不同的建筑格局和风貌（图4-43）。王府建筑的装饰精致、华丽。砖雕、石雕、木雕及彩画精美绝伦寓意深刻。除龙凤和玺彩画不用外，汇集着多彩的装饰艺术。王府中均设有花园，绿色的花园空间是王府环境中重要的组成部分。据《道咸以来朝野杂记》记载："京师园林，以各府为胜。如太平湖之旧醇王府、三转桥之恭王府、甘水桥北岸之新醇王府，尤以二龙坑之郑王府为最有名"。在王府中，设有家庙和王庙，为祭祖奉神之地。一般王府祭祖规模相当大，建筑多为三重院落，古柏苍松，肃穆幽静。祭祀具有满族萨满教色彩，其祭祀的规格近似于宫廷祭祀。

　　王府建筑的类别有多种，按规格划分为亲王府、郡王府和其他王府三类，集中分布于北京内城宫殿四周。王府数量多，规格不一，形成星罗棋布的格局。据1959年北京市文物局文物工作队关于北京地区文物普查记载，王府建筑就有55处之多。随着中国社会的变化，1911年的辛亥革

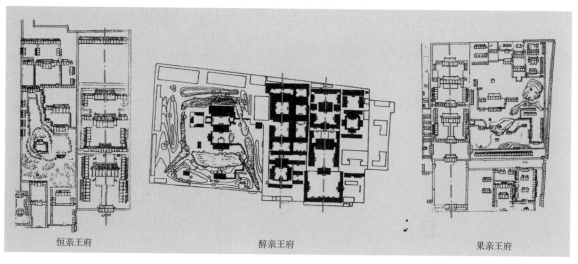

恒亲王府　　　　　　　　　　醇亲王府　　　　　　　　　　果亲王府

图4-43　王府分析图

命，推翻了清廷的封建统治。王府失去了特权地位和经济支撑，而迅速衰败。在此之前，北京的王府有的被八国联军毁坏或占用，征作使馆或割让赔偿。民国时期，许多王府变卖或征用来开办学堂，或作为政要新贵的住地。虽然王府随时代的变化而衰败没落，但它是北京城的历史记忆，是北京城居住建筑中的特殊类型和珍贵的文化遗产。新中国成立后，王府作为历史文物得以保护、修缮。目前北京尚存有王府19座，其中全国重点文物保护单位有6座，分别为雍亲王府（即雍和宫）、恭亲王府、醇亲王府（现宋庆龄纪念馆）、孚王府、淳亲王府（属"东交民巷使馆建筑群之一"）及和亲王府6处。北京市及各区文物保护单位还有礼亲王府、庆王府、郑王府等8处。其中只有恭亲王府、醇亲王府、孚王府等保护较为完好。

● 例如，孚王府（怡亲王府）。该王府位于东城区朝阳门内大街137号，原为康熙皇帝十三子允祥的怡亲王府。允祥病逝后，于同治三年（1864年）清廷将原怡亲王府赐予道光帝第九子孚郡王奕譓，改称为孚郡王府。此府现为国家重点文物保护单位。

孚王府是由东、中、西三路多进合院组成。中路是该府核心部分，也是王府办公、会客和王爷起居的活动空间，共由五进院组成。在长达200多米的中轴线上，自南而北的建筑布局为：大门、银安殿、后殿、寝殿及后罩楼，整个建筑宏伟壮观，空间层次分明。外门面阔七间，中启三门，为带正脊、吻兽和垂兽的硬山屋顶。二门面阔五间，中启一门，歇山顶建筑，也为带正脊、兽件的绿色琉璃屋面，檐下为五踩重昂斗栱，门前左右设石狮子，十分壮观。中轴线上的大殿——"银安殿"为七间前后廊，歇山顶绿色琉璃瓦屋面，檐下为七踩单翘重昂斗栱。殿前设有月台，殿东西设翼楼和厢房，气势雄伟庄重，是王府内地位最高、举办重大典礼的大殿（图4-44）。

中路的第三进院为后寝区，设有寝门五间，寝殿七间，与东西两侧厢房围合组成寝院。寝院

安静舒适，寝殿七间，前后廊歇山顶，绿色琉璃瓦屋面，建筑装饰十分精美。后院由后罩楼七间及两侧转角房组成的二层楼围合而成，建筑为灰瓦硬山屋顶。中路空间规模庞大，气势不凡。

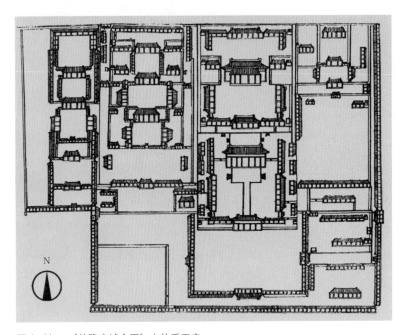

图4-44a　《乾隆京城全图》中的孚王府

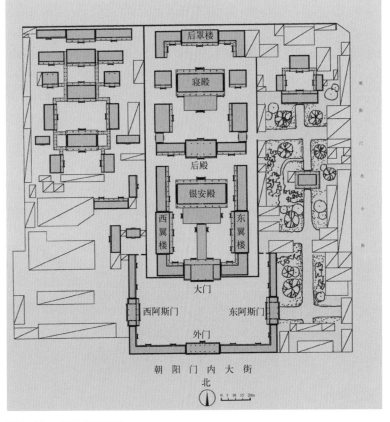

图4-44b　孚王府平面图

图 4—44c　孚王府寝殿旧照

图 4—44d 孚王府银安殿旧照

图 4—44e　孚王府大门

图 4—44f　孚王府二门

图 4—44g　孚王府翼楼

图 4—44h　孚王府后殿

图 4—44i　孚王府花园

西路为眷属居住区，由五进四合院组成。现存各进四合院平面完整（西路南部四合院建筑已损），院与院相对独立，又相互联通。

东路为轩馆休息空间和府库、厨厕及执事房舍，建筑现已毁坏，难以分辨出原有格局。虽然如此，怡亲王府仍保存较完好的经典王府之一（图4-45）。

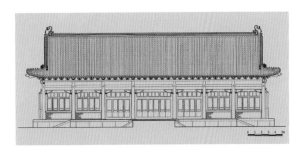

图4-45e　孚王府银安殿立面图

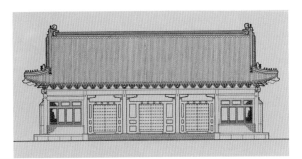

图4-45a　孚王府大门南立面图

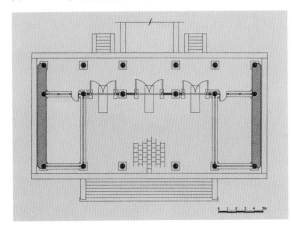

图4-45b　孚王府大门平面图

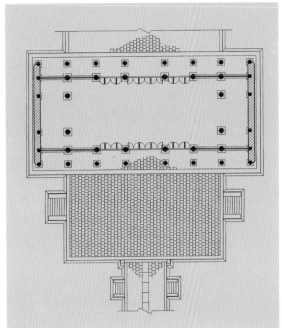

图4-45f　孚王府银安殿平面图

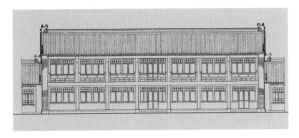

图4-45c　孚王府后罩楼南立面图

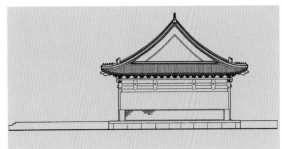

图4-45g　孚王府银安殿东立面图

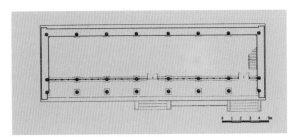

图4-45d　孚王府后罩楼一层平面图

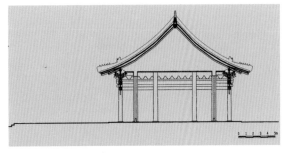

图4-45h　孚王府银安殿横剖面图

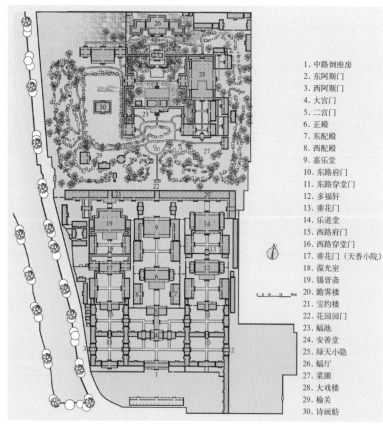

1. 中路倒座房
2. 东阿斯门
3. 西阿斯门
4. 大宫门
5. 二宫门
6. 正殿
7. 东配殿
8. 西配殿
9. 嘉乐堂
10. 东路府门
11. 东路穿堂门
12. 多福轩
13. 垂花门
14. 乐道堂
15. 西路府门
16. 西路穿堂门
17. 垂花门（天香小院）
18. 葆光室
19. 锡晋斋
20. 瞻霁楼
21. 宝约楼
22. 花园园门
23. 蝠池
24. 安善堂
25. 绿天小隐
26. 蝠厅
27. 菜圃
28. 大戏楼
29. 榆关
30. 诗画舫

图 4-46a　恭王府平面图

● 恭亲王府——该王府位于北京市西城区前海西街 17 号。原为乾隆时代权臣和珅的宅邸。嘉庆四年（1799 年）和珅获罪后，宅邸没收归公，并转赐给庆郡王永璘，改为庆王府。咸丰二年（1852 年），咸丰帝将此宅赐恭亲王奕訢，并改称恭亲王府。光绪二十四年（1898 年）奕訢去世，王爵由其裔孙溥伟继承，直至 1937 年该府及花园转卖给辅仁大学，并保存至今。1982 年恭王府被公布为全国重点文物保护单位。该府地处内城西北部，北倚后海，东近前海，四周皆有水，地势优越，环境幽美，是北京至今保存特别完整的一处清代王府与花园相结合的典型。恭王府规模大，以居中的南北中轴线为脊，由南部府邸和北部花园两个组成部分。其中府邸占地 3.1 公顷，花园占地 2.6 公顷（图 4-46）。

恭王府以府邸为主体，由东、中、西三路平行的五进四合院组成。各路四合院建筑功能不同。

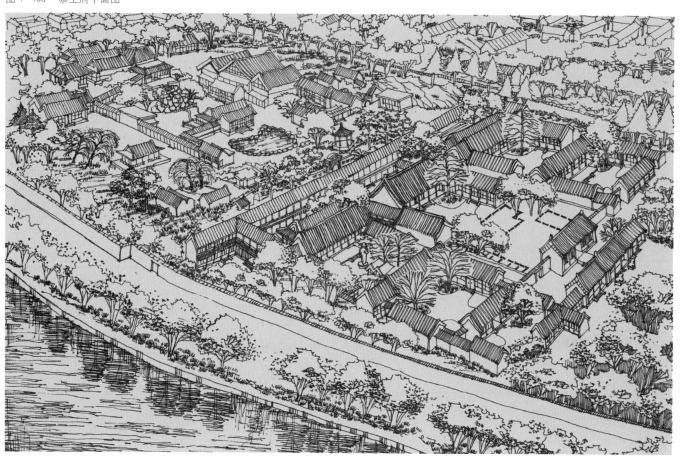

图 4-46b　恭王府鸟瞰图（刘志杰绘）

其中，中路为仪典空间，其建筑群自南向北分别设置了正门、侧门、府门等建筑，并共同形成了前院。第二进院由银安殿及东西配殿组成，面阔五间硬山顶前出廊的后殿，为王府内举行萨满教祭祀活动的场所（此部分建筑现已焚毁）。中路建筑均为硬山调大脊，前后出檐，屋面为绿色琉璃筒瓦，设吻兽装饰，梁枋绘旋子彩画。殿的正中设有屏门，门上设置匾额、楹联，塑造出庄重而富有意蕴的殿堂形象。东、西两路多进院对应布局，其中东路由五进院组成，前院正厅"多福轩"（为奕䜣的会客厅）和后进院正厅"乐道堂"（为奕䜣的起居室）共同构成了王府的起居空间（东路部分建筑因地震损毁）。中路由大宫门、二宫门、正殿、东西配殿、嘉乐堂等建筑群体组合成气势宏伟的公共活动空间。西路四合院群为王府居住区，中院设正厅"葆光室"（面阔5间），后院正厅为"锡晋斋"（面阔7间，前后出廊，后檐带抱厦5间），并在后院南设有垂花门和柱廊，以丰富院落空间层次（图4-47）。

恭王府在三路院落的北端，设有长达160米，面阔五十间通脊环抱围合形的二层后罩房。其中东边为"瞻霁楼"，西边为"宝约楼"，可直接通向王府花园。此组建筑规模大，装饰精良、蔚为壮观。王府花园设于中轴线的北端，位居后罩房以北，名叫"萃锦园"。该园建于同治时期，规模大，景观丰富多彩。全园由中、东、西三路多进院互相渗透组合，形成空间相连的花园。花园以中路为主体，由南向北三重景观，即园门（西洋式）"安善堂"、"邀月楼"、"蝠殿"，以建筑为主体，山石、绿树相互交融的景园组成。园中景观丰富，设有中央环抱水池，因形如蝙蝠而命名为"蝠河"，以及"邀月池"等富有诗意的景观点，园中池、游廊、假山、叠石交相辉映，熠熠生辉。东路设有戏楼一座（为北京王府中仅存的戏楼），由前厅、中央戏厅、戏台组成，其内外装饰十分精致，富丽堂皇，成为东路花园中的主体建筑。西路花园南侧山石、土山之间设有城堡式长墙，名榆关。东侧设有妙香亭、秋水山房。

图4-47a　恭王府府邸前院

图4-47b　恭王府水榭

图4-47c　恭王府花园建筑

图4—48a　恭王府花园入口

图4—48b　恭王府安善堂

西侧设有益智斋，北有水池，中央小岛上建有敞榭，名叫诗画坊。院中多以亭台、画舫及小庙宇构景。花园中景观诗情画意，由曲径通幽、沁秋亭、松风水月、花月玲珑等20景组成。最为可贵之处是园中池水由后海引入，这是京城仅有的准许引活水入宅院的三处府园之一，可见该园的尊贵地位，实为北京现存王府中最完美的代表之作（图4—48）。

图4—48d　恭王府后罩楼

图4—48e　恭王府邀月台敞厅

图4—48c　恭王府戏台

二、京城名人故居，人文荟萃之景

帝都之城——北京，云集着来自五湖四海、全国各地的名人志士，人文荟萃，胜迹光耀。有元、明、清时代的英雄、大学士，有现代历史上的改革先行、革命先驱，更有许多文化名人。各代名人大多隐居于京城的街巷胡同之中，形成北京城特殊的"京派"文化圈。虽然居住宅院规格不一，环境各异，但它深深地记载着名人的足迹和他们的人生与事业、奋斗与成功的轨迹，在生活居家的环境塑造上，浸润着名人对家的情感，体现主人文化素养、人生追求的精神文化境界。在古都北京承载着丰富文化和历史内涵的名人故居众多。有名将于谦、林则徐、蔡锷，有近代改良派政治家思想家谭嗣同、康有为、梁启超，有革命先驱孙中山、李大钊、陈独秀、毛泽东、刘少奇，以及文化名人鲁迅、郭沫若、齐白石、徐悲鸿、梅兰芳、茅盾、叶圣陶、梁实秋、老舍及城市营造家朱启钤等等。在北京住过的名人灿如星河，保存的名人故居上百。本书在此，仅选三位建筑与文化方面的名人故居，分析他们高深的文化修养对居住建筑空间、居住环境的塑造，及对生活境界、文化精神追求的启示。

1. 城市营造家——朱启钤故居

朱启钤（1872－1962年），字桂辛，号蠖园，光绪时举人。他曾是政要，担任过京师厅丞、警察总监、内政部长、北洋政府时的国务院总理、新中国第一届全国人民代表大会特邀代表等等；他是实业家，在上海首创了中国民族资本的远洋轮船公司等；他更是一位城市"营造家"，倡导和弘扬中国传统文化的大学者。他主持修缮"故宫"，改造正阳门，开辟京城东西轴线——长安街，改建"新华门"（现成为中国政府象征），修复中央公园等等。他自筹资金发起"营造学社"，并于1930年申请庚款补助，正式成立"中国营造学社"并任社长，从事中国古代建筑研究，撰写《李仲明营造法式》等，培养古建筑人才，是我国古代建筑研究奠基人之一（图4-49）。

图4-49 朱启钤先生和周总理

朱启钤先生在北京的故居有两处，即东城区赵堂子胡同2号（现为3号），另一处是东四八条54号（现为111号）。其中，东城区赵堂子胡同2号，是朱先生20世纪30年代购置并亲自设计、督造施工、装修完成的一处大型宅院。该院于1986年公布为东城区文物保护单位。此院占地约3000平方米，大院的布局独具特色，由一条纵贯南北中轴的长廊，联系东西各四进院落组成（图4-50）。东西各个院落以中轴长廊相隔又相连，东西两路的各院均设廊相连通，形成宅院整体。王其明先生曾对这座四合院有过描述："长廊以西的房屋，均是朝南、朝东的好朝向，避免了冬不暖、夏不凉的东房、南房。因为有廊周回全院，仍具四合院的感觉，而且有避雨、遮炎阳的功能。"廊以东的房屋则是作会客等交际用的。内外两方联系既紧密又互不干扰。长廊空间联系东、西各院，保证了东、西两路多进都具有良好的朝向和完善的居住功能分区，既体现空间"礼"的秩序，又具有空间互为相通的开放格局。两侧院落空间既有廊的分隔，又有空间渗透和开阔的视野（图4-51）。据朱先生之子朱海北回忆，院内建筑做法按照《营造法式》建造，建筑设计精美、形制讲究。南端中部设有高台阶广亮大门，东侧设有粉墙与东院相隔。院内一进院与二进院设有通内外的垂花门，此门装饰精美成为院中的构图中心。垂花门设游廊连通，以西游廊延伸至北端，成为居住的联系通廊，而取代两侧各院相

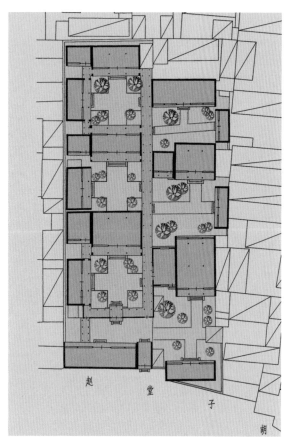

图4-50a   朱启钤故居宅院平面图

图4-51   朱启钤故居中廊

图4-50b   朱启钤故居鸟瞰图（朱余博绘）

依的厢房，突破了传统院落东西厢房相对布置的格局，形成新形式的四合院。东路一进院正房为三开间的大厅，前出廊，勾连搭一殿一卷式屋面。房内设有金漆的明柱四根。屋顶为彩绘井口天花，十分讲究，大厅两侧为餐厅，成为接待宾客和宴请的大客厅（图4-52）。

宅院的建筑均采用硬山卷棚顶屋面，房屋的木结构部分施以红漆及苏式彩绘。院内设有花池、假山、绿树，充满自然生气。宅院规模大，是一个大家庭几代人同居的大宅院。虽然，历经时代发展，该院未能完好保存，遗存的照片资料也少，但朱启钤先生对这座四合院的改造，体现了古建筑老前辈对中国古建筑深厚的造诣和对传统四合院的深刻理解和创新。它是朱启钤先生心血的结晶，是北京传统四合院的经典之作。

图4-52a 朱启钤故居

2. 散文天地的宗师——梁秋实故居

梁实秋（1903～1987年），原名梁治华，实秋是他的字。梁先生17岁在清华学校上学时，正逢五四运动，他满腔热血参加游行，并受梁启超、周作人先生的影响，走上了文学道路。先生文学事业成就丰硕，被推崇为"华语世界中散文天地的一代宗师"。梁先生出生在北京，青年时代曾旅美，1937年北平沦陷，曾去昆明，后转移重庆，1949年去台湾。在各地的居住地中，最让他牵念不已的，还是出生地——北京内务部街20号（现为39号），那座典型的四合院。该院为典型的三进四合院，建筑面积约为900平方米。现存建筑只保留了宅院的基本格局，而作为民房使用。因此，很难对当年的宅院及生活场景加以考证。现参照梁先生的长女梁文茜女士撰写《记北京故居》一文加以体会分析：这是一座梁先生祖父母及子女三代同居的大宅院，该院坐北朝南，大门设如意门一间（图4-53）。文中写道："大门是三层高台阶，走上去是高门槛和两扇大门。上面一副光亮的白铜大门环，……入门后则是有一间房大小的门洞，靠左右山墙放两条懒凳，备人休息小坐之用（这是北京四合院常用的设施）……由门洞入内左右两边各为四扇绿色

图4-52b 朱启钤故居建筑

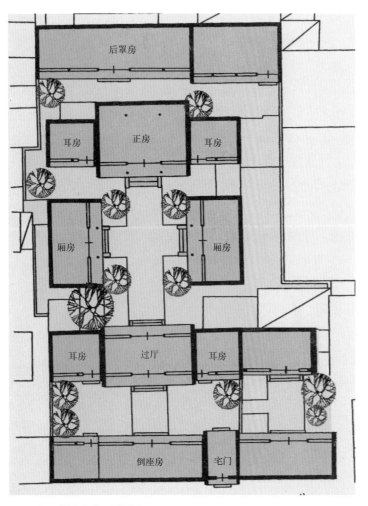

图4-53a　梁实秋故居平面图

的屏风门，可以折叠开关。"（图4-54）从文中描述勾画出了宅院的布局。入门的一进院由北房三间、耳房一间，南房三间半组成。北房为起居、用餐及子女居室，南屋为接待宾客用房。入门的东侧院由北房三间、耳房一间和南房三间半组成。南房亦常作为接待来访客人之用，北房则作为"号房"（即传达室），为雇佣工人和车夫居处（此部分为后收购房）。入门后西侧的小院，是由两间北房，两间南房围合而成，为梁先生居住用。为方便使用，在卧室后侧加建洗澡间（设有全套卫生设备）。外院与内院间，设有垂花门。里院北房三间为长辈（祖父母）居住，两边各设有耳房两间。院中东、西厢房各三间，院中各房均设有前檐廊。据文中写道："里院西房三间。靠南头一间有大炕，这是父亲的出生地。"四进院由后罩房五间和东罩房四间组成。院内建筑均为硬山顶合瓦清水脊屋面（图4-55）。文化名人梁实秋先生的故居特色在于浸润着主人的文化修养，塑造出了那绿树成荫，清幽静谧的居住环境和文化气质。

在宅院的空间组织中，体现着长幼尊卑的伦

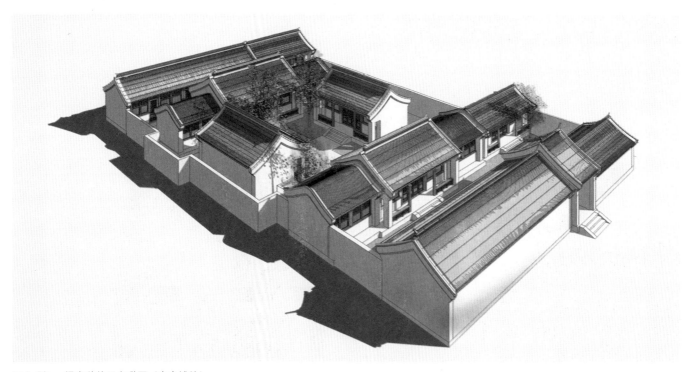

图4-53b　梁实秋故居鸟瞰图（朱余博绘）

理秩序。祖父母长辈等为上居，住内院主房，晚辈居东、西厢房和小院。内外院有垂花门分隔，使活动空间内外有别，动静分明。家族重视读书、育人，祖父为前清秀才。文中写道："祖父母对其要求甚严，在家里先后请贾文斌、周香如先生亲来执教。为严格教规，家长敬呈教师戒尺一根，为教诲学生之用。"院内书房布置很讲究，屋内多设雕花隔断，其隔扇心为梁先生亲笔书画镶裱，配上全套硬木桌椅、条案、八仙桌及两边太师椅，中间镶大理石心的硬木圆桌及四周小圆凳，呈对称布置。书架被线装书、语言文字学类及英文书籍满布。梁宅后院大门上的对联写着"忠厚传家久，诗书继世长"，体现着严肃的家风和追求好静典雅、修身养性的境界。

梁宅最重视栽花种树，构建与自然相融的居家环境。文中描述："父母二人均爱花，在院中左右两个花池，均种上芍药花，冬天根不死，年年开花……。"并描述："梁宅东院、后院大部分均为花圃树木，有海棠、柿子树、桃树、榆树、枣树、花椒树、爬山虎。""房屋内的桌中心绿色

小水池旁边也有一小盆文竹碧绿，伴着香炉内檀香的袅袅香烟，掠过银质的莎士比亚肖像，显得室内恬静雅致。"特别是梁先生院内种的一株大枣树，甚得主人钟爱。这株枣树品质优良，枣子吃起来脆甜皮薄，产量高。文中描述："父亲赴台北后，仍著文怀念这颗大枣树。""故居的一枝一叶，一草一木是那样引人动情。"这是一位文人对自然的热爱，对自然美的追求，更是对故居的情感。这座四合院虽然现在已为民房使用，但它承载着梁实秋先生生活、事业、成就的印记。

图 4-55a　梁实秋故居宅院

图 4-55b　梁实秋故居建筑

图 4-54　梁实秋故居大门

3. 戏曲艺术大师——梅兰芳故居

梅兰芳（1894－1961年）名澜，字畹华，艺名兰芳，中国著名戏曲艺术大师。梅兰芳先生出生在祖居（铁树斜街101号），即其祖父梅巧玲之宅院。并先后居住在东城区无量大人胡同24号和护国寺9号。三处故居记载着梅先生成长、事业奋斗与成功的轨迹（图4-56）。

梅先生于1919年赴日演出，展示中国京剧艺术获得成功，并在演艺事业上取得了很大成就。为感恩回报祖母的抚养之恩，于1920年购买了东城区无量大人胡同24号宅院（后改为红星胡同51号）。可惜该宅院今已湮没。1950年购置西城区护国寺街9号，该宅院保存完好，现为梅兰芳纪念馆。

东城无量大人胡同24号宅院是一处规模较大，规格高的宅院并随梅先生享誉海内外，而称为"梅宅"。该宅由东西两路主院和中间跨院组合构成，其中大小院落有7个之多（图4-57）。宅院的最大特点在于保持北京传统四合院基本格

图4-56　梅兰芳先生

图4-57　梅兰芳故居（东城区无量大人胡同24号）平面图

局的基础上，引入现代宅院手法，形成多院组合的特色，既有安静的居住区，也有大量功能不同的公共活动空间。花园与居住空间相融、相通、相生。宅院布局特征是：西路为三进院，宅门设于东南。一进院由倒座房、西厢房组成。二进院设垂花门分隔内外院。二进院正房、厢房的布局并不对称，正房为五间，而西耳房为一间，东耳房为两间，并与中间跨院相接。东厢房为两间间的过厅，既分隔又联系两院空间。跨院的南房为大活动厅，以作排戏、活动之用。三进院为后罩房。东路为花园和接待宾客的大厅组成的合院。院门设于南房居中处，院中正房为一座三卷勾连搭的大厅，由缀玉轩客厅和书房组成。大厅宽敞，装饰华丽，书房更是收藏着上下古今文学、艺术、戏剧、书画和梅先生风采奕奕的剧照等，充满文雅的气氛（图4-58）。宅院中的花园精致，院中种植名树、花卉，其中各色牵牛花为梅先生最爱，他在《舞台生活四十年》一书中自述道："我从小就爱着花，到了22岁才开始自己动手培植……我养过各种花，最感兴趣的要算牵牛花。"花园中有假山、游廊，景观多彩，空间"隔"、"透"多变，成为充满自然生机的绿色空间（图4-59）。在东路宅院的西北处，建有一座西洋式两层洋房，是宅主对"新"与"洋"的审美追求。梅先生在此居住时期正是他艺术成就享誉海外之时，国内外的艺术家、名人、学者 及驻华使节、国际友人纷纷来访。曾在此以典雅的中国古玩摆设、中国戏曲绘画、山水花卉名画装饰的客厅和中式茶点，组织家中接待茶会，成为人文荟萃、聚会、艺术交流之地（图4-60）。梅先生的这处故居，不仅是一处花园式的宅院，更是创造出了集京剧艺术舞台和友人文化交流为一体的居住环境。

西城区护国寺9号宅院是梅兰芳先生1950～1961年的晚年住所。该院是一座普通的旧式合院，原为设有南房的三合院。1951年进行修葺，扩建南房、跨院西房和后罩房，以作为辅助用房和存放梅先生珍贵收藏之用。在这所宅院中，梅先生继续艺术事业，并于1959年在这里

编排了他最后一出名剧《穆桂英挂帅》，以庆祝中华人民共和国建立十周年。同时，在此培植院中花木，成为舞剑、海棠树下练功、同弟子们说戏、同孩子们玩耍，同家人共享天伦之乐的家园（图4-61）。

1961年梅先生逝世后，为纪念这位戏曲艺术大师，国务院批准在此故居基础上建立"梅兰芳纪念馆"，以展示梅兰芳先生极不平凡的艺术人生和梅氏家族四代人的珍藏（图4-62）。

图4-58a　梅宅客厅

图4-58b　梅宅花园

图4-58c　梅宅书房

图 4—59a　无量大人胡同梅宅园内高架的秋千

图 4—59b　梅兰芳与夫人王明华在寓所院廊上

图 4—59c　梅宅园内长廊

图 4—59d　无量大人胡同梅宅寓所内鲜花盛开

图 4—60a　梅兰芳在家中接待友人

图 4—60b　梅兰芳接待日本文艺界人士

图 4-61 梅兰芳看孙子游戏（西城区护国寺 9 号宅院）

图 4-62 梅兰芳纪念馆（西城区护国寺 9 号宅院）

第三节　京郊类型与特征

京郊村落民居分布广，所处地理环境多变。村落产业多样，村民经济水平高低不一，各家人口构成有别。因此，置于京郊的村落民居类型多样，规模大小不同。其基本类型为中小型合院、山地合院、财主大院、商居院、旗营院等类型。与城区合院民居类型相比较，村落民居多根据不同的条件加以组合，形成与自然山水相融合、与农业生产相适应，与居者家庭结构、经济条件相协调的多样化的村落民居。

一、中小型村宅院，房屋功能齐全

位居平原、浅山地区的村落宅院，多为中小型四合院或三合院，其中以一进院、二进院类型为多。其主要特点在于：四合院布局灵活，无严格的坐北朝南和中轴对称的布局要求，而是随地形变化和村落道路系统的走向布置。合院的房屋组成与城市四合院相似，一般都是以院落为中心，四周由正房、耳房、厢房及倒座房组成。但各房的开间数、开间尺寸、进深的长度、合院的规模等都偏小。正房多为三间，或加设东西耳房，而最大的正房为五间。厢房多为二间，规模小的设一间。倒座房多为三间或只设正房和东西厢房。倒座房改为院墙围合，形成三合院。甚至有的农家院只设有正房，东西两侧设小菜园或牲口圈，或设正房与一侧厢房，组成二合院，也有宅院单设后院或旁院，建马厩、猪圈、鸡舍、茅厕、杂物库及柴棚等。这都由宅主经济实力、人口多少和基地条件等决定，形成不同规模、形式多样的乡村民居。村落合院讲究入口门楼的设置，方位随地形和村落道路布局而定（图4-63）。

● 例如，京郊门头沟区琉璃渠村。该村民居规模小巧、功能齐全，有控制轴线，但无严格的对称布局。其中小型的三合院，正房设有东耳房，而西耳房部分以通道代替。小型四合院，其组合紧凑而有所变化。院内的布局灵活，形式多样，

体现村落民居的适用、朴实的特色。

● 焦庄户村落的民居，在京郊村落民居中，多为产、居结合的类型，常在居家的院落中，设置养殖牲畜或种植蔬菜花果等产居结合的特色民居，是典型的农家小院。小院中正房居中为居住用房，东侧设置厢房，西侧多设牲畜或马棚取代厢房，或作为院内菜地，构建了居住与养殖两结合的传统民居类型。随着时代的发展，居住、养殖分离已是大势所趋（图4-64）。

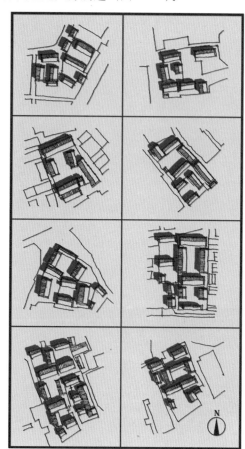

图4-63　村落宅院分析图

图4-64a　焦庄户产居结合院内院

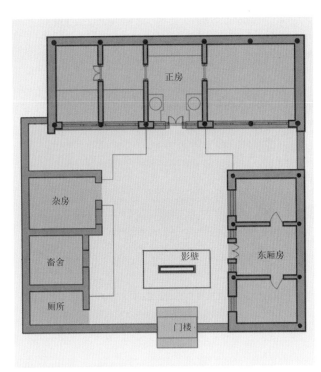

图 4-64b　焦庄户产居结合院平面图

图 4-64c　焦庄户产居结合院大门

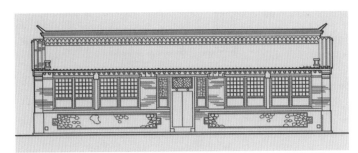

图 4-64d　焦庄户产居结合院正房南立面图

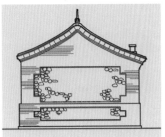

图 4-64e　焦庄户产居结合院正房西立面图

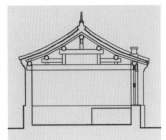

图 4-64f　焦庄户产居结合院正房剖面图

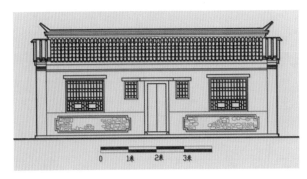

图 4-64g　焦庄户产居结合院厢房西立面图

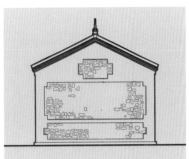

图 4-64h　焦庄户产居结合院厢房北立面图

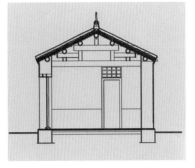

图 4-64i　焦庄户产居结合院厢房剖面图

● 川底下村磨盘院。该院位于川底下村山脚下平坦地段，置于密集布置的小型四合院群中。这一群组的合院中，院落组合不严格，正房多为三间，根据地形条件以及宅主实力的不同，东西两侧也可能设置耳房（多为一间），而厢房则多为两间。其中，磨盘院为两家宅院相连的布置，前院为四合院，宅门开设于厢房南间处。后院借前院北房为依托组织成三合院，屋内设炕，空间紧凑方便。宅院布局紧凑，院落窄长，空间小巧，一般仅为 9 ～ 12 平方米。但院落讲究多功能，既是天、地、人的交流空间，家人活动之地，也是农作之地。小院中常设组装式的荆笆架，将荆笆架插入院中预留的桩坑，以方便夏季遮阳，秋季晒粮。宅院院门开设位置灵活，形式多样，体现村落宅院的多样性（图 4-65）。

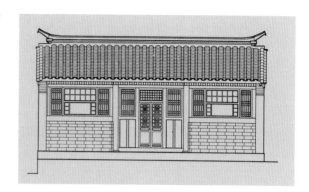

图 4-65b   川底下村磨盘院一号院倒座正立面图

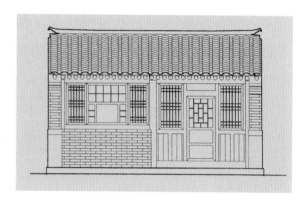

图 4-65c   川底下村磨盘院一号院房西厢房正立面图

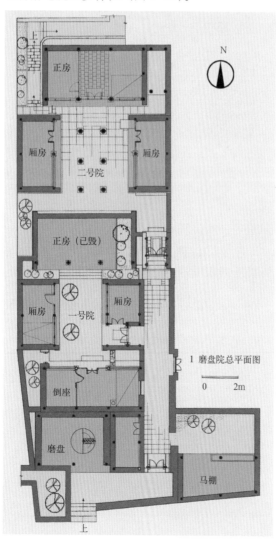

图 4-65a   川底下村磨盘院平面图

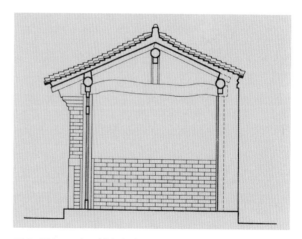

图 4-65d   川底下村磨盘院一号院房西厢房剖面图

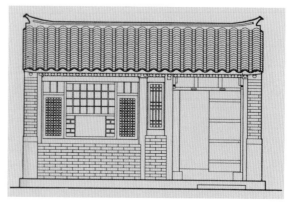

图 4-65e   川底下村磨盘院一号房东厢房正立面图

二、山地农舍合院，布局灵活多变

北京郊区的村落地处山区或深山峡谷之中的较多。特别是在京郊的门头沟、延庆、房山、昌平、怀柔各区县山区地带，村落多建于山地，深受地理环境所限。因此，位居山区的村落民居，除了具有四合院的基本形制和以院落空间为核心，内向开敞，外向封闭的特征外，同样追求合院布局与中轴对称。其正房、厢房排序分明，构建长幼辈分"礼"的空间秩序。但山地合院受地形变化所限而强调因地而建，具有依山就势的特点。布局自由而不拘一格，并以规模小巧玲珑、形态各异、建筑就地取材的特色而独具魅力（图4-66）。

山地合院建筑的规模较小，一般宅院都由正房、厢房、倒座、门楼组成。建筑的组合与布局不过分追求坐北朝南和沿中轴线对称布局的严谨，更强调随地形变化依山就势，因地制宜。路直则正，崖偏则斜，院落不求方正，强调随地形高低和山的坡向灵活组织。有的随山坡走向，垂直等高线纵向布置，成退台式的分层合院，有的利用平缓地横向布置，形成水平布置的合院建筑（图4-67）。地势坡度大的地区多采用垂直山坡布置，以充分利用有限的宅基地，构建出高低错落的合院建筑，利用前后房的地势高差，组织宅院的采光通风（图4-68）。例如涧沟村的山地宅院随地形变化布置，规模小巧；水峪村山地宅院布置灵活；双石头村的宅院以石而建等等。各式山地合院空间多变，特色鲜明。其中京西双石头

图4-66c　下苇店村山地四合院

图4-66a　川底下村山地四合院

图4-66b　水峪村山地四合院

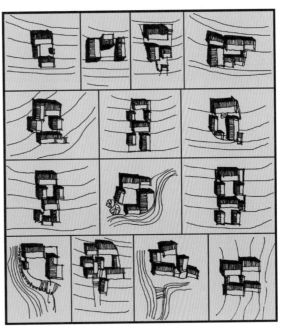

图4-67　山地四合院平面布置 分析图

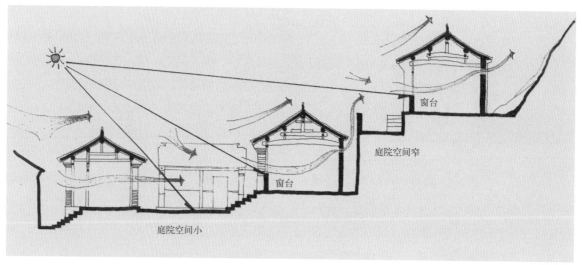

图 4-68　山地合院采光分析分析图

村最为典型。该村位居在斋堂镇，京西古道的山沟处，随坡势而建。宅院小巧、布置灵活，多用石头砌墙，犹如山地上生长的房子（图 4-69）。

● 又如川底下古村。村落选址于京西古道上的向阳山坡上，村宅随地形高低变化灵活布局，组合形式多样。有垂直等高线布置的宅院，随地形变化纵向布置，宅院分层叠落，充分利用高差，保证各院的采光通风和景观视野。宅院规模小巧，布局是一院接一院，紧凑节地。建筑均为两到三间，砖墙青瓦，质朴厚拙。该村在地势高差大的地段多随山坡分层筑台建房，特别是在台高 20 多米的基地上采取基台与坡地结合。利用砌筑的挡土墙加固地基，并在这天然的地基上营建房屋，成为山地建筑最为经济、巧妙的做法。随山势筑挡土墙，建造的房屋格外自然、厚拙、朴实，成为独特、自然的城堡式山地建筑，勾画出山村丰富多变的立体轮廓，成为独特的景观（图 4-70）。

● 山村中平行等高线布置的宅院很多，其中石甬居最为典型。这是一组三兄弟同居的宅院，

图 4-69a　双石头村全景（yebinbin 摄）

图 4-69b　双石头村村街（yebinbin 摄）

图 4-69c　双石头村石墙（yebinbin 摄）

图 4-70　高台上的民居建筑

图 4-71　川底下村石甬居

由三幢大小不一的三合院水平方向组合而成。这是山地中较为平坦的一块地，三个合院规模大小不一。长兄的合院面积最大，位居东侧（左为大），二弟居中，三弟居西（右侧）。各院自设小门楼，三院共设入口大门，形成封闭安静的居住空间（图4-71）。

● 山村中纵横结合布置的宅院为广亮院。这是村内规格最高，位置最高的三院组合体，为韩氏三兄弟三世同堂的宅院组合群。宅院群结合地形高低变化，分三路。其布局随山地高差变化采用纵向（垂直等高线）和横向（平行等高线）双向结合的形式组合构成。这组山地四合院特色鲜明，院落的布局和房屋的排列尊奉传统"伦礼"观念，呈现主次、高低、长幼的次序。长辈住房位居顶层高敞的地方，为全村唯一的五间正房和一间耳房的建筑。长兄住东院，二弟、三弟住中院和西院，院与院内部相通相连，设有暗道互助互防。各院均有向外的宅门与村内主道相联系。院落空间处理小巧玲珑，充分利用空间，功能齐

全。该院中也设有灵活组装式的荆笆棚，棚高2米，居者在院中夏天可乘凉，秋天可晒粮。院中还设有地窖，成为储存食物的天然冰箱，而巧用地形高差建贮藏空间也独具特色（图4-72）。山村宅院虽小但处处充满和谐与生机。在这组合院空间中，居者间不仅有亲情，而且与羊、猫、狗等动物也格外亲密。在院中主人为狗在台阶下设置狗窝，为猫在窗下墙根设置自由出入的洞口。依山而建的山地四合院空气流通，日照充足，观赏山景的视野也十分开阔，为山地农家宅院之杰作。

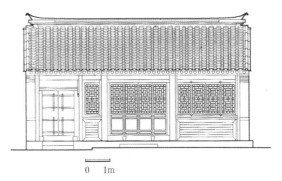

0　1m

图 4-72a　川底下村广亮院一号院正房立面图

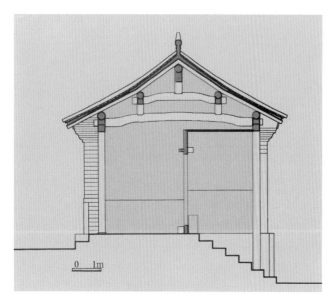

图 4—72b　川底下村广亮院三号院倒座剖面图

图 4—72c　川底下村广亮院鸟瞰图

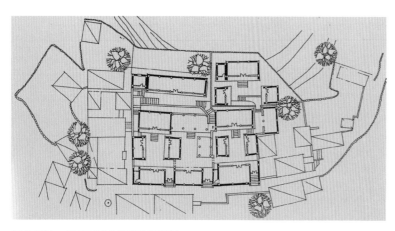

图 4—72d　川底下村广亮院总平面图

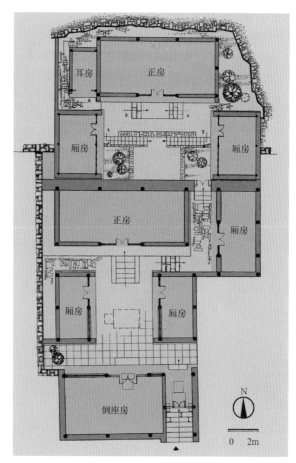

图 4—72e　川底下村广亮院平面图

三、多进豪门大院，规格高规模大

北京帝都的经济、文化地位，决定了京郊农业及村落建设的发展，形成了多元的农村产业、多类型的村落和多层次的农村民居。在村中除了以农民为主体农宅外，也有财主、官员、富商等在此居住的多阶层富豪及社会上层人士隐居山林时所建大院，形成京郊民居的独特类型。京郊豪门大院规模大、院落数量多、组合多变，建筑的规格高、装饰精美。居住空间讲究长、幼、尊、卑有别的"礼"学等级次序。特别是在京郊村落建造的卸职归隐的官宦大院和名人山居，除规模宏大外，更讲究设置书院、花厅和书房，以提升居住环境修身养性的文化品质。

● 例如，琉璃渠邓氏宅院。该院由 5 套相连相通的一进和二进独立四合院组合构成。规模大，建筑面积为 1195 平方米。建筑规格高，正房三至五间不等，厢房多带耳房。建筑装饰讲究精致（图 4—73）。

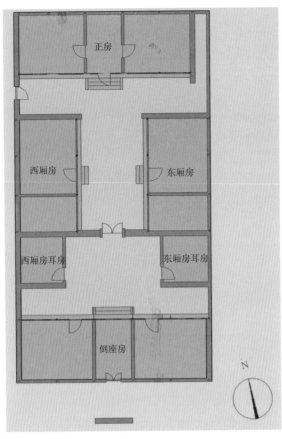

图 4—73a　琉璃渠邓氏宅院平面图

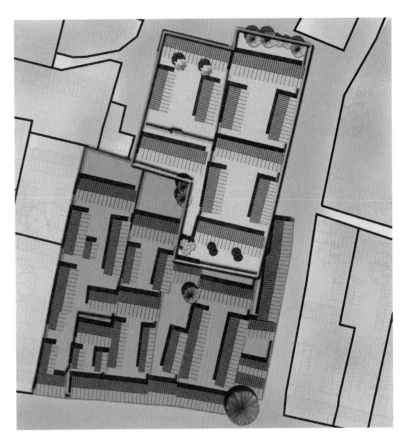

图 4—73d　琉璃渠邓氏宅院总平面图

图 4—73b　琉璃渠邓氏宅院倒座

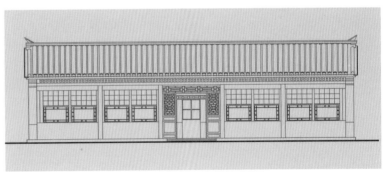

图 4—73e　琉璃渠邓氏宅院正房立面图

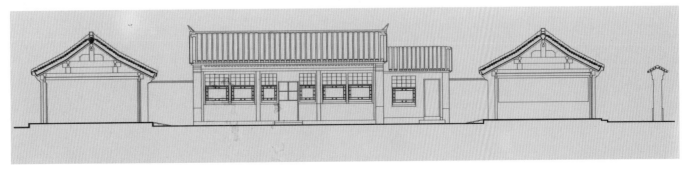

图 4—73c　琉璃渠邓氏宅院剖面

图 4-74a　刘鸿瑞宅院内院过厅

图 4-74b　刘鸿瑞宅院倒座房

图 4-74c　刘鸿瑞宅院正房和和厢房

● 石门营村的刘鸿瑞宅院。该院主人刘鸿瑞于 1948 年，曾任北平地区商业团体国大代表，又是地主、资本家。刘宅建于民国时期，宅院分南北两处，各建独立四合院。北院由东、西两跨院构成。东院的东南角开设有雕花的如意门，门楼砖雕精美。两侧墀头为头部凸起的瑞兽砖雕，戗檐下雕有盛开荷花的花篮，门楣等处雕有众多花卉和博古图案。西院大门为硬山清水脊，装饰也很精美。东院由正房三间和东西耳房各一间、倒座房三间组成。西跨院基本相同。南宅院规模相似，为二进院，东南隅设如意门。黑漆门板刻有"山河新气象，诗书旧家声"的楹联，体现了主人的精神追求。刘宅建筑精良，门前有汉白玉抱鼓石，院内青砖墁地。合院规格高，为村落中高档的豪宅之例（图 4-74）。

● 海淀古镇的李瀛洲宅院。该院为李莲英胞弟之子李瀛洲宅院。宅院始建于光绪末年，由李莲英出资兴建给胞弟居住。该宅院规格高，为典型的北京四合院做法，由东西向的三进院组成。宅门为雕花如意门，下置汉白玉石雕坐狮抱鼓石一对。进门迎面为青砖悬山式一字影壁。宅院布局特殊，顺南北向的道路走向，呈东西向布置。院中倒座房为七间，内院与二进院设精美的垂花门相隔，并以抄手廊与二进院檐廊相连。一进、二进两院东西为联排房。后院有北房五间，东西耳房与厢房连接，形成围合空间。后院由侧廊进出，形成独特的院落布局。宅院各部位的装饰都很讲究，有多种图纹的砖雕和木雕装饰。宅院讲究种植，有丁香树数株。有牡丹，春深花期时，花开红艳，赏心悦目，使宅院充满自然生气（图 4-75）。

四、商居型村宅院，多功能相结合

在京郊的村落发展中，不少是依托古驿道发展的农、商结合的村落，其合院民居出现集商店、骡马店与居住院于一体的特殊类型。此类合院多布置于驿道边，便于经营。

● 例如，琉璃渠村的商居院。该村位于永定河出口的京西古道上，又是琉璃制造业所在地。

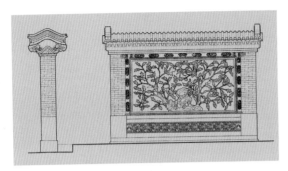

图 4-75a　海淀李瀛洲宅院照壁图

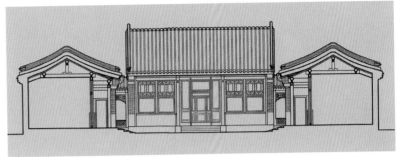

图 4-75b　海淀李瀛洲宅院正房剖面图

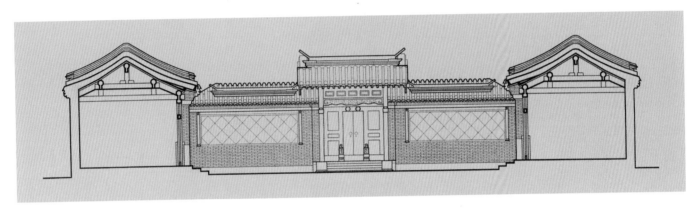

图 4-75c　海淀李瀛洲宅院第二进院中门剖面图

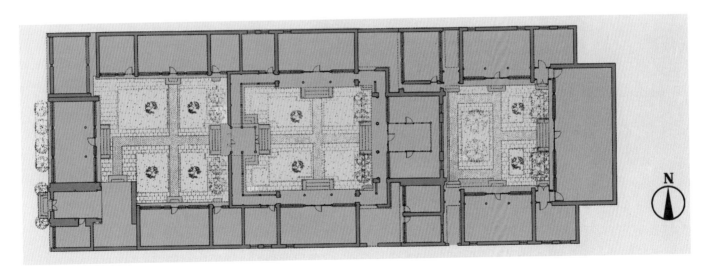

图 4-75d　海淀李瀛洲宅院平面图

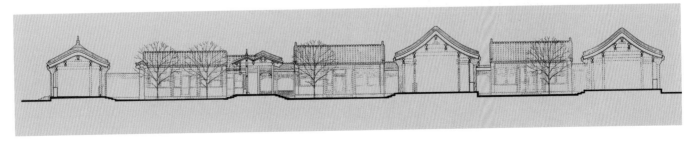

图 4-75e　海淀李瀛洲宅院纵剖面图

因此该村聚集了不少商户，形成独具特色的商居院。其合院布局具有中轴对称布置正房、厢房、倒座房的特点，但正房多为五间，厢房扩大，作为商业客栈用以满足商店功能的需求。该商居院宽敞，平面布局采取前店后宅的形式，组织合院空间（图4-76）。

● 川底下古村的双店式合院。该村位于京西古驿道上，为距京城一天路程的驿站。河北的粮食，内蒙古的皮毛等经此运往京城。京城的日用品，经此运往河北、内蒙古等地。促进了川底下村商品的交易和客栈业的发展，成为商旅落脚和货物的集散之地。在清代该村已有八家买卖店铺和三四家骡马店，沿村落主道布置，形成独特的双店式合院民居。此类合院为集居住、商业、货物仓储及马棚于一体的多进多路组合式院落。各院功能不同，分区明确，互不干扰。临街的铺面为三开间倒座房，经营村民和商旅所需的日常用品，院内设有交易站、客栈，提供贸易交流之需

图4-76a　琉璃渠村商居院全景

图4-76b　琉璃渠村商居院正房

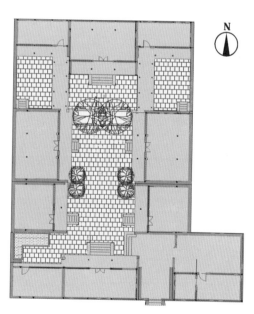

图4-76d　琉璃渠村商居院平面测绘图

图4-76c　琉璃渠村商居院厢房

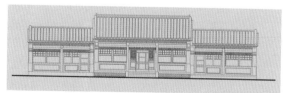

图4-76e　琉璃渠村商居院正房立面测绘图

图4-76f　琉璃渠村商居院厢房立面测绘图

和住宿之用。各院设有大量仓储空间和马棚，提供商品交易之便并代客饮马喂料。

店主的居住院设于二进院，既保证居住安静，也方便前院的经营管理（图4-77）。

北京郊区村落民居类型多样、规模小巧、布局灵活、因地制宜、就地取材，创造出融于山水之中的厚拙朴实的村落民居风貌，成为别具一格的北京民居。

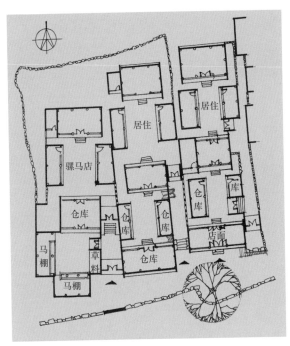

图4-77a　川底下古村双店式合院平面图

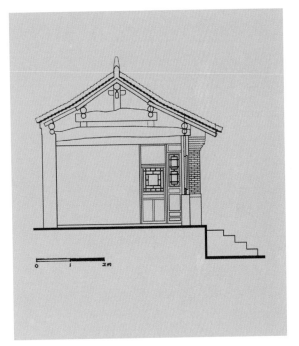

图4-77b　川底下古村双店式合院剖面图

图4-77c　川底下古村双店式合院鸟瞰

第五章　北京民居建筑构造与装饰

　　北京地区的传统民居建筑属于典型的中国北方木构架建筑体系，延续着中国传统建筑的优良技艺与独特个性。身处帝都的北京民居建筑受到官方建筑的深刻影响，在一定程度上反映着当时官式建筑的基本结构与审美，从建筑结构、构造到建筑装饰，已逐渐形成一套成熟而固定的形式。其建筑构造多为梁、柱承重的抬梁式结构体系，以木构架、基础、围护结构、屋面四部分组成的单层砖木结构的硬山建筑为主。其建筑实施多种构造形式及不同的装修。特别是传统民居的建筑装饰艺术精致多彩、题材丰富、艺术类别多。其中砖雕、木雕和石雕技艺精湛、寓意深刻、图案精美，为北京民居建筑之精华。

第一节　北京民居建筑结构与构造

一、抬梁结构，体系完善

北京地区的传统民居建筑属于典型的中国北方木构架建筑体系，延续着中国传统建筑的优良技艺与独特个性。身处帝都的北京民居建筑受到官方建筑的深刻影响，在一定程度上反映着当时官式建筑的基本结构与审美取向，从建筑结构、构造到建筑装饰，已逐渐形成一套成熟而固定的形式。

北京传统民居建筑以单层砖木结构硬山建筑为主，整个结构根据功能构成可分为木构架、基础、围护结构和屋面四部分（图 5-1）。

1. 抬梁结构，梁、柱承重

植根于中国传统木构架建筑体系的北京传统民居建筑，以木材作为主要的承重构件，墙体作为围护结构而不承重受力。这一体系有别于西方建筑以墙体作为承重结构的特征。在上千年的实践探索中，木材的特性在中国古建筑中得到了淋漓尽致的发挥。在解决空间问题的过程中，西方石质建筑以"拱券"营造空间，而中国传统建筑则以"梁架"构建了框架式的结构体系，亦创造了灵活分隔的空间特性。

北京民居建筑木构架属中国传统建筑形式中的抬梁式结构，即以横、纵向柱子组成的柱网为基础，每一纵向轴线为一榀梁架。每榀梁架构成为：前、后檐柱支撑大梁，大梁上设置瓜柱，瓜柱承托上部的二梁。如此类推，至最上层梁正中立脊瓜柱，上托脊檩。每榀梁架间以檩、板、枋拉结，再于檩与檩之间铺钉望板，布置飞椽与檐椽，承托瓦面，形成稳定的大木结构。此结构体系简洁成熟，为北京民居建筑的通用形式。为了满足建筑跨度较大的需要，构架中的柱与木梁选材比较粗大、宽厚，以利承受上部厚重的屋面。木构架构件截面以圆、方为主，出于对实用与美观的考虑，建筑中露明部分的构件大多经过细致的加工，柱与檩剖面为圆形，而梁、枋及各层瓜

柱截面为圆角方形。位于吊顶以上和完全被墙体包裹的不露明的木构件则可以简单加工，形状上并不要求完全的规整（图 5-2）。

北京民居木构架的特点之一，是采用了清代官式建筑的"举架"制度。它是中国传统建筑在不断的演进发展中形成的独特做法，梁架通过各步架坡度的变化来实现建筑屋面优美的曲线与挺拔的线条。所谓"举架"即指木构架相邻两檩中至中的垂直距离（举高）除以对应步架长度所得的系数，如"五举"即举高与步架之比为 0.5，"七

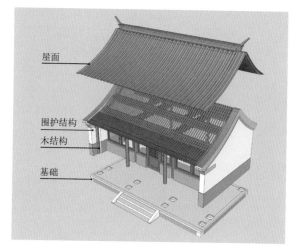

图 5-1　建筑四部分说明图

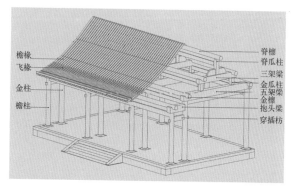

图 5-2a　抬梁式结构轴测图

图 5-2b　抬梁式结构实例

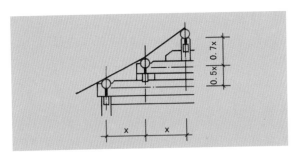

图 5-3a　五檩小式建筑常用举架

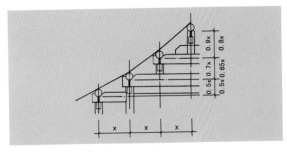

图 5-3b　七檩小式建筑常用举架

举"即举高与步架之比为 0.7。五檩建筑一般檐步为五举，脊步七举，最大不超过八五举。举架确定了屋面的高度与坡度，房屋进深越大、檩数越多，屋面也就越高、越陡，其屋面的总坡度基本在 31 ~ 34 度之间，以利于排水和外观造型的挺拔（图 5-3）。

2. 步架安排，随房而异

在抬梁式体系的建筑中，建筑规模与梁架层数间存在着密切联系，建筑进深越大，则需要的梁架层数越多，建筑屋面也随之越高耸陡峻。在北京传统民居中，出于实际使用的需要和等级象征的要求，院落中建筑的构架形式随建筑规模的改变而各不相同。

正房是院落中最主要的建筑，在规模较大的

四合院中，正房一般采用七檩前后廊的梁架形式，即在五架梁的基础上，在前后檐各增加一步檐廊。此时建筑进深方向为四排柱，总进深约为一丈六尺至两丈四尺，约合 5 ~ 7m。在较小型的四合院中，由于空间的限制，正房尺寸有所减小，因此取消了后廊，而采用六檩前出廊的构架形式，进深方向变为三排柱。

厢房位于正房两侧，当院落空间足够大时，常在房前设置檐廊，即采用六檩前出廊的梁架形式。虽然同样是进深三排柱，但由于厢房建筑体量需小于正房，因此其进深、开间与梁架所用木材的尺寸均比同形式构架的正房有所减小。小规模院落中的厢房受尺度限制不设前廊，建筑梁架为五檩无廊的梁架形式，进深为两排柱。

图 5-4　民居梁架分析图

倒座房与后罩房同样采用五檩无廊的构架形式，建筑尺度也与厢房基本相同（图5-4）。

耳房分为正房耳房与厢房耳房，多采用五檩无廊的构架形式。作为主体建筑的陪衬与附属，耳房的梁架尺度在居住建筑中最小。其中正房耳房的梁架尺度不仅小于正房，而且要小于厢房。厢房耳房的梁架尺度小于厢房，甚至建筑形式上也采用最简单的平板形式，屋面形式称为"盝顶"。

3. 空间构成，分隔灵活

北京民居建筑的平面布局由柱子排列所形成的柱网控制，每四根柱子围合为一"间"。"间"用来描述建筑面阔方向的尺度，如"面阔三间"，即面阔方向为四排立柱。院中的正房无论规模大小，面阔均为三间，这也是清代百姓人家所允许的最大面阔数。厢房、倒座房以及后罩房通常也为三间建筑或在较小的院落中，厢房亦可作两开

间，耳房为一间或两间，均视院落尺寸而定（图5-5）。

抬梁式木构架犹如现代建筑中的框架体系，建筑的承重结构由柱与梁组成，屋顶重量通过檩传递给梁，再由梁传递于立柱，最后通过立柱传递到基础。建筑的内部空间通敞开阔，可以自由分隔。这一构造的优势之一，便是在室内形成一个完全通敞的灵活空间，建筑内部可根据使用要求进行再划分（图5-6、图5-7）。在室内空间的划分中，北京民居常以"间"为单位，在进深方向的柱子间布置隔断，形成不同的功能分区。这些隔断均属于室内装修的范畴，包括了隔扇、花罩、博古架等多种类型。它们形式不同，产生的分隔效果也各有所长。隔扇由并排的数扇小木门组合而成。当门扇全部关闭时，犹如一面严密的隔墙，将所在的空间完全划分开。当隔扇门开启时，空间又得以贯通，"墙"的概念立刻不复存在，从而创造出北京民居室内分合自如的空间形式（图5-8）。花罩是室内分隔的另一种常见形式，它以不同形状的"框"设立于需要划分的位置，花罩内外空间既有明确划分又可相互贯通（图5-9）。博古架是将摆放古玩器物的格架设置于隔断位置，中间有门洞供人出入，博古架式隔断不仅可作为陈列古玩收藏而设，而且可分隔空间多用于收藏家和豪门富户家中（图5-10）。北京民居中各类隔断的使用，以其丰富的造型、多变的形式以及艺术化的处理，塑造了既有分隔、又互相沟通、虚实相映、分合自如的室内空间特性。

4. 榫卯结构，抗震性强

与砖石建造的建筑相比，北京民居所采用的榫卯结构具有更好的抗震性，这一特性来自于木材作为受力构件的使用，以及木构件之间特有的搭接构造方式。首先，选择木材作为主要建筑构件，虽然其坚硬度与耐久性远不如砖与石材，但因木材轻质高强，其抗震性能明显优于其他材料，因而地震产生的加速度在木建筑物上所产生的作

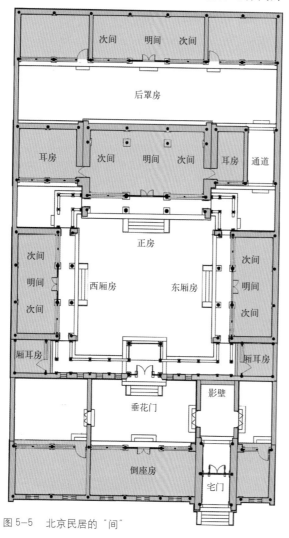

图5-5　北京民居的"间"

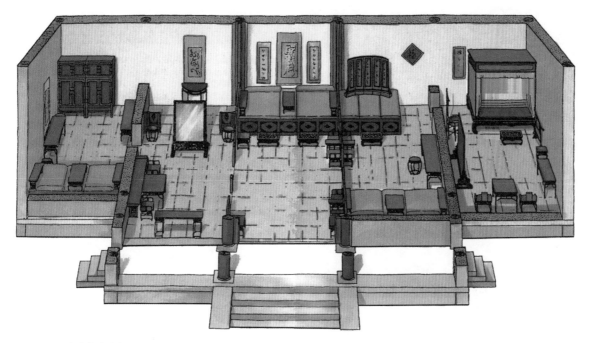

图 5-6 四合院室内空间分隔图

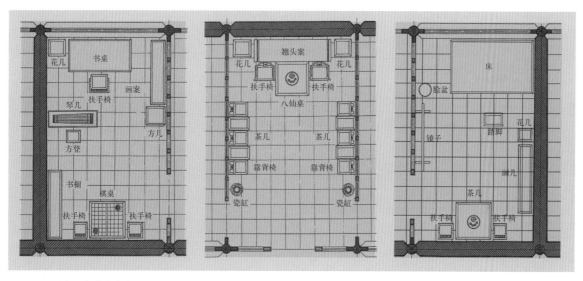

图 5-7 北京四合院室内布局图

图 5-8a 城区民居内的隔扇

图 5-8b 乡村民居内的隔扇

图5-9　花罩

图5-10　博古架

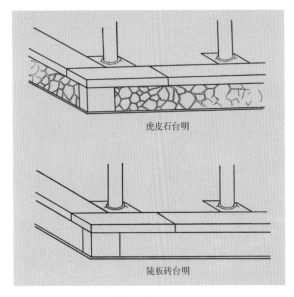

图5-11　虎皮石、陡板砖台明

用力相对较弱，造成的破坏相对较小。其次，木框架体系具有一定的抗震性。由柱网、纵向梁架，横向木枋以及榫卯连接成的框架体系具备较强的柔韧性，不论构件体量大小，其相互之间的拉结均以各种形式的榫卯完成，上下间的垒搭则多采用浮置的方式。这样，构件间具有了一定的可移动性与变形空间，从而使建筑结构的整体牢固，节点则具备一定的弹性，从而提高抗震力。

二、砖石为基，简洁坚固

基础是建筑最底层的结构部分，地面以上的可见部分包括台明、踏垛与柱础。基础的主要作用是为建筑提供稳固的建设平台，预防雨水、潮气对建筑本体的侵害。

1. 台明

在北京民居中，为了隔绝潮气，避免立柱遭受侵害，建筑均具有一定高度的台明，台明高度为1/5至1/7檐柱高，约占建筑总高度的1/14。

北京民居的台明构造简洁、规整。台明内部是砖砌的磉墩、拦土和填于拦土间的土方。外侧是陡板与压在其上方的阶条石，台明转角处立埋头石。常见的台明砌筑形式可分为砖石混合型台明和虎皮石台明，其区别在于陡板砌筑材料的不同。前者以条砖砌筑陡板，称为"陡板砖"，后者以天然石材碎拼的形式砌筑陡板部分（图5-11）。

为了突出建筑不同等级关系，同一院落中的不同建筑的台明高度各不同，高差通常以一步台阶的高度为基数。其中，正房、宅门、垂花门台明高于室外地坪3～5步，厢房台明高于室外地坪2～4步（图5-12）。为了保证院落中雨水的顺畅排放，每进院院落地坪又需高于前院地坪1～2步台阶。

2. 踏垛

北京民居建筑的踏垛为石质，主要分为两种形式，即垂带踏跺与如意石踏垛。垂带踏跺是在踏垛石两侧做"垂带"的形式，设置比较讲究，位于建筑明间正中的位置。合院中的正房、厢房、后罩房、宅门与垂花门前均采用此种踏垛。如意

图 5-12　台明高差实例

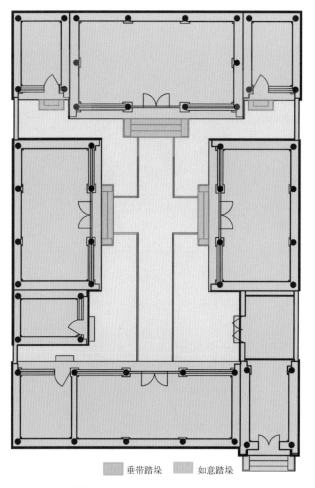

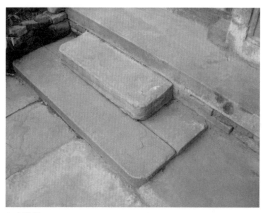

如意踏垛

垂带踏垛

　　█ 垂带踏垛　　　█ 如意踏垛

图 5-13　院落踏垛分析图

石踏垛则相对简单得多，踏垛不带垂带，每层踏垛石的外角都加工成弧形。这种踏垛三面均可上人，常用在耳房、倒座房以及游廊转角处（图5-13）。

3.柱顶石

柱顶石为方形，置于柱子之下，用以承受柱子传递到基础的重量。柱顶石下为砖砌的磉墩，埋于台明以内。台明以上可见柱顶石上突起的部分称为鼓镜。鼓镜造型十分简洁，圆柱下鼓镜为圆形，方柱下鼓镜为方形，鼓镜高度仅为檐柱柱径的1/5，虽然并不十分明显，但却可以对柱根起到防腐、隔潮的保护作用（图5-14）。

在京郊村落民居建筑中，台明、踏踩、柱顶石直接取于自然山石。其中墙腿石、石门墩，由不同的天然石雕刻花饰构成，如青石、紫石等，色彩斑斓，浑然天成（图5-15）。

三、围护结构，厚重保温

北京民居建筑的围护结构以砖墙为主，包括位于建筑两端的山墙、后身的后檐墙、前檐窗下的槛墙以及檐廊两侧的廊心墙。墙体的用料和砌法独具特色。北京有句谚语："北京城里有三宝……烂砖头垒墙墙不倒"，说的就是北京民居墙体的一大特色——以碎砖垒墙。北京百姓在建房时多利用整条砖加碎砖尖的方式，既可以废料利用，又可以节约费用。也就是在建筑的非关键部位常用碎砖头或半头砖砌筑。砌这种墙先用条砖砌出四角，中间用碎砖头与泥塞成，略向里缩，目的是要在碎砖与泥的外面罩上一层抗风雨雪的白灰膏，一则增加房屋的使用年限，二则美观大方，三则为了省工省料。

墙体的砌法讲究，灰色条砖砌筑的墙体，以卧砖十字缝的形式垒砌，并且有主细次糙的层次区分，主要建筑与次要建筑的墙体砌筑方式有粗细变化，同一建筑墙体不同部位亦有不同。院落中的主要建筑使用"干摆丝缝"的工艺做法，山墙与后檐墙的下碱、砖檐以及前檐槛墙均使用干摆的砌筑方法，墙体上身则采用丝缝做法，两种工艺做法稍有不同，但都属于精细的砌筑工艺，需要对每一块条砖进行砍磨，砌筑出的墙体砖与

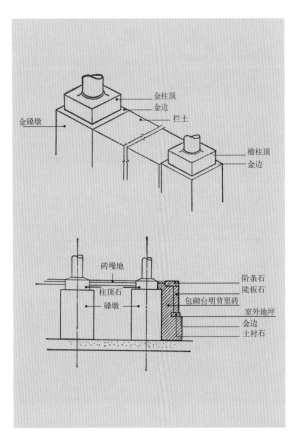

图5-14　柱顶石分析图

图5-15　村宅石作

砖之间灰缝细小平整，从外部几乎看不到灰浆。院落中的主要建筑与次要建筑之间或同一建筑的不同部分之间为了表现墙体砌筑层次变化与对比，常使用"淌白"的做法，增强墙体砖缝线条。青砖灰缝，虽然没有前面工艺严密，但仍强调对砖的加工，以求墙面平整。另外还有"糙砖砌筑"的工艺，此种做法既不对砖进行加工，也不强调灰缝的平直细腻，往往是宽大粗糙的砖缝使整个墙面显得简陋，这种做法仅用于简单院落中的附属用房，或是经济条件很差的院落中。不同的砌筑方式形成不同疏密的纹理，不论在整个院落中，还是在单体建筑中，都达到了突出重点、变化丰富的墙面效果。

1. 山墙

山墙是位于建筑两侧的围护墙体。北京民居属硬山式建筑，其山墙上部与前后两坡的屋面直接相交，并将建筑最外侧梁架包砌起来，使之不外露，从而起到保护外侧梁架的作用。

硬山建筑的山墙由上、中、下三部分构成。墙体最下层称为下碱，由条砖砌筑，高度约为墙身总高的 1/3。墙体中间部分称为上身，占墙身高度的 2/3，墙体上身厚度略薄于下碱，各面向

内退进约 0.5 ~ 1 厘米。山墙最上层近于三角形的部分称为山尖，其上端随屋面曲线仿木制博缝板拼砌方砖，称为博缝砖，博缝砖上即为屋面（图5-16）。山墙最具特色的部分体现在山墙两端檐柱以外的部分，称为"墀头"，俗称"腿子"。墀头同样分为三部分，分别是下碱、上身与盘头。

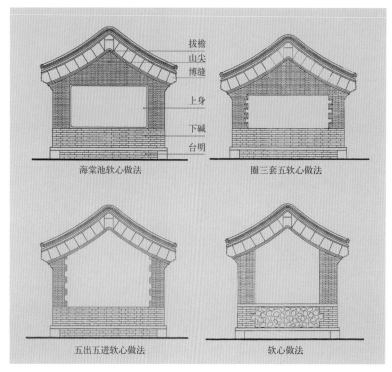

图 5-16　山墙各部位名称及做法

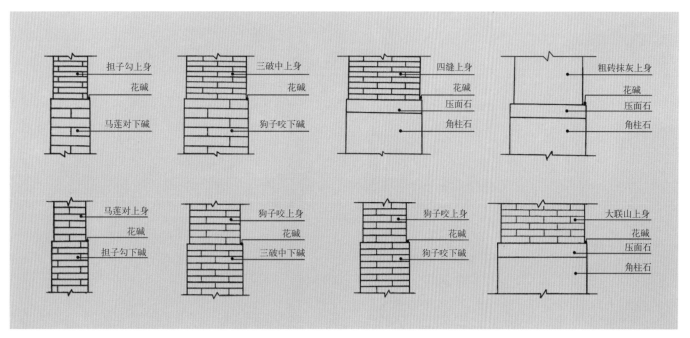

图 5-17　砖、石墀头下碱做法示意图

墀头的下碱可与山墙看面采用相同的材料砌筑，或可以墀头内侧石料砌筑。做石活下碱时，角柱石至檐柱间的墙面多用于摆或丝缝砖砌筑，砖墙与角柱石上置压面石（图5-17）。墀头上身做法与山墙看面上身做法相同。盘头是墀头的关键部分，它通过层层挑出的砖檐、挑檐石和戗檐砖完成了上身、博缝以及前后檐屋面间的过渡，并且丰富了檐下墙面的线条，具有极强的装饰效果（图5-18）。

2. 后檐墙

后檐墙体称为后檐墙。出于保护隐私、注重安全的需要，建筑的后檐大多以实墙砌筑。根据需要，墙面高处开较小的窗洞或完全不设窗（图5-19、图5-20）。后檐墙立面由下碱、上身与签尖或砖檐三部分组成，其中下碱与上身的用料及砌筑方法分别与山墙相一致。墙体最上层的做法有两种：一种是后檐檐檩、檐垫板、檐枋、椽子全部露明的做法，称为"露檐出"或"老檐出"（图5-21）。其后檐墙顶部为"签尖"，即砌一层拔檐砖并堆顶，签尖的最高处顶于檐枋下皮。另一种做法称为"封后檐"，即建筑后檐墙上端以层层挑出的砖檐直接顶于与后屋面檐口相交，椽子和檐檩、檐垫板、檐枋均包砌在墙檐内且后檐墙体两端没有墀头。封后檐的做法多用于民居中的临街建筑（图5-22、图5-23）。

3. 槛墙

槛墙是位于建筑前檐木窗下的墙体，为建筑

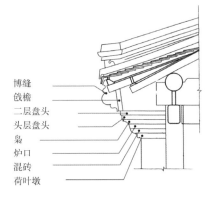

博缝
戗檐
二层盘头
头层盘头
枭
炉口
混砖
荷叶墩

博缝
戗檐
二层盘头
头层盘头
枭
炉口
混砖
荷叶墩

图 5-18　盘头

图 5-19　无窗后檐墙

图 5-20　有窗后檐墙

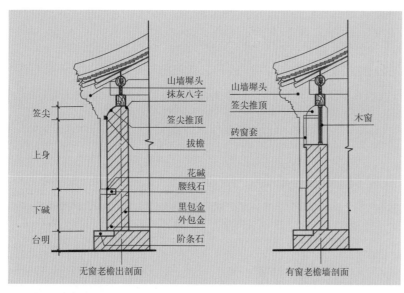

图 5-21 老檐出剖面

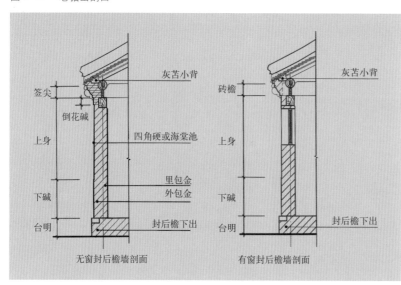

图 5-22 封后檐剖面

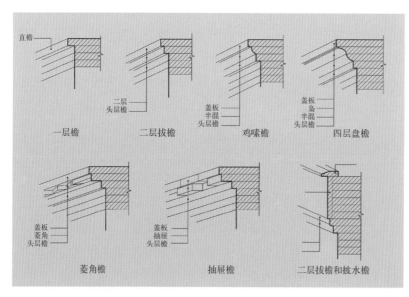

图 5-23a 砖檐做法

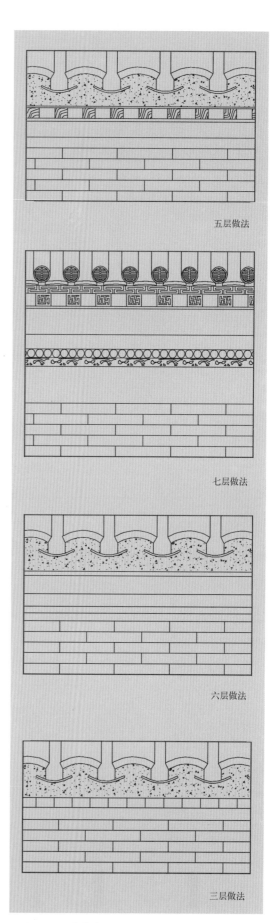

图 5-23b 后檐墙檐口做法

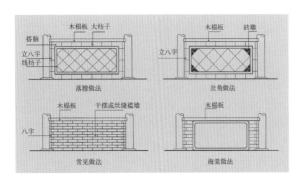

图 5-24a　槛墙做法

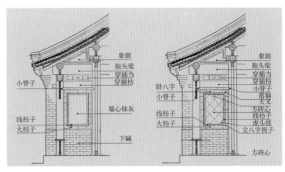

图 5-25a　廊心墙

图 5-24b　槛墙实例

图 5-25b　廊心墙实例

立面的组成部分。槛墙的高度需视槛窗的高度而定，通常在 0.9 米左右，槛墙厚度不小于柱径，墙与柱子交界处砍成八字柱门，使柱子部分暴露于墙体外部，既防潮防腐，又可呈现木结构特征。

槛墙的外墙面做法简洁，常采用磨砖对缝干摆墙体。讲究的做法是在外立面上砌海棠池子或做落膛，增加墙面的线条与凹凸层次，其做法及装饰级别多由建筑等级及宅主需求而定(图 5-24)。

4. 廊心墙

廊心墙是位于建筑山墙檐柱与金柱之间、穿插枋以下的墙体，用于四合院的金柱大门及带前廊的正房、厢房建筑中。廊心墙的立面分为下碱与上身两部分，下碱高度约占廊心墙总高度的 1/3 或者更低，其余部分则为上身（图 5-25）。

在有抄手游廊的院落中，檐廊与抄手游廊相通时，原廊心墙位置开辟门洞，门洞上方至穿插枋下皮之间为门头，这种做法称为"廊心筒子"。廊心筒子分为木制与砖砌两种，不论是哪种廊心筒子，其门头部分通常做一定装饰（图 5-26）。

四、弧线屋面，瓦脊组合

北京民居屋面的总体特征是厚重的灰泥背、弧线屋面和素雅的屋脊。其建筑的屋面采用灰背与泥背相组合，不仅保温隔热，防雨功能好，而

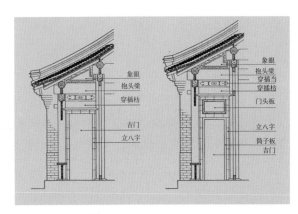

图 5-26a　廊心筒子

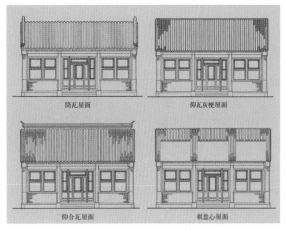

图 5-27　屋面形式分析图

图 5-26b　廊心筒子实例

图 5-28　筒瓦屋面

图 5-29　仰合瓦屋面

且通过灰泥背局部厚度的调整，使屋面瓦依曲线铺设，形成具有柔和曲线的硬山坡屋面。

常见的北京民居建筑屋面根据使用材料和工艺的不同，可分为五类，分别是筒瓦屋面、仰合瓦屋面、棋盘心屋面、仰瓦灰梗屋面和石板瓦屋面（图 5-27）。

1. 筒瓦屋面

筒瓦屋面是以弧形板瓦作为底瓦，半圆形筒瓦作盖瓦的屋面做法。筒瓦屋面多用在官式建筑中，在民居建筑中的应用多限于影壁、小型门楼、垂花门以及游廊上，并且仅限于最小的 10 号筒瓦（图 5-28）。

2. 仰合瓦屋面

仰合瓦屋面是北京民居建筑中使用最普遍的屋面形式。它全部使用板瓦作为底瓦和盖瓦，相邻瓦垄以一反一正的形式叠扣排列。位于檐口的最后一层板瓦为"花边瓦"，瓦头部分 90 度翘起。这一形式在起到排水、遮雨作用的同时，也具有良好的装饰性，使檐口处瓦面的收尾变得完整美观（图 5-29）。

图 5-30　棋盘心屋面

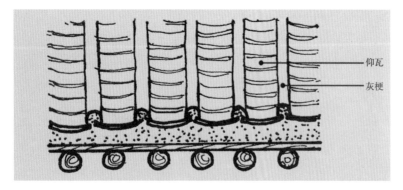

图 5-31　仰瓦灰梗屋面

图 5-32　石板瓦屋面

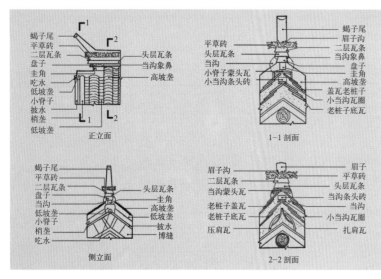

图 5-33a　清水脊

3.棋盘心屋面

棋盘心屋面是在北京村落民居中使用比较普遍的一种形式，因其造价相对低廉，在城区部分不很讲究的院落中也多有使用。棋盘心屋面可以看成是在仰合瓦屋面的基础上，将前后坡屋面中下部改作灰背或石板瓦的做法。不仅降低了造价，而且也减轻了屋面的重量，一定程度减小了木檩的荷载（图 5-30）。

4.仰瓦灰梗屋面

仰瓦灰梗屋面属于另一种比较简朴的屋面做法。外观上它与筒瓦屋面有所类似，但并不采用筒瓦作为盖瓦，而是在两垄底瓦垄之间用灰堆抹出上部为圆形的灰梗，代替盖瓦封堵住底瓦间的缝隙。由于灰梗难以像烧制的瓦件那样坚固耐用，且不够平滑匀称，因此采用仰瓦灰梗做法的屋面不论是在使用寿命，还是外观造型上，均无法与仰合瓦屋面相媲美（图 5-31）。

5.石板瓦屋面

石板瓦屋面是采用天然石板薄片作为屋面面层材料的工艺做法。其具体做法是使用规格基本相同的小块薄石片，以交错叠压的方式有序地铺于屋面表层。石板瓦屋面较多地使用于易于开采获得石材的山区地带，具有较强的田园风格（图 5-32）。

6.屋脊

屋脊是屋面的重要组成部分，其作用是掩盖瓦面转折处以免雨水渗漏。同时，可以用脊饰装点民居建筑屋面。在硬山式北京民居建筑中，屋脊包括位于屋面最上方的正脊和位于前后两坡屋面上的垂脊，它们外观朴素简洁，层次分明。根据不同的垒砌形式，正脊可分为清水脊、鞍子脊与合瓦过垄脊三种主要类型。垂脊则有披水排山脊和梢垄两种常见类型。

"清水脊"是北京民居正脊中工艺最复杂的一种，同时也最具地方特色。清水脊由半圆形侧面的当沟和三层梯形断面的砖条垒砌而成，主体线条平直，其最大特色在于正脊两端高高翘起的"蝎子尾"，角度在 30 度至 45 度之间。蝎子尾下

图 5-33b 清水脊

是布满雕刻的草砖，以及略施雕刻的盘子与圭角。清水脊主要用于院落的宅门、垂花门、影壁和倒座房的屋面，起到突出重点的作用。特别是在村落，清水脊应用很广，并有不同的形式和装饰加以处理，格外多彩（图5-33）。

鞍子脊与合瓦过垄脊都是仰合瓦屋面的常用做法，是北京民居中使用最多的屋脊形式，两者在外观上并无太大区别。这两种形式并不在屋面顶部砌筑高起的砖脊，而是使用特殊形状的瓦件盖于前后坡瓦垄交接处。它们所产生的效果更加强调了瓦垄的序列效果，以凹凸有序的天际线，塑造了自然简洁的仰合瓦屋面（图5-34、图5-35）。

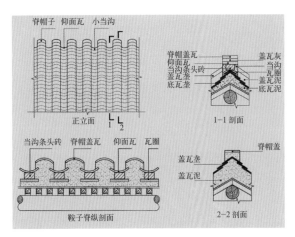

图 5-34 鞍子脊

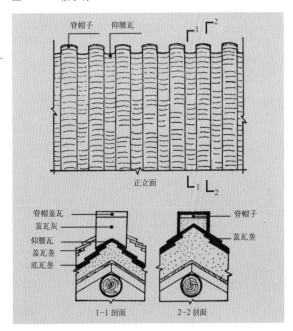

图 5-35 合瓦过垄脊

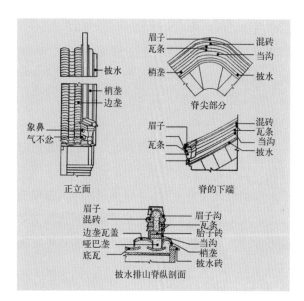

图 5-36　披水排山脊

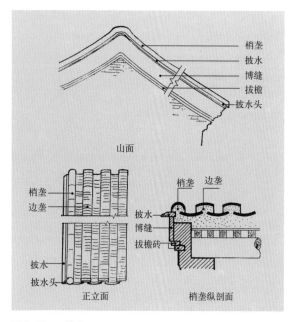

图 5-37a　梢垄

北京民居中最常见的垂脊为"披水排山脊"，位于屋面前后坡的两端边垄与梢垄之间。脊身由两层瓦条、一层混砖垒砌，上托眉子。脊身高而挺直，线条层次丰富。脊下部尾端以 45 度角向外折转，用"盘子"代替一层混砖与一层瓦条。顶端前后脊交接处以扁弧形过渡而无棱角。在使用披水排山脊形式的垂脊时，屋面正脊采用鞍子脊或合瓦过垄脊做法，过垄脊起伏有序的线条勾勒出建筑最高处的天际线，高高的垂脊则使屋面向山面外的伸展得到明确的束缚，并以其丰富的线条层次增加了屋面的精致感（图 5-36）。

"梢垄"是一种在屋面代替垂脊的简单做法，它是在屋面边垄底瓦和披水砖之间砌一垄筒瓦作为瓦垄序列的结束。梢垄的高度与盖瓦瓦面基本相同，只是材质与形状上稍有区别，因此视觉上并不具备真正垂脊所产生的强烈约束感（图5-37）。

五、地面铺装，规整多样

北京四合院室内外地面均采用铺砖的处理方式，由于使用中的不同要求，处于不同位置的地面铺砖形式各有不同。

1. 院落地面

北京四合院中的室外地面铺装分为散水、甬路、海墁地面几种类型。

散水是紧邻台明的地面铺装，宽度根据建筑出檐的远近确定。其主要作用是承接屋面雨水，保护建筑基础。甬路是连接各建筑的道路，多使

图 5-37b　梢垄

用方砖铺设，趟数为单数。北京四合院中的甬路以"十"字形连接于正房、倒座及左右厢房间，宽度一般为三趟或五趟。甬路与散水以外的地面如果全部采用地面铺墁则称为"海墁"。海墁地面可以采用方砖，也可采用条砖。当此部分地面不做铺地时，则种植草坪树木，形成院落中的天然小气候（图5-38、图5-39）。

2. 建筑地面

建筑地面包括廊内地面与室内地面两部分，常以方砖铺墁。由于它们位于建筑台明以上，受到雨水冲刷的几率较小，更换频率较低，因此在工艺做法上较院落地面更为讲究。

第二节　建筑装修与构造美学

中国传统建筑木装修专指建筑大木构架之外的门、窗、隔断、花罩、天花、吊顶等木制建筑结构，统称为"装修"，又称为"小木作"。木装修的主要功能是进行空间的分隔和满足使用需求。同时，木装修又被赋予了浓厚的艺术性处理，成为传统建筑重要的装饰元素。中国传统建筑木装修按照所设位置，可分为外檐装修和内檐装修两部分。

一、外檐装修，木构为主

外檐装修位于建筑的室外部分。在北京民居中的外檐装修主要包括：门、窗、倒挂楣子和栏杆。它们位于室外，易受风雨侵蚀，因此用材较为坚固、粗壮。主要包括：

1. 北京民居中的门

外檐装修中的门可分为街门、屏门、隔扇门与夹门四种类型。北京民居中的宅门即为街门，院落内分隔空间的门为屏门，而院内建筑的屋门则以隔扇门为主。

街门——主要构件包括门框、门扇及附属部分均为木板构造，其构造做法可分为棋盘大门及实榻大门两类。棋盘大门以框料作门架，内部填

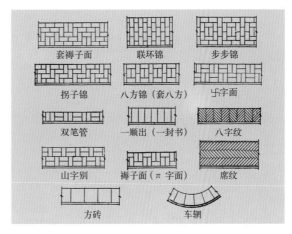

图5-38　散水砖排列形式

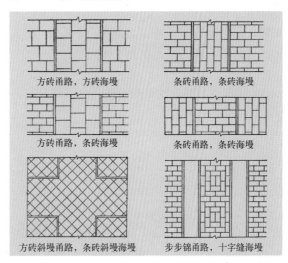

图5-39　甬路及海墁排列形式

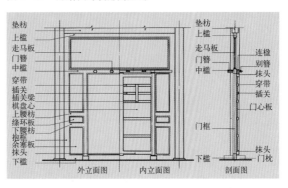

图5-40　如意门构造图

板构成，实榻大门则由厚木板拼接而成，横向以数根穿带连接加固。根据街门所依托的门楼形式的不同，街门的构造也有所不同。例如用于如意门、随墙门等小型宅门的街门，左右门框及上槛与门洞墙体直接相连，固定门轴的是上槛上的连楹和穿下槛而过的门枕石。连楹与上槛通过门簪锁合在一起。门簪外侧多为六边形出头，正面常雕刻花卉或"如意"二字作为装饰。由于门面较窄，

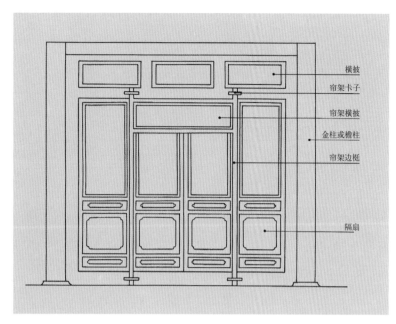

图 5-41　隔扇门构造图

横披
帘架卡子
帘架横披
金柱或檐柱
帘架边框

隔扇

图 5-42a　金柱位隔扇门

图 5-42b　檐柱位隔扇门

门簪通常设置两枚。门扇为对开的棋盘门，门扇正面光滑，背面露出门边、抹头、穿带等构件。两扇门扇外侧各设有一个叩门用的铜质"门钹"。由于门板下部最容易受到碰撞与损害，通常以铁皮包于门下，并出于美观的考虑，将铁皮剪成如意状，固定铁皮的小泡钉随之钉成如意图形（图 5-40）。

隔扇门——是分隔建筑室内外空间的木装修，通常用于比较讲究的建筑中。在正房、厢房等带前廊的建筑中，隔扇门安装于明间金柱位置，一樘四扇在不带前廊的建筑中，则安装在明间檐柱位置。隔扇门由槛框、门扇组成，当其位于金柱位置时，由于金枋下皮至地面高度较大，为限制门扇过高可能造成使用中的不便，则需另加设横披窗（图 5-41）。为了满足室内采光的需要，隔扇门上部安装隔扇心，它由细小的木质棂条拼嵌而成，既可采光又具装饰性（图 5-42）。

夹门——是用于规模较小的民居建筑上的门，如耳房、两开间的厢房等。夹门的位置依使用需要确定，仅占据某一开间的正中部分，两侧与槛墙、窗直接相连。门扇多为单扇，上部以木棂条组成的框心，满足室内采光需要（图 5-43）。

2. 北京民居中的窗

北京民居中常见的窗可分为支摘窗、什锦窗和牖窗三种类型。

支摘窗——位于建筑前檐装修位置，多与隔扇门结合使用，并在立面高度上相互呼应。支摘窗分为上下两段，上为支窗、下为摘窗。支窗做内外两层，外层为棂条窗，并通过糊纸或安装玻璃的方式堵塞棂条空隙，保证室内温度；内层做纱屉，天热时，可将外层窗支起，凭纱窗通风。此窗适应北京气候而广泛使用（图 5-44）。摘窗同样为内外两层。外层同样为棂条窗，内侧糊纸以遮蔽视线，晚上装起，白天摘下；内层做玻璃屉子，可保温采光。

牖窗——位于建筑后檐墙上，由于其多与院外街道相临，出于安全与隐私的考虑，通常设置在较高的位置，并且窗口面积较小。牖窗的构造比较简单，包括筒子口、边框和仔屉三部分（图 5-45）。

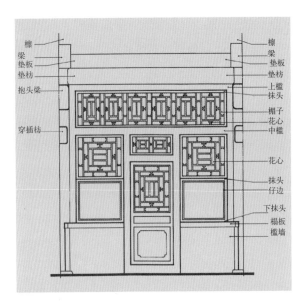

图 5-43a 夹门构造图

图 5-44b 支摘窗

图 5-43b 夹门

图 5-44c 支摘窗

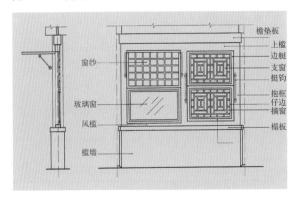

图 5-44a 支摘窗

图 5-45 牖窗

什锦窗——与牖窗构造基本相同，但在使用功能上两者完全不同。什锦窗是一种装饰性极强的窗式，在北京民居中，用于宅院讲究的垂花门两侧的看面墙上。什锦窗形状多样，常见的有五方形、六方形、寿桃形、套方形、扇面形等。窗洞内的边框随窗洞形状制作，框内或安棂条、玻璃屉子，或做成灯箱形式，即安装双层绘画题字的磨砂玻璃，玻璃间装灯。每逢灯光齐明，磨砂玻璃上的诗画经过

灯光的映衬，格外华丽精美（图5-46）。

楣子——是位于建筑檐柱间的外檐装修，根据位置的不同分为倒挂楣子和坐凳楣子。顾名思义，坐凳楣子与"坐"的功能联系紧密。它主要由坐凳面、边框、棂条等构件组成。坐凳面宽度与柱径相同，距地高度在0.5米至0.55米之间，凳面下部的棂条通常拼接成"步步锦"的图案形式（图5-47）。倒挂楣子应用于在正房、厢房的檐廊外侧和院中的抄手游廊，位于檐枋之下，其上的棂条拼接、木雕花牙子，都对建筑立面起到重要的装饰作用（图5-48）。

二、内檐装修，构件类多

内檐装修是位于建筑室内部分的木装修，根据功能的不同可分为两大类：分隔室内空间的木装修——包括碧纱橱、花罩和板壁，遮蔽顶部梁架的木装修——天花。

1. 碧纱橱

碧纱橱即位于室内的木槅扇，其构造与室外槅扇门基本相同，由槛框、槅扇和横陂等部分构成。碧纱橱安装于进深方向的柱网上，紧贴两侧立柱的是抱框，抱框间全部安装槅扇，槅扇可随意开启与闭合。槅扇两两一组，总数均为双数。

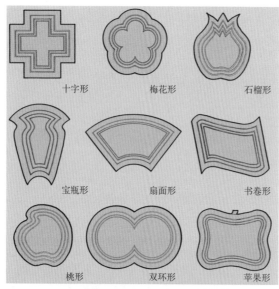

十字形　　梅花形　　石榴形

宝瓶形　　扇面形　　书卷形

桃形　　双环形　　苹果形

图5-46　什锦窗的形式

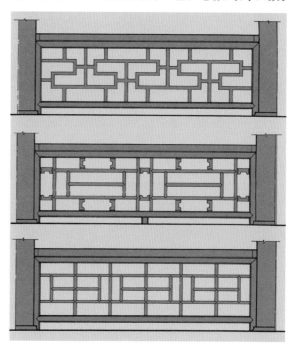

图5-47　坐凳楣子

槅扇上横向相距一定高差分别做中槛与上槛，之间为横陂。与室外槅扇门相比，碧纱橱的用材更讲究、工艺更精致，装饰性也更强（图5-49）。

2. 花罩

花罩是北京民居室内空间分隔手段中最具装饰性的木装修类型，它包括了几腿罩、落地罩、落地花罩等多种形式。几腿罩是各种花罩类型中最简单的形式，同时也是各种花罩类型的基础。从外观看，几腿罩有些类似尚未安装槅扇的碧纱橱。它由左右抱框、上下横槛、横槛间的横陂以及下层横槛下的花牙子组成，横陂单元的数量为

单数，通常为五当或三当。

落地罩——是在紧贴几腿罩左右抱框的位置各增加一扇固定的槅扇，槅扇上所用花纹与横陂相呼应（图5-50）。

图5-49b　碧纱橱

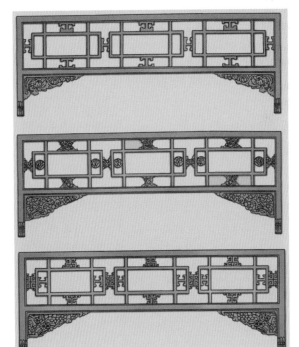

图5-48　倒挂楣子

图5-50a　落地罩

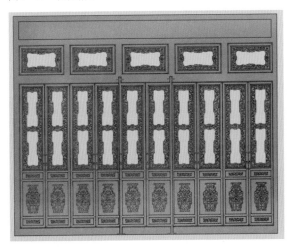

图5-49a　碧纱橱

图5-50b　落地罩

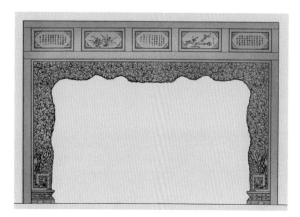

图 5-51a　落地花罩

图 5-51b　落地花罩

落地花罩——是在几腿罩基础上去除花牙子，左右抱框间安装通长的透雕花罩，花罩两侧下脚做须弥墩的形式。落地花罩在雕刻主题上丰富多样，花罩立面不分内外，都是立体的雕刻图案。罩内侧轮廓根据所雕图案的变化弯曲延伸，以曲线为主，左右对称。透雕工艺的应用以及造型的多样性，使落地花罩成为各类内檐装修中最华丽的部分（图 5-51）。

碧纱橱与落地罩都是应用非常灵活的内檐装修。在分隔空间时，槅扇全部打开的碧纱橱和各种形式的花罩都营造了一个既划分明确又相互沟通的室内空间。同时，碧纱橱与花罩在与大木构件连接时，均采用了易于拆卸的木销，可以随时拆卸移动，改变室内的空间构成。

3. 板壁

板壁即分隔室内空间的木板墙，它通常的布设位置是进深方向的木柱间。板壁的构造比较简单，主要由大框和木板构成。木板两面刨光，表面涂刷油漆。板壁所分隔的内外部分，在空间上不具有连通性，视线上同样完全隔绝。

4. 顶棚

顶棚是位于室内顶部的装修类型，通过顶棚的安装，可以限制室内高度，遮蔽梁架，从而起到保温、防尘和美化居室的作用。北京民居中的顶棚多使用平顶形式，具体做法分为两种。一种是用 1 寸左右的小木方做材料，拼成方格形的木架子，固定于梁架之下，木架子下皮进行面层裱糊。此种做法造价较高，用于讲究的高级住宅。

普通百姓住宅的顶棚架子多选用高粱秆绑扎而成，轻便实用。

顶棚的面层裱糊根据经济条件有所不同。较讲究的，以布打底，上附生宣纸，与室内陈设相结合，营造浓郁的书卷气息。比较经济的通常做法，是以高丽纸或成文纸打底，再裱糊生宣纸或大白纸。

第三节　村落民居的结构与装修特征

村落民居主要包括北京城区外围的平原、浅山及山区的村落建筑。区别于城区内的经济丰裕和城市氛围，北京的村落民居在适应自身发展要求的同时，形成了与城区民居不同的区域特色，体现了多元化的北京民居风貌。总体来说，村落民居的主要特点可归纳为：外貌朴实、用材自然、工艺灵活、形式多变。

一、构造简洁，因地制宜

与城区建筑相比，村落民居的院落布局方式更加多样化。村落民居的建造受到地形、经济等多种条件限制，其院落规模与建筑体量通常都要小于城区民居，构造也更加简洁。为了充分利用有限的空间，村落民居院落布局十分紧凑、小巧而不规则。正房和厢房很少使用前廊，以进一步减小建筑进深。对于院落来说十分重要的宅门，在村落民居中也相对建造简单，其中最常见的形

图 5-52a 村落民居宅门之一

图 5-52b 村落民居宅门之二

式是直接开在院墙上的随墙门，在城区使用较多的如意门，仅在村落民居中较讲究的院落中才会出现（图 5-52）。

二、就地取材，做法灵活

由于受到经济条件和运输能力的限制，村落民居中大量采用就地取材的选材方式，其中最常见的材料包括石块、石板、卵石、黄土等。除去与城区民居相同的标准做法外，村落民居中存在许多颇具乡土特色的地方做法。

1. 木构架

村落民居建筑中，结构体系与城区四合院建筑相似，但因地理条件和经济实力所限，建筑规模小。一般多采用小开间小进深 2～3 开间，进深多为 3～5 米的"小式木构架结构"。小的木构架仅三架，大的也不过五架。村中的大宅院与城区四合院相近。梁架所用木材比较随意，就地取得。除暴露在墙体外的立柱外，梁架用材在使用时通常仅进行简单加工，大多保持了木材原有的弯曲形状，构件主要满足使用需要而不特别强调形状的规矩（图 5-53）。

图 5-53a 村宅木结构之一

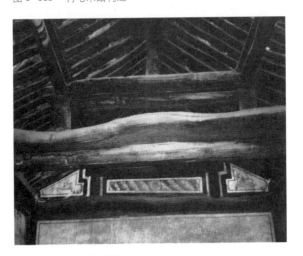

图 5-53b 村宅木结构之二

其次木结构搭接组合灵活，在抬梁式结构的基础上，横向拉结时并不完全遵守檩—垫（垫板）—枋的组合顺序，垫板常取消而将檩枋直接落在一起，甚至有的位置枋子也一同取消，只剩下檩横向拉结于各榀梁架之间。脊瓜柱上端两侧有的保留有类似"叉手"的做法，虽然早已没有了实际用途，但多用作装饰构建，形成了浓郁的地方特色（图5-54）。

在北京山地民居中，檐下的飞椽普遍被省略，檐檩上仅铺一层圆形截面的檐椽，这种做法已足够满足支撑屋面的需要，而不追求双重椽子在建筑檐部的装饰效果。

木构架结构中，因墙体不承重，使内部空间不受承重墙的分隔而受限，而是在灵活的空间中，以落地木隔断等灵活隔断的方式，分隔不同的使用空间。室内常设炕，起居室中设炉灶等等，体现了室内空间的多功能性（图5-55）。

2. 基础

村落民居建筑基础在用材与建造上都具有一定的特殊性。首先，基础多为全部石材垒砌。阶条石仍为整块的长条形石材，而陡板和埋头石则

图5-54　类似"叉手"的装饰构件

由不规则的石块砌筑。另外，很多位于山区的村落民居建筑基础砌筑高低不同。这主要是由于院落建在落差较大的山坡之上，为保证同一进院落中的建筑基本建在同一水平面上，部分建筑的基础或某一建筑基础的一部分需要垒砌相当的高度（图5-56）。

位于村落民居建筑台明前的踏跺，与标准四合院建筑的垂带踏跺和如意踏跺相比，工艺简单很多。不论正房还是厢房，踏跺仅由条石搭砌，踏跺两端不做垂带石，踏跺石两角随意而不做圆角处理。

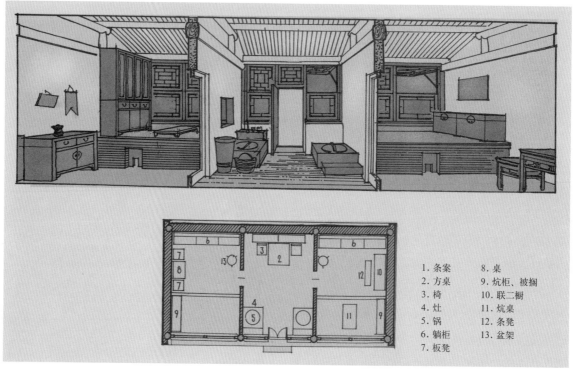

1. 条案	8. 桌
2. 方桌	9. 炕柜、被搁
3. 椅	10. 联二橱
4. 灶	11. 炕桌
5. 锅	12. 条凳
6. 躺柜	13. 盆架
7. 板凳	

图5-55　农宅中室内布局

3. 墙体

村落民居建筑墙体的砌筑可分为完全的石材墙体与砖石混合墙体。

完全以石块砌筑的墙体，不论山墙、槛墙还是后檐墙，从上到下都由形状不规则的石块垒砌。砌筑的工艺十分简易，上下层石块间尽量错缝摆放，每层石块间用灰塞满，外侧塞小石块，并敲实。全部石砌的墙体没有明显的上身与下碱之分，同样大小的石块和砌筑方式贯穿于墙体上下。在墙体的做法中，也常采取"腹里填馅"的做法，以土灰泥抹面或墙面抹青灰，勾缝（图5-57）。

砖石墙体的组合常见有以下几种方式：①两侧山墙前后四角砌成砖柱，其他部分墙体由石块垒砌；②山墙、后檐墙下碱及前檐槛墙为砖墙，山墙、后檐墙上身为石块砌筑；③山墙、后檐墙采用"五出五进"做法，墙心部分为石块垒砌，其他墙体均为砖墙（图5-58）。

图5-56　村落民居基础

图5-57a　全部石材墙体建筑（川底下）

图5-58a　部分石材墙体建筑之一

图5-58b　部分石材墙体建筑之二

图5-57b　全部石材墙体建筑（水峪村）

图 5-59　村落仰合瓦屋面

4. 屋面

在村落民居建筑中，仰合瓦屋面仍是使用最多的屋面形式。除此以外，板瓦是又一种大量使用的屋面材料。板瓦屋面的常见形式分为两种，一种是屋面全部采用板瓦叠铺的做法，另一种则是与石板瓦结合，采用棋盘心屋面的做法（图5-59、图5-60）。

在屋脊的使用上，与城区民居相比，披水排山脊使用较少，带蝎子尾的清水脊则使用更广泛。清水脊可以用于村落民居的正房、厢房、倒座房、门楼等建筑上，不使用清水脊的建筑则做简单的过垄脊和梢垄。村落建筑中的屋脊样式很多，讲究精美的装饰，提升了建筑的形象美（图5-61）。

图 5-60　村落石板瓦屋面

图 5-61a　村落建筑屋脊花饰

图 5-61b　层次分明的屋脊线

图 5-62a　碎石拼地

图 5-62b　方砖地面

图 5-63　村落建筑色彩

5. 地面

村落民居的院落地面铺装形式变化多样，除去规整的方砖地面，院落中还经常使用不规则石板进行铺装，铺装效果与虎皮墙立面相似（图5-62）。村落民居的室内地面做法与标准四合院室内地面相同，采用方砖铺墁，铺装工艺相对简单，砖缝稍宽。

三、装修朴素，色彩自然

与城区标准四合院相比，村落民居的外观显得朴实又富于变化。

村落民居建筑的朴实之感主要来自于建筑色彩的应用。从大木构架、木装修到建筑墙体，大面积地采用了材料的天然本色。首先，建筑所包含的木构件——包括立柱、梁架、室内外木装修——外层通常不做任何油饰，仅展示木材的原色。其次，在以天然石块砌筑墙体后，出于美观的考虑，通常在墙体外涂抹白灰或土灰泥面层。在整个村落中，木头的棕灰、石块的青黄、条砖的青灰、瓦面的深灰以及墙面的白，构成了一幅色调协调统一、明暗有序的乡村画面（图5-63）。

村落民居又是富于变化的，应用于村落民居中的门窗棂条形式、装饰题材以及装饰手法更加多样。以窗棂样式为例，方直棂、步步锦、灯笼框、套方、龟背锦等各种棂条拼接形式使用随意，并且自由组合，甚至有建筑立面一开间同时应用三种棂条形式的情况（图5-64）。另外，村落建筑中还存在许多城区建筑所没有的装饰形式，比如宅门一侧的佛龛、建筑山尖或转角墙面上的几何形白色装饰面等，突出了各宅的个性表现（图5-65、图5-66）。

图 5-64　棂条　　图 5-65　佛龛　　　　图 5-66　白色几何形装饰

第四节　民居建筑装饰艺术

一、装饰内容，丰富多彩

中国传统装饰题材丰富多彩，大至山水建筑，小到人物鸟虫可谓无所不包，同时又在风土人文差异影响下各有其侧重。北京地区建筑装饰题材的特点是大量应用象征富贵安泰、吉祥如意题材的图案，而与南方建筑相比较，较少蕴含教育意味的人物故事。北京民居装饰的题材内容可分为花草植被题材、动物题材、宗教题材、静物题材和文字题材五大类。

1. 花草植被题材

北京民居中使用的花草植被主要包括牡丹、梅花、兰花、菊花、荷花、栀子花、水仙花、松、竹、石榴、柿子等。由于此类题材易于构图、形态优美且富于表现力，在民居各个装饰部位应用最为广泛（图5-67）。

图5-67　花草题材

图5-68　动物题材

图5-69　博古图案

佛八宝

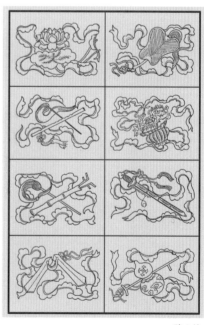

暗八仙

图5-70　宗教题材

2. 动物题材

狮子、猴子、蝙蝠、喜鹊、仙鹤、梅花鹿、麒麟、牛、马、松鼠都是常见的动物题材，其中狮子无疑是最受喜爱和造型最多样（图5-68）。

3. 静物题材

主要有文房四宝、花瓶、瓷器、玉石、青铜器件、果盘等内容，它们主要以"博古图"的形式展现（图5-69）。

4. 宗教题材

宗教题材的图案又可分为符号与人物两类，符号主要有盘长、字符、暗八仙（鱼鼓、宝剑、花篮、笊篱、葫芦、扇子、阴阳板、横笛），人物包括道教八仙、"福"、"禄"、"寿"三星、道教童子等（图5-70）。

5. 文字题材

以文字作为装饰题材是中国传统装饰中颇具特色的手法，它们可以是单字、一个词、一句话，也可以是一首诗或一副对联，或是以书法的美直接展现，又可以设计成变形文字以图案的形式反复使用。在北京民居中，常见的变形文字包括"福"、"禄"、"寿"、"喜"四字，最常见的变形为圆形。词和句的选择以期盼吉祥如意或体现文人气质、审美境界为主，根据装饰部位的不同确定字数的多少（图5-71）。

二、装饰主题，意蕴生动

从远古时代开始，我们的祖先就已在建筑中开始使用各种装饰图案。经历了数千年的发展，这些装饰图案不断丰富与完善，形成了中国传统建筑中极具民族特色的重要组成部分。丰富多彩的装饰图案图必有意、意必吉祥，在起到装饰作用的同时，更具教化与陶冶作用。不论是植物还是动物，在自然界广阔的生物范围中所以被作为装饰题材经常使用，是因为使用者对其主观地赋予了全新的精神内涵。而这种内涵的产生可以来自于本体自身的某些特质，亦可是本体名称中所蕴含的特定发音，以谐音表达象征意义（图5-72）。常用的象征性图案举例如表5-1所示。

常用的象征性图案表　　　　　　　　　　　表5-1

序号	类别	本体名称	特质	谐音	图例
1	动物	狮子	强大的力量，可以驱辟邪祟	"师"	少师太师
2		梅花鹿	长寿仙兽	"禄"	福禄双全
3		喜鹊	喜鸟	"喜"	喜上眉梢
4		大象	性情温和，象征太平盛世	"相"	太平有象
5		猴子	聪明伶俐	"侯"	马上封侯
6		羊	——	"祥"、"阳"	三阳开泰
7	植物	竹子	笔直有节，寓意君子美德		岁寒三友
8		松树	冬夏常青		——
9		梅花	香韵清高		——
10		牡丹	富贵		牡丹
11		石榴	多子多孙		石榴
12		佛教法器	平安祥和		佛八宝
13		佛教法物	吉祥如意		八吉祥
14	器物	博古架			
15		花瓶			
16		青铜器	书香门第		博古图
17		玉器			
18		文房四宝			
19	文字、符号	福	幸福、福气		团福
20		寿	长寿		团寿
21		卍	延绵不绝	——	万字不到头

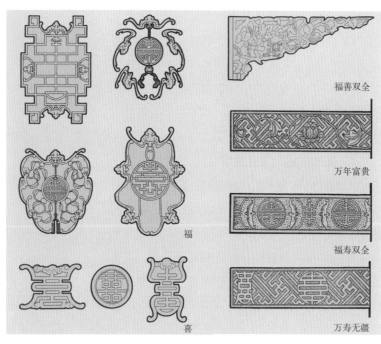

福善双全

万年富贵

福寿双全

万寿无疆

福

喜

图 5-71　福、寿、喜

麒麟卧松

鹿鹤同春

鹭鸶莲花

富贵满堂

炉瓶三式

炉瓶三式

图 5-72　象征性图案

三、装饰手法，种类多样

在北京民居建筑装饰艺术中，应用最多的艺术类别为砖雕、木雕和石雕，他们应用不同材料，以精湛的雕刻技艺，创造寓意深刻、形象生动、构图精美的艺术之作，置于建筑部件之处，成就了建筑艺术之美，抒发了居者情感、生活追求和理想的环境意蕴，也丰富了北京民居的文化魅力。

1. 砖雕艺术，精致绚美

砖雕是在青砖上雕刻出人物、山水、花卉等图案，是古建筑雕刻中很重要的一种艺术形式。主要用于装饰寺塔、墓室、房屋等建筑物的构件和墙面。由于青砖质地细腻、易于雕凿，因此在民居建筑的装饰中大量使用。雕刻工艺与题材的表现，有着明显的地域差异，如北京砖雕、苏派砖雕、陕西砖雕、徽州砖雕等各具特色（图 5-73）。

北京民居建筑所传承的北京砖雕，多采用浮雕、透雕和线刻的雕刻工艺，风格朴实、稳重，图案构成严谨饱满。与山西及大多南方民居砖雕不同，北京民居砖雕的题材以花卉、瑞兽为主，人物题材较少。

门头砖雕——装饰于北京民居中的砖雕多装饰于屋脊、檐头、墙面等醒目部位，其中最普遍、应用最多的便是宅门的门头部位。出于对门面的重视，即便是最朴素的院落，往往也会在宅门门头之上点缀一两处砖雕，作为对外的财富和艺术品位的展现。

在北京民居，宅门门头戗檐部分是砖雕重点部位之一。图案内容十分丰富。常在紧贴盘头下皮的墙身上作砖雕垫花，与上层戗檐砖雕呼应，更加华丽。垫花的形式主要有两种，花篮形垫花与倒三角形垫花，其艺术表现力不仅烘托富丽繁华气氛，更能增添喜庆气息（图 5-74）。

如意门的门楣是砖雕的又一装饰重点，也是北京四合院宅门装饰精华。它是在门洞上方安装砖挂落、冰盘檐、栏板、望柱部分，作不同程度的装饰。较朴素的仅利用门楣自身层次与线条的变化作为装饰手段，或在冰盘檐上装饰一、两层吉祥纹样，冰盘檐上方栏板与望柱保持素面。讲

图 5—73a　徽州砖雕

图 5—73b　北京砖雕

图 5—73c　苏派砖雕

图 5—73d　陕西砖雕

图 5—74　戗檐砖雕

究的，则在挂落、冰盘檐、栏板、望柱上满做砖雕。其中冰盘檐的各层为长形吉祥纹饰，挂檐板上则通常饰以同一题材，相互连续的几幅小图。四颗望柱的柱身以同一题材做不同图案，柱头图案则完全相同。栏板是大幅面砖雕的展示处，所刻图案的构图完整，最能体现主人的审美追求。门楣砖雕与两侧墀头墙砖雕相互结合，使宅门整个门头部分像盛装的华冠，可让过往行人驻足欣赏良久（图5-75）。

在最简朴的随墙门门头上亦不乏砖雕装饰。随墙门门楣上方的挂落板和冰盘檐都是可以设置砖雕的地方，但由于面积的局限与经济的考虑，此处的砖雕多为重复式的简单图案，艺术性通常与较大型的门楼逊色许多（图5-76）。

墙面砖雕——位于北京民居墙面上的砖雕主要集中在影壁墙、廊心墙与槛墙上。由于墙面面积开阔，砖雕装饰都在一个完整的平面中设计构图，因此整个墙面就像一幅砖雕装饰画，有设计巧妙的"画框"，有质地精良的"画纸"，更有蕴含深厚的精美"画面"。

"画框"即是一圈以青砖围砌的线枋子。影壁墙的线枋子位于由砖仿木结构拼砌的柱枋内侧，即影壁心的外圈线角。它的使用增加了影壁心的层次感。廊心墙与槛墙则分别是将廊心墙上身部分四周与槛墙四周用青砖围砌一圈大枋子，其内再砌一圈较窄的线枋，外圈大枋子突出于里圈线枋，层次分明。在非常讲究的建筑中，亦有在线枋子上继续装饰砖雕的做法，此时内圈线枋保持素面，虚实相映，十分精美。

"画纸"是线枋内搭载砖雕主体的底衬，它们通常是用灰色方砖以45度斜拼而成，采用磨砖对缝的工艺，缝隙极小，显得格外讲究与精致。

"画面"是位于墙心的砖雕图案。基本的构图是在四角部位设置三角形的岔角花，在中心设置中心花即所谓"中心四岔"。中心花大体呈菱形，并不填满墙心内的所有空间，而是随墙心长短高矮确定自身水平与垂直方向尺寸的比例，并与岔角花之间留出一定的空间。这样的布置，不但在加强装饰的同时使墙体不失稳重之感，也更好地突出了整个墙面所要表达的装饰主题（图5-77）。

"画面"的另一种做法是在线枋内雕刻文字，以象征对美满生活的期待，或体现主人对高雅情趣的追求。影壁上的文字通常是简单一个或几个字的吉辞，常见的如"福"、"平安"等（图5-78）。正房或厢房前廊上方门头板的砖雕文字，则多是表达某种让人向往的意境，比如"竹幽"、"兰媚"等。位于房屋前廊两侧的廊心墙墙心上，因面积充分，可以雕刻较多的文字，因此常装饰诗文雅句，使院落中顿显文人情趣（图5-79）。

什锦窗砖雕——北京四合院中的什锦窗对于厚重墙面的装饰效果极强，而什锦窗砖雕更是将各种造型的什锦窗轮廓进一步予以强调，并在已有的趣味性上增添了浓浓的艺术性。什锦窗砖雕位于什锦窗外侧墙面砖质贴脸上，厚度一般在4

图5-75　如意门门楣砖雕

图5-76　随墙门砖雕

图 5—77a　砖雕影壁

图 5—77b　砖雕影壁细部

图5-78　文字影壁

图5-79　门头板

寸左右，即12厘米左右。在砖质贴脸上或圈出面积呈一定规律的各种形状的池子，或连成一片，在其内进行雕刻。什锦窗红、绿色的木制窗框与外圈的灰色砖雕形成一明一暗、一简一繁、一轻一重的强烈对比，不得不让人感叹传统建筑匠人们的独具匠心（图5-80）。

透风——是北京民居墙面上常见的细小砖雕，它的实际功能是保证埋在墙体内部的木柱的通风。透风多位于墙体下部，每一个透风对应一处柱位，透风上做透雕，保证通风的同时又兼具了美观的效果。虽然面积不大，但是在墙体同一高度有序排列的砖雕透风给建筑平淡的墙身立面增添了几分精美（图5-81）。

图5-80a　采用什锦窗砖雕的看面墙

图5-80b　什锦窗砖雕

兰草　　　荷花莲花　　　牡丹　　　花鸟

图5-81　建筑立面的透风

太极图

牡丹图

万事如意

图 5-83　博缝头

图 5-82a　草盘子

图 5-82b　盘子

屋面砖雕——北京民居的屋面相对比较朴素，屋面上是大面积的素灰瓦片和素朴的屋脊线条，砖雕装饰仅出现在清水脊上的"草盘子"、垂脊下端的"盘子"和博缝末端的博缝砖上。"草盘子"与"盘子"的砖雕形式、内容比较固定，都是以花草为主题的扁长形砖雕（图 5-82）。简单的仅在尾端依原有弧线加少许线刻，复杂的则在博缝最后一块整砖上雕刻大面积浮雕，甚至连博缝砖侧面几厘米的厚度也精心雕凿。在影壁墙与各式门楼上，博缝头的砖雕实际将最精美的檐头部分装饰立体化，形成多个欣赏角度（图 5-83）。

2. 石雕艺术，粗犷圆润

雕刻艺术是中国传统建筑中应用历史悠久、分布广泛的艺术。以砖木为主体的北京传统民居建筑中石材的应用范围并不广泛，它们主要集中于建筑的基础部分，例如踏步及踏步两侧的垂带石、台明外沿的阶条石，虽然具备一定的看面面积，但却不作任何装饰，只是以材质最原始的纹理构成简洁稳重的基础部分。作为装饰艺术的构件，多为门墩、抱鼓石、上马石、角柱石等。

抱鼓石——在北京民居中所见石雕数量最多，也最具艺术性的，当属立于宅门门口两侧的抱鼓石。抱鼓石在不同地域的民居中都有使用，但却各具特色。徽州民居中的抱鼓石体量高大，

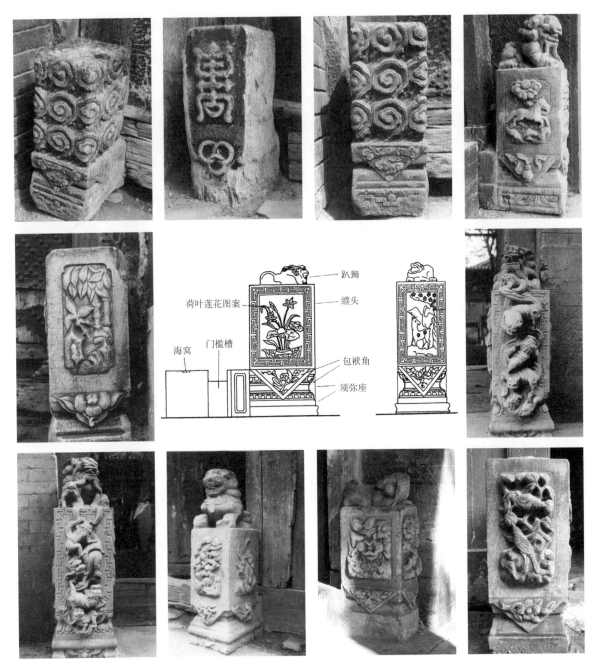

图 5-84　方抱鼓石

整体瘦薄，山西民居中的抱鼓石则形式多变，题材丰富。北京民居中的抱鼓石体量较小，形式多样，整体造型饱满厚重。

北京民居中的抱鼓石大体可分为两类：称为方鼓子的方形抱鼓石，和称为圆鼓子的圆形抱鼓石。其中方形抱鼓石体量稍小故略显单薄，常用于较小型的宅门前。其雕刻工艺粗细不同，简单些的在方墩三面刻花卉、如意等小型图案浮雕；讲究的不但浮雕图案繁复细腻，还在顶面安置造型复杂的石刻狮子（图 5-84）。圆形抱鼓石体量

更大，雕刻工艺也更加讲究，多为豪门大户所用。其整体造型分为圆鼓与须弥座上下两部分，各处花饰纹样多变，深浅浮雕穿插使用，整体装饰效果饱满华丽（图 5-85）。

泰山石——泰山石又称"石敢当"，属于驱邪避凶之物，在我国山东、河北、山西等北部地区广泛使用。在北京民居中，泰山石主要设置于宅院外墙正对街口的墙面上或房角正对街口处，传说可以镇住过强的"衢气"。泰山石一般高 90厘米左右，宽 180～220 厘米，上端刻成虎头形

兽面

大鼓
鼓子心
鼓钉

小鼓
荷叶
包袱角
须弥座

门槛槽
海窝

图 5-85 圆抱鼓石

图 5-86 泰山石敢当

状，下刻"泰山石敢当"五个字，也有简单的做法，仅在方形石或随行石上直接刻字（图 5-86）。

角柱石——是北京民居建筑墀头墙下碱所使用的整块石材，主要位于正房、厢房、门楼的正立面。在北京城区的四合院中，角柱石通常不做任何装饰，但在北京村落民居中，特别是院落的宅门上，却常是装饰的重点之一。角柱石的雕刻，主要集中在其正立面，采用线刻、浅浮雕、浮雕等形式。雕刻内容既有吉祥纹饰，也有寓意图案，更有简短的吉词祥句，像对联一样分刻在宅门左右（图 5-87）。

3. 木雕

木雕在北京传统民居中使用广泛，主要应用于建筑的内、外檐装修上。北京民居的大木构架几乎不做任何雕刻装饰，不论是立柱还是梁架，即便在室内露明，也依然保持朴素简洁的外观形式。

常见的木雕包括宅门的门簪和门联，垂花门的花罩、花板、垂柱头。

门簪——其雕刻部位位于门的正立面，雕刻题材以花卉、吉字为主。大型门楼的四颗门簪可以采用象征富庶吉祥的四季花卉——牡丹（春）、荷花（夏）、菊花（秋）、梅花（冬），也常雕刻团寿、"福"等文字。而仅有两颗门簪的小型门楼常以"平安"、"吉祥"为雕刻内容（图5-88）。

门联——是位于宅门门扇上的木雕装饰，常见于如意门、随墙门等小型宅门。它将每扇门的门心板上通过隐雕的方式，装饰具有美好寓意的文字，并且两两成对（图5-89）。

图5-87 角柱石

图5-88 各类门簪

花罩和花板是用于垂花门梁枋下的装饰构件,题材以四季花草、福寿绵长(寿桃枝叶和蝙蝠)、回纹、字纹较多。垂柱头是垂花门最具特色的部位,有圆柱头和方柱头两种形式。圆柱头通常雕刻成形似含苞待放的莲花形式,或者象征二十四节气的旋转纹路。方柱头四面做贴雕,雕刻内容以花卉为主(图5-90)。

北京民居室内的木雕更加精致,艺术性也更

图5-89　各类门联

强。主要附着于内檐装修之上，甚至本身便是装修构件。其中包括雕刻于各类隔断裙板、绦环板上的木雕，穿插于楞条间的木雕，几腿罩的花牙子以及各种形式花罩的透雕部分。精致的木雕艺术包括平雕、圆雕、透雕、贴雕和镶嵌多种雕刻手法。雕刻题材仍以花卉植物居多（图5-91）。

楞条——位于内外檐装修上的楞条，形式变化多样。它的使用以线条组合的形式打破了建筑

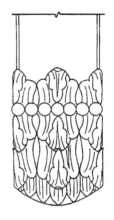

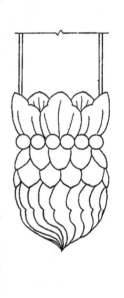

图5-90　垂花门（花罩、门板、垂柱头）

立面的平淡，同时创造了虚与实的强烈对比。北京民居中所设棂条造型简洁，图案以灯笼框和简单的直方棂最为常见，其装饰效果稳重简洁，与民居院落整体朴素大气的氛围十分协调。冰裂纹、长盘、万字不到头等棂条拼接形式各具审美，营造的气氛轻巧活泼（图5-92）。

4. 色彩

色彩的使用是传统建筑独特的审美特色。在

北京民居中，建筑的色彩主要来自建筑材料本身，以及依附在木构件上的油饰与彩画。

油饰——即通常所说的油漆，对于建筑木构件而言，它既可以起到保护作用，又有装饰效果。由于等级的限制，在北京民居中油饰所能使用的颜色受到严格限制。一般官员、平民住宅只能用较灰暗的红土烟子油或黑红相间、单一黑色的油饰，这些正好符合建筑色彩庶民采用"黝"与"黑"的等级要求。北京民居中也会使用高彩度的朱红颜色，但是非常有节制的，一般只用于建筑檐头的连檐瓦口、花门垫板及用来强调某些特殊部位的明暗对比。另外一种具有浓郁地方特点的做法是用黑色油（烟子油）与红色油（紫朱油或红土烟子油）相间装饰建筑构件，这种做法称为"黑红净"。例如椽望用红色油，下架柱框装修用黑色油；大门的槛框用黑色油，余塞板用红色油等。这种装饰可产生稳重朴素而富有生气的效果。

彩画——是中国传统建筑重要的装饰手段，它是运用各种艳丽的色彩在木构件表面进行绘画达到装饰效果的做法。由于等级制度的限制，彩画在民居中的应用并不十分广泛，一般多出现在宅门、垂花门和游廊中。

根据等级要求，民居中所使用的为苏式彩画，其内容丰富、形式活泼，具有较强的装饰性与寓意性。苏式彩画最早起源于苏杭一带，在明代随着江南工匠的大量征调传入北京。苏式彩画最具特色的是"包袱"部分，其中绘制各种体裁的图案，有博古、山水、人物故事等无所不包（图5-93）。

图 5-91　室内木雕

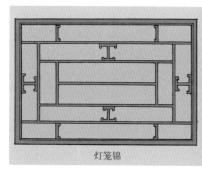

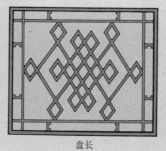
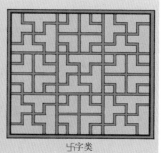

灯笼锦　　　　　　冰裂纹　　　　　　盘长　　　　　　卐字类

图 5-92　棂条图案

图 5-93　村落民居彩画

第六章　北京城区居住环境空间构成

人生于天地之间，处于社会之中，具有依赖自然而生的"自然属性"和置于社会群体而活的"社会属性"。作为人聚居生存活动的基本场所空间——"居住环境"正是由"人与自然"、"人与人"、"人与社会"和谐共生，有机构建而成。形成由自然生态、人工物质、精神文明三大体系组成的人居环境。

古都北京的居住文化中，不仅有闻名中外的北京四合院建筑，更有融于城市的绿色环境、功能完善、生活方便的物质环境和独有的帝都文化，传统的精神文明。三者有机同构成为中国封建帝都人居环境的杰作。它以帝都拥有的一种精神品质、完美的城市建设、充满活力的绿色环境，塑造了北京人民特有的生活境界。正如郁达夫曾有过的赞美："北京城典雅堂皇，幽闲清妙。"这正式对北京城市活力和人民生活与气质的评价。

古都北京的人居环境是城市内在生命力的体现，同样是北京古都城市建设的杰作。是北京民居文化研究的重要课题，也是本章着力研究的内容。

第一节　传统的环境理念与环境构成

一、传统环境观，天地人相生

中国传统的环境空间理念，源于扎根中华沃土的环境观、哲学观及价值观。

1."天人合一"、"崇尚自然"

宇宙万物是一个统一的整体，人生存于宇宙之中，一切活动均与天时、地利的自然变化有关。中国的宇宙哲学强调"有机"、"共生"，并以"天人合一"的观念，造就了中华民族崇尚自然的风尚。强调人与自然是有机的整体，"密不可分，共生相融"，创造天时、地利、人和的境界，这正是传统民居环境创造的追求和本质。

在传统民居环境创造中，多顺应自然，巧用地形，因地制宜，将建筑或村落嵌于自然环境之中。宋王希孟《千里江山图卷》，生动地描绘了古代融于自然的建筑与环境。图中有生长于山地的建筑，也有临水而建的村舍。这是一幅山、水、人相融相生的传统人居环境图（图6-1）。在唐代诗人孟浩然的《过故人庄》诗中以"绿树村边合，青山郭外斜"的诗句，描写了充满绿树，身居青山的山村景色。

北京民居环境空间的构建，延续着传统的"天人合一"观念，注重生态平衡。在城区的居住环境构成中，强调城区环境与周边山水亲近，修建人工河、湖，引水入城。强调街巷、胡同、合院栽种绿树、花果，营造天、地、人相融的绿色环境。在京郊村落民居环境空间构建中，强调生态平衡，顺应自然，节约土地资源。常培植风水林，保护绿林与水土，保持自然生态的永续活力（图6-2）。

2."以人为本"、"营建环境"

《黄帝宅经》云："夫宅者，乃阴阳之枢纽，人伦之轨模"。此论述从哲学意义上给居住环境与建筑以深刻的定义。以人为主体的居住环境与建筑，是处于天地之间、阴阳之气聚集交汇的场所，是天人合一、同构同生的空间模型，也是人类社会生活中独具人伦准则和社会关系的空间场所。因此，传统民居环境空间和建筑的构建，强调人为主体的思想和人性化的需求，以集中体现

图6-1　北宋《千里江山图卷》

图 6-2a　城区居住环境一

图 6-2b　城区居住环境二

图 6-2c　村居自然环境一

图 6-2d　村居自然环境二

图6-3a　城区人文空间一　　　　　　图6-3b　城区人文空间二

图6-4a　村落人文空间

图6-4b　乡村戏台

时代的政治、经济、哲学观念及文化，体现人的生理、心理的调和与节律，追求环境的人性化，创造天、地、人相融合的人居环境。北京城区的传统民居环境，以城市的道路、街市、寺庙、剧院等公共空间为依托，建造供人居住的各式房屋、生活居家的院落空间和绿荫下的邻里交往空间——街巷、胡同，创建了和谐的物质环境（图6-3）。北京城郊村落的民居环境则以一家一户的宅院为主体，以村落道路、戏台、广场、水井等公共活动空间，构建功能齐全，规模大小不一，充满人性化的田园式居住环境（图6-4）。

3."自然比德"、"伦理修身"

中国自古以来，在创造融于自然，宜于居家的生活环境的同时，极为重视环境精神的塑造，以强烈的精神感情及文化陶冶修身育人。早在两千多年前，哲学家孟子在《尽心篇》中论述："居移气，养移体，大哉居乎！"他将居住环境对人的气质造就与养人体格并论，主张养浩然之气，而成就崇高的人格。中国哲学注重人的主体性，建立以"生命"为中心的哲学思想，强调以"生命与道德"为核心，追求高度的人生智慧、精神生命、道德人品的发展，以实现人生理想。追求"天人合一"的理想境界，主张以人性（指人的创造智慧）与天道（指人与宇宙万物的感悟）两者相契合而实现人生价值。中国哲学中的道家和儒家两大派，均强调人与自然和谐相融的关系。以老子、庄子为代表的道家哲学，强调"人法地、地法天、天法道、道法自然"。崇尚自然，主张人与

图 6-5b 充满自然灵气的居住环境二

图 6-5a 充满自然灵气的居住环境一　　　　　图 6-5c 充满自然灵气的居住环境三

自然的和谐统一,追求天人合一的环境理想。以"道法自然"的环境美学观,强调以自然精神的象征,寓真、善、美的人生美德,陶冶人的情操与品德。以孔子、孟子为代表的儒家哲学,强调"德"和"仁"的理性精神。主张"知者乐水,仁者乐山;知者动,仁者静;知者乐,仁者寿"。指出对秀美壮丽的自然景色的观赏之乐与仁智悦心的感受相契合,以自然的人格化、道德化构建环境精神。因此,传统居住环境创造中,强调借自然山水之美寓道,树立"自然比德"、"伦理修身"的观念,构建与山水环境相融合的环境精神。在北京城的传统的居住环境营建中,常以周边山水为依托,营建内城湖水、园林等绿色环境。以自然之秀美与灵气,提升环境精神;以院落中种植果树、花卉、山石的精神象征,寓人格美德。塑造居住环境精神(图6-5)。　在京郊的村落多选址于山水之地,以自然山水的生机与景色,丰富村落环境意趣,构建充满生机与自然美的田园环境(图6-6)。

居住环境的营建,同样注重以"伦理"、"礼乐"修身的理念,以社会规范的"礼"与人的内在道德情感,构建环境的精神文明。这是中国人社会意识、修身养性、齐家的理想追求。在北京传统的民居环境塑造中,强调以"伦理"、"礼乐"文化为核心,构建居住环境的精神与文明;强调以院落为中心,以中轴线为脊,塑造长幼、尊卑的秩序和男女、内外有别的伦理精神,组织居住空间及居家活动中"礼"的秩序(图6-7)。在居住区环境构建中注重修建庙宇、宗祠建筑,以敬奉神灵和礼拜祖先;以修戏院、戏台组织民俗文化活动,提升环境文化品质(图6-8);以塑造建筑景观与富有寓意的装饰艺术,提升居住环境文化品位,达到"求美"、"养心"、"树德"、"育人"的精神境界。

中国传统的环境的"天人合一"、"伦理修身"等理念是传统民居环境建造之魂,它深深扎根于中华民族文化的沃土之中得到传承和弘扬。

图 6-6　山水田园环境

图 6-7a　合家欢——包饺子（盛锡珊先生绘）

图 6-8a　城中的白塔寺

图 6-7b　生活在合院中的人们

图 6-8b　城中的白云观

二、居住区环境，多元素构成

在人类生存环境中，"空间"是人类一切活动体系中的核心场所。它的形成与发展体现人在自然中的定位和对自然的认同；体现了人类社会中的经济、科技、文化等的互动与人的智慧与创造。因此，人居环境空间是人类生存、交往、生产、发展等活动的载体，是人、自然、社会等多元素、各层次组合的系统工程。其环境空间构成的内在机制与结构方式，是由自然生态、人工物质、精神文明三大环境空间体系有机组成。

在古代典籍所传的《宅经》中的"凡修宅次第法"章节，以人的身体各部分生动地比喻环境构成的关系。即"宅以形势为身体，以泉水为血脉，以土地为皮肉，以草木为毛发，以舍屋为衣服，以门户为冠带，若得如斯，是事伊雅，乃为上吉。"此段精辟的论述，将民居及其居住环境以拟人化的表达，形象地论述了居住环境的"生命"与"有机"的活力。生动地以人的身体、血脉、皮肉比喻居住环境的自然地形、地貌、水土、草木，以人的衣服、冠带比喻屋舍及物质环境。将环境创造比作衣服一般，随人的需求加以创造与变化。以"门户为冠带"象征宅主的身份和对环境品质的追求。同时，《宅经》也强调"人因宅而立、宅因人得存，人宅相扶，感通天地"的观念，深刻地阐述了人与居住环境相辅相成的辩证关系，描述了居住环境是由生态环境、物质环境、精神环境有机构建的整体系统。三者既有独立功能，各司其职，缺一不可，又是有机协同、和谐统一，形成一个完整的生命有机体。这正是传统居住环境创造所奉行的经典，也是现代人越来越重视和追求的理想。因此，在传统民居环境的有机整体中，强调珍惜土地资源，保护水源、山林，节约资源，保护生态环境，突出自然环境是人类赖以生存的载体地位；强调顺应自然，因地制宜和"以人为本"的理念，创造人性化的生存活动空间为主体的人工物质环境；强调以"山水之情"、"礼乐精神"创造富有文化层次的精神环境。三者有机结合形成的居住环境整体，成为人、自然、社会多元素、多层次组合的系统工程。

帝都——北京的城市环境建设，高度重视得天独厚的自然生态环境，讲究都城的规模、完善的设施和精神文明建设。在北京居住环境构建中，由于城区建设因用地规模大而集中，城址直接融于山水环境的条件受限。因此，北京城市环境建设既注重与周边山水环境的融合和城区种植林木、开人工河湖、堆积山丘、营造园林，更注重城中千家万户的四合院及胡同绿化，它有如绿色的细胞满布城区，以不同形式和方法塑造绿色环境，提升生态环境效应。在物质环境方面，基于北京是政治、经济、文化中心的地位，城市居住环境中的物质环境依托城市建设，道路体系、肌理、功能空间体系，构建完善的城市公共设施、方便的交通及城市商业、文化设施等公共空间，提升京城居住物质环境的综合效应。以坛庙、街巷中的庙宇、戏院、书市、市井文化及士文化，塑造城区的精神环境。综合形成生态、物质与精神三者有机同构的京城特有的居住环境体系（图6-9）。

京郊的村落居住环境，强调以基地的自然山水生态环境为依托，以村落的农业生产和农民为主体的社会、经济条件为支撑，遵照因地制宜的原则，顺应自然，开辟农田、修路、打水井、建住房、建庙宇、宗祠和戏台等等，构建设施齐全的人工物质空间与精神文化空间，综合营建融生态、物质、精神空间为一体的、有如一个小社会的田园式村居环境（图6-10）。

第二节　住区生态环境空间构成

一、人居京城里，亲近山和水

北京城选址于华北大平原的西北隅，太行山之北、燕山之西的交接处，三面环山，东南面海。在京城整体地理环境依托下，城区的建设集中在平原地区。城区的功能区划、街区布置、道路组织及密集的建筑群等各项城市建设相对集中，城区占地面积大，使北京城直接与周边的山水地理环境相连、相融的条件受限。因此，在金、元、明、清几代的京城建设中，充分发挥了北京大地丰饶的水源（河流、湖泊、泉溪等）和东、西、北环绕的青山等山水环境的生态效应，注重城市水系保护与拓展，注重堆山造园，培育城内的山水环境，塑造城市山水景观。

自元代始建都城，进行规划设计时，就对河、湖、渠道的建设十分重视。虽然北京周围有永定

图6-9a　北京城区民居环境一

图6-9b　北京城区民居环境二

图6-10　京郊村落居住环境

河、潮白河、拒马河等萦绕，但为保证京城充足的水源，水利专家郭守敬将发源于玉泉山的白孚泉水导入瓮山泊（今昆明湖）后，开水道一条，经和义门（今西直门）北水关流入海子（今积水潭、后海、什刹海）。海子的水从今地安门桥向东流出，顺皇城东墙外一直向南流至通惠河。另开有一条御用河道（即金水河），经宫苑、城区、护城河，汇入通惠河。这条河是昔日穿越北京城的主要水源，也是京城内外最美的风景线（图6-11）。在京城内有美妙绝伦的六海风景，即西海（今积水潭）、后海、前海（今什刹海）、北海、中海和南海景观（图6-12）。

根据《周礼·考工记》的建城原则，金、元、明、清各朝代都在高大的城墙下，修筑环绕的护城河（俗称筒子河），形成保护京城的防线，同时，也构建了碧水环绕京城的景象，使京城增添了无限风光（图6-13）。

京城里的水环境和堆山造园建设，提升了城市的绿色环境质量，不仅调节改善了城市的小气候和山水景观，更造就了北京人生活居住的绿

图6-11　河道与北京园林

图6-13a　清末朝阳门外护城河

图6-13b　民国初年德胜门外护城河

图6-12　美丽的京城六海

图6-13c　内城东南角及护城河

图6—14a　北海

图6—14b　后海夜色

图6—14c　什刹海冰场

色空间。人们在湖水中游泳、滑冰，在护城河捞鱼虾，尽情地亲近自然（图6-14）。在北京城内虽无高山大河，但西山美景映衬下的京城却格外俊美，给人以"人居京城里，远观西山景"的美妙感觉。例如，在湖水碧波荡漾，翠柳相映的什刹海地区，位于内城前海与后海交接的瓶口处的一座形似银锭的明代单孔石桥，名为银锭桥。因人站桥上可远观郊外西山景色而得美名"银锭观山"，并成为京城知名胜迹"燕京十六景"之一。据《日下旧闻考》记载："银锭桥……此城中水际看西山第一绝胜处也。桥东西背水，荷苡苏蒲，不掩沦漪之色。南望宫阙，北望琳宫碧落，西望城外千万峰，远体毕露，不似净业湖之逼且障也"。站在银锭桥头，面对西山那层峦叠嶂、郁郁葱葱的美景，西山红叶的秋景、银白色的雪景和碧水中的西山倒影，都有着近如可攀的情景感受。西山之景在今日的北京城仍能观赏，并成为北京人最爱的风景区。

在京城六海水系中，什刹海为后三海（即西海、后海、前海）的总称。其中前三海（即北海、中海、南海）自元代始均为各朝代的皇家禁地，平民百姓难以入内。唯有什刹海融于城市街区之中，成为京城最佳的绿色居住空间。居住在这里的北京人，享受着清澈的湖水，明媚的阳光，郁郁葱葱的绿树。在什刹海地区，夏日柳树成荫、荷花盛开，飘来阵阵清香，有如清代李静山《北京竹枝词》："柳塘莲蒲路迢迢，小憩浑然溽暑消。十里藕花香不断，晚风吹过步粮桥"所描述情景，那样生动迷人。拥有绿色环境的什刹海地区，也有烟袋斜街、什刹海岸的荷花市场，生活很方便，是京城最佳的宜居区。自元代始，就有许多官宦、文人、名流居住于此，明、清及近现代更聚集了许多王府、官宦、文人和百姓，成为京城不同阶层混居的地区之一。这里先后有过明代郭守敬、李东阳，清代奕䜣、张之洞及近现代汪精卫、鲁迅、宋庆龄、郭沫若等名人在此留下足迹，至今还遗存有诸多名人故居，有不同规格、不同形制的四合院和广化寺、汇通祠等多处寺观庙宇。什刹海地区是京城最具自然活力和人文精神的居住区，至今活力依旧（图6-15）。

图6-15a　后海水面

图6-15b　什刹海酒吧街

图6-15c　什刹海美景

二、胡同栽绿树，人在绿荫中

北京的城市肌理由密集的街巷、胡同组成。在内城，规划严谨的棋盘式街巷胡同整齐规矩，而外城街巷胡同，随地形变化灵活布局，紧紧联系着密集的四合院民居和千家万户。因此，北京人注重在街巷胡同中密植绿树，形成一条条绿荫道。胡同中的绿树与延伸出四合院墙头的古树花木交织形成特有的绿色空间。居住在街巷胡同中

图6-15d　银锭观山

图6-15e　什刹海传统的荷花市场（盛锡珊先生绘）

的人们，在绿荫中行走，邻里在绿荫下交流，下棋纳凉，接纳天地之气，成为老北京一道独特的风景线（图6-16）。

三、树在院中长，天地人交融

在北京的四合院中，不管院落大小，规格高低，家家喜种绿树花藤，引绿入院，亲近自然，

向往田园，创造一方属于自家的绿色环境。这也正是中国人崇尚自然，追求天人和谐相融的传统。正如郑板桥《竹石》中对庭院精彩的描述："一方天井，修竹数竿，石笋数尺，其地无多，而风中雨中有声，日中月中有影，诗中酒中有情，闲中闷中有伴，非唯我爱竹石，即竹石亦爱我。"此语生动有情地描述了院中绿化的意境，人与绿的亲和。在北京的四合院中，绿化的方式各异，各自塑造的意境不同，有庭院式、盆景式和花园式等。过去庭院式绿化以栽种海棠为最正规，常象征户主兄弟和睦。北京人也爱种植枣树、石榴、茉莉花、玉兰花和丁香等。在北京的四合院中，也采用盆景式的花卉、山石、鱼缸和鸟笼，以形态自然的绿色盆景和造型奇特的山石，点缀自然之景，以活跃的鸟与金鱼，营造出充满自然生气的居家环境。确实，在北京四合院民居的院落中，不仅有阳光雨露透过合院绿树花架洒入院中，更是春有花，夏有荫，秋有果，冬有雪，充满了四季的生机和人对生活在自然中的渴望与追求（图6-17）。它在北京的四合院民居中得到传承，直至今日，即使居住在拥挤不堪的大杂院，人们仍

图6-16a　胡同中的绿荫一

图6-16b　胡同中的绿荫二

图6-16c　胡同中的绿荫三

图6-16d　胡同中的绿荫四

图6-17b　绿色的民居院落二

图6-17a　绿色的民居院落一

图 6-18a　四合院中的花

图 6-18b　四合院中的树

图 6-18c　四合院中的果实

然保留绿树，种花养鸟，创造一方绿色环境（图 6-18）。

　　在北京四合院绿化中，最为讲究的是私家花园。北京是几朝帝都，皇亲国戚、官宦、富豪、名流的宅邸很多，讲究修建大小不一的花园，营建绿色环境。据文献记载，清代北京住宅中建园的宅院就达 114 个之多。清代康熙、乾隆二帝多次下江南，引江南园林的做法入京，建设皇家园囿，而南方驻京官员出于思乡之情，将江南园林的做法引入京城的花园式宅院，加以精心的营造，促进了花园式四合院的发展。在宅园中挖湖堆山，模仿自然，建假山、叠石、修水池小桥、建凉台游廊，种植花木养鱼鸟，将自然之"灵"与"美"凝聚在园中。正如诗人李渔诗曰"一花一石，位置得宜，主人神情已见乎此矣"。大小宁静和谐的花园式宅院，成为北京绿色居住环境中的亮点（图 6-19）。

　　北京四合院是城区组成环境的细胞，家家户户的院落都栽树养花，那一个个绿色的树冠，它

图 6-19a　宅中的花园一

图 6-19b　宅中的花园二

图 6—20　绿荫中的四合院民居

能净化空气，储存水分，提升绿色环境质量，改善居家环境。正如舒乙先生在他的《过去，也有可爱的》一文中写道："胡同里的四合院，处处有空，可以处处种树，当树冠蹿过房顶之后，由上面看下去，连成一片的是绿色的树海"。的确，这绿色的树海每时每刻都在净化着北京的城市环境（图6—20）。

四、房屋朝南建，迎纳东南风

　　从北京的地理环境看，冬天气候寒冷干燥，刮西北风，夏季炎热多雨，迎东南风；春季短暂多有风沙；秋季天高气爽。与江南、东北相比较，北京无酷暑严寒，气候宜人。建宅讲究建筑方位与朝向的优选，并以坐北朝南，建筑负阴抱阳的理想格局为吉，意在建筑负阴以抵御严冬的北风侵袭。面南向阳，接纳充足的日照和东南风，追求"藏风纳气"、"紫气东来"的吉向。因此，城区的四合院民居布局结合街坊格局，重视四合院

布局坐北朝南的朝向优选。以建筑物围合构成的四合院，房门向院开。房屋朝北的墙不开窗，以防风沙和西北风。院门讲究置于东南隅的"巽"位，以接纳东南风。北房地坪抬高建房，保证良好的通风与日照，享受夏季的凉爽。这正是北京传统四合院与自然协调的成功之处。但在北京城区中，也有因道路布置方向的变化而随之调整布局方位，特别是外城地区，四合院布置于南北向胡同或斜向、弧形等胡同中，其院落及院中房屋的朝向，也随之变化方位，不能保证坐北朝南的宅院，常根据情况采取措施加以调整，争取良好的日照与通风。

五、城墙阻风沙，胡同减噪声

　　北京历代皇帝均以修筑城墙和护城河，构建坚固的防卫体系。同时，城墙也成为有效防风沙的屏障。北京地区春季风沙严重，十分影响市民的出行和生活，北京人常以纱巾蒙面，以遮风沙。而高大的城墙也起到了阻挡风沙，改善居住、生

活条件的作用，以利于人们生活与出行。另一方面，密集的胡同，是北京人出入宅院，进入街区的必经之道，也是安静的居住宅院与闹市相联系的过渡空间。它有效隔离了城市街区、道路的喧闹，保证宅院内的安静与安全，提升了北京居住环境的品质。

第三节　住区物质空间环境构成

一、内城按规划，街巷布局整

在现今北京城址建都的是元代。元大都建城的总体规划是依据《周礼·考工记》王城图所记载式样，以南北中轴线为脊，采取"国中九经九纬，经涂九轨"的布局。全城共设南北、东西干道各九条，"九经九纬"的"棋盘式"道路网形成井然有序的城市肌理。并结合道路、街巷的布局，构建"里坊"为单位的居住区。奠定了北京城居住区划的基础，并在明清时代得以发展。

元、明、清各朝代的"里坊"是城市中的居住空间，采用开放的街巷布局建立居住环境，既与城市街巷空间相联系，又保持住区空间的安静。"里坊"式居住空间结构体现了北京城市居住区的"均质"观念和沿街巷密集性发展的特色。"里坊"不仅作为城市居住区及土地使用的基本单位，以控制城市土地使用量，也是管理组织居民的日常生活与增加邻里间亲和的交往场所。

京城的四合院民居，布置在规整的街巷、胡同之中，其中多数布置在两条胡同之间。胡同的间距（约为50步即77米）成为合院民居基地的进深尺寸。这样的基地进深尺寸，一般能布置一座三进四合院。为了保证四合院南北朝向的布局，在内城的四合院多布置于东西向街巷或东西向胡同之间的地段，常根据宅院大小和规模高低灵活处理。规模小的百姓宅院可在两条胡同间，前后布置两组宅院。形成规整而又富有变化的合院布局，构建随城区街巷肌理组织的密集型组团式居住环境（图6-21）。宅院大门在正规东西走向的胡同中开在东南隅，在南北走向的街巷中，宅院

大门开启的方向不尽统一。

二、外城随地形，街巷多变化

自明代嘉靖三十二年（1553年），为加强北京城防，在原有的南城墙以南扩大城圈，修建外城，形成凸字形城池，扩大外城建设。由于外城经济、文化的迅速发展和人口剧增，外城建设并无严格的规划。而是以尊奉"天人合一"的传统观念，顺应地形、河流等地理环境特征和政治、经济、文化发展的需要，灵活布置，构建了具有变化的街巷和胡同肌理。

北京外城地区处于古高粱河流域之内，由于古高粱河与永定河两河河水冲积，使该地区形成西北高，东南平缓倾斜，局部地区多坑洼的地貌特征。据《北京市崇文区地名志》记载，此地区最高点为海拔48.5米，位于该地区西北前门外肉市街、广和剧场南侧，最低点为32.8米，位于该地区东南部龙潭东湖，平均海拔为41米（图6-22）。

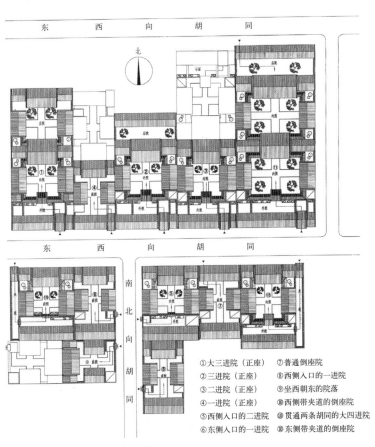

①大三进院（正座）　⑦普通倒座院
②三进院（正座）　⑧西侧入口的一进院
③二进院（正座）　⑨坐西朝东的院落
④一进院（正座）　⑩西侧带夹道的倒座院
⑤西侧入口的二进院　⑪贯通两条胡同的大四进院
⑥东侧入口的一进院　⑫东侧带夹道的倒座院

图6-21　内城宅院入口与朝向布置

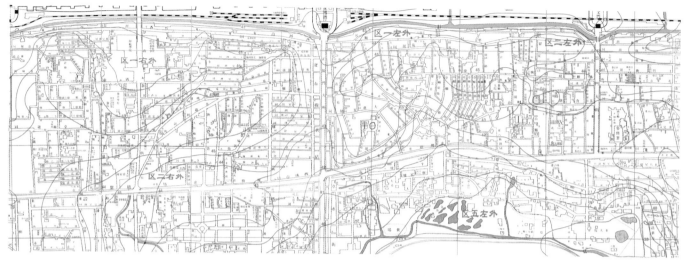

图 6-22　外城地形分析

图 6-23a　鲜鱼口地区平面形态

图 6-23b　鲜鱼口地区肌理

地区西北高、东南低的地形高低变化，开挖了三里河道，经金鱼池流入龙须沟。据清代《天府广记》记载："城南三里河至张家湾运河口，袤延六十余里，旧无河源，正统年间因修城壕，作坝蓄水，虑恐雨水多盈，故于正阳桥东南低洼处开通壕口，以泄其水，始有三里河名。"[1] 在桂萼《文襄集》中提到："正阳门外偏东，有古三里河一道，东有南泉寺，西有玉泉庵，今天坛北芦草园，草场九条，其地下着俱河身也。"基于外城地形变化及开河、修城壕、作坝蓄水之举，制约着外城的道路、街巷、胡同的布局，形成了顺应自然地形、因地制宜、灵活变化的弧形街巷及南北向胡同组成的肌理特征。在此地区有南北向的肉市街、南北孝顺胡同（今南、北晓顺胡同）、弧形的大蒋家胡同（今大江胡同）及长巷头条至四条胡同、东西斜向的冰窖胡同，也有垂直三里河有利排水的南北向胡同草厂头条至十条等多种走向的胡同格局，使外城街巷肌理呈现出不规则交错的网状结构特征（图 6-23）。

在前门大街以西的大栅栏地区是以斜街为主线的街区，因元大都北移，城池以金中都东北郊的琼华岛太宁宫为中心另建新城。但此时金中都旧坊仍旧存在，城内大悲阁等地段存留有"瓦楼"（剧场）及未毁的长春宫等。元代在毁掉的宫殿的位置新辟街市，并将旧中都内城划分为访古游玩的观赏区。据虞集《游长春宫诗序》所述："燕城里，唯独浮屠老子宫得又毁……京城民物日以

外城区内曾顺应地形特征开河泄洪，修城壕，筑坝蓄水，以防雨水多溢。

于明正统年间（公元 1436—1449 年），在前门大街以东的鲜鱼口地区修筑南护城河时，随该

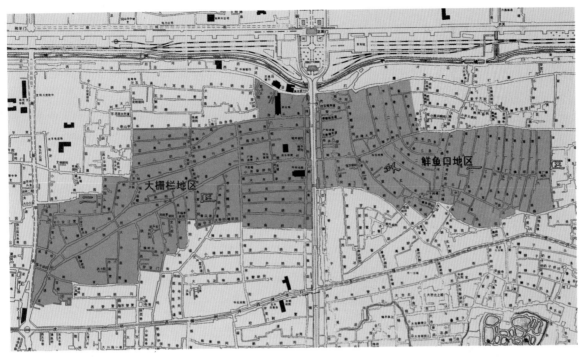

图 6-24　大栅栏地区与鲜鱼口地区肌理对比

图 6-25　前门大栅栏地区规划后鸟瞰

繁阜，而岁时游观尤以故城为盛。"因此，新旧城之间的居民往来不断，今日正阳门至虎坊桥以东的地区，成为人们往返出行活动的必经之地，逐渐形成了李铁拐（今铁树）、樱桃、杨梅竹、王广福（今棕树）等斜街，观音寺街（今大栅栏西街）及炭儿胡同、笤帚胡同、取灯胡同等多条街巷、胡同，并沿这些斜路建造店铺、宅舍而成为逐渐繁荣的斜街。明代建外城后，在这一带繁华的商业区的基础上，划出斜街与正阳门外大街之间的规整地段，规划成东西走向的平行街巷。这些街巷由官方统一建设铺房、宅院，招商租赁而称为廊坊（即今日的廊坊头条、二条、三条、四条组成的大栅栏街区），构建了以斜街为主体，东西走向的廊坊街巷组成的城市肌理特征。鲜鱼口地区和大栅栏地区城市肌理特征的形成，充分体现了外城城市肌理具有随地形变化和人为行走路线的铺垫自然生长的特色（图 6-24、图 6-25）。

外城特殊的城市肌理，限制着居住区的分布与空间形式。不仅如此，在外城多变的斜街、弧形及南北向胡同等组成的城市肌理中，街巷相交的组合形式多种多样。有"十字"形、"丁字"形道路交叉点和"三道口"、"四道口"、"五道口"等多条道路相交的结构形式。这些交会的路口，多为街区公共活动空间或地区道路交会点。在明代道路交叉路口均设有"交龙牌"以作标志。这些交会点成为城市及居住空间多变化的公共空间。

图 6-26　多种形式的街巷交叉点

图 6-27a　胡同与宅院相融

图 6-27b　街巷、胡同、宅院相连

　　不同的道路交叉形式，形成不同的空间形态。例如，"十字形"相交的路口，多为两条方向不同的街巷胡同，近似垂直相交的路口，此种路口多为通行空间，不利停留。例如：鲜鱼口街与南北向的肉市街、南北晓顺街、长巷头条至四条及草厂头条至九条垂直相交的节点形成了方形的住区空间。"丁字形"的路口节点多为主街与巷、胡同单向交会点，此种形式为三向相通的半封闭的街道空间，所形成的空间场所感比较强，利于构建街巷空间景观。例如，东西向的兴隆街与草厂头条至九条相交的"丁"字形节点。其分隔的街区空间方整，利用沿街建筑布置，形成双向街面。也有"三道口"、"四道口"、"五道口"等多条道路交会点，形成富有变化的街道空间。例如鲜鱼口街区中由得丰东巷、西巷三个方向交会组成三道口节点空间。由草厂二条、北芦草园、中芦草园组成的四道口节点空间及得丰西巷、大席胡同、青云胡同、南、北芦草园组成的五道口空间，形成居住区中的公共空间。外城前门大街以西的大栅栏街区以斜街为主街，在街巷、胡同组合的形式中，街道空间组合同样多彩。例如，樱桃斜街与钣子庙街及李铁拐斜街相交的三岔口街。樱桃斜街、李铁拐斜街与桐梓胡同、大外廊营街交叉组成的"四道口"、"五道口"交会点。其交会空间多为较大的公共空间以联系各条道路，形成街区空间特色。因此，外城的居住区随地区肌理、街道空间布局、地段的城市功能分布及聚居者的从业特征等因素，综合构建各具特色的居住区。如外城冰窖胡同居住区所在地，原为清代供宫城使用的冰窖所在地，从业人员多集中居住于此。又如位居前门大街西侧的廊坊头条至四条地区，结合商街功能多为经商者聚集区等，成为外城居住区构成与分布的特色（图 6-26）。

三、宅院顺街巷，组合形式多

　　外城的街巷、胡同、宅院空间形态及布局，遵循"因天时，就地利"的观念，顺应地区的地形变化，地区经济、文化发展和在此聚居者的需求，构建了外城多变化的城市肌理和规模大小、格局不同的街区，造就了街区空间灵活和宅院组合的多样性，形成"街巷"与"宅院"相连、融合，尺度亲切的空间形态（图6-27）。该地区的居住区布局及宅院组合随街巷、胡同肌理变化而灵活布置，宅院规格的大小不一，房屋朝向随街巷与

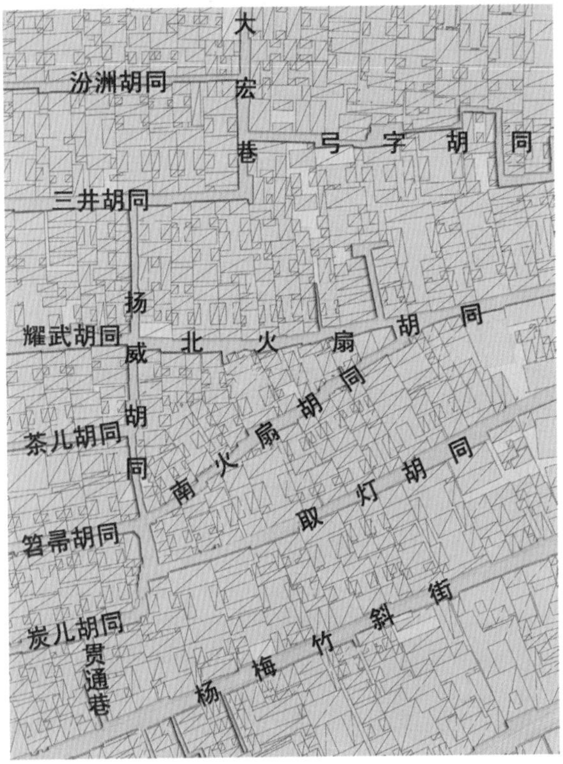

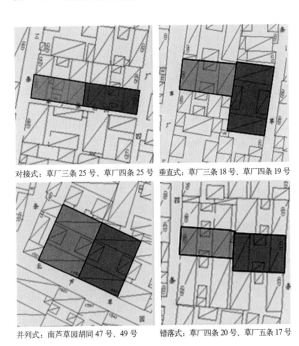

图6-28　大栅栏街区宅院分布图

胡同走向而变化。宅院组合置于街巷、胡同之中，形成"街"与"宅"相生的外城居住区特色。例如，大栅栏地区依托斜街形成的街区肌理，造就了沿街巷、胡同构建的居住空间，形成密集型、规模小巧的四合院居住区和高密度的宅院群（图6-28）。

又如，在鲜鱼口街区，高度集中的长巷头条至四条的居住区和草厂头条至九条居住区，多为百姓居住"一进至二进四合院"。合院密集，院院相连。合院随街巷、胡同肌理而建，不求院院都能坐北朝南，而是随街巷、胡同布置。在两条胡同之间，有两组合院以背靠背，对接形式组合，两院的宅门分别开向所在胡同。也有并列式组合，即两组合院面向同一胡同并排式组合；垂直式组合，即两组合院在胡同距离较小的基地条件下，采取垂直式组合及错落式组合；在斜向胡同处，多以错落式组合宅院，以适应用地条件的限制（图6-29）。

在外城，历史上多为平民百姓、艺人、工匠、小商贩聚居之地，因合院规模小，有小四合院，也常有三合院。大部分宅院的院落小，形成厢房压正房的布局。因此，宅院建筑朝向多变，形成外城四合院建筑的特色。也有因朝向的变化，东西布置的宅院，为争取日照和通风，常采取扩大

对接式：草厂三条25号、草厂四条25号　　垂直式：草厂三条18号、草厂四条19号

并列式：南芦草园胡同47号、49号　　错落式：草厂四条20号、草厂五条17号

图6-29a　草场地区院落组合形式

图6-29b　草厂地区密集的宅院

位居南、北的厢房为2至3开间，正房仅一开间的做法，以多争取向阳房间（图6-30）。

四、住区与街巷，相连又相依

北京四合院民居是京城环境组成体的细胞，街巷、胡同是联系居住区与城市环境的过渡空间，居住区与城市环境两者相融相生，同构城市。北京四合院建筑密布于城市的街巷、胡同之中，内城居住区按"棋盘式"的城市肌理布局，形成规整的"里坊式"住区；外城则随不规则的城市肌理灵活布局，形成组合自由的住区，两者各有特色。但京城四合院住区的共同点是：由街道划分居住区（元、明、清代称里坊），由巷、胡同划分宅院的组合地段，由宅院构成单体居住空间。

三者根据不同地段街、巷、胡同的布局特征，有机组合，共同形成住区空间，构建了由街巷、胡同、宅院组成的城市空间序列，成为居者由城市公共空间经街巷、胡同进入自家宅院的活动路线。在街区，方便人们购物、逛街、娱乐，在公园可供居者休闲、健身。城市完善的交通，方便人们出行。林荫覆盖的胡同是邻里交往，出入家门的必经之地。进入自家宅院，更是属于居者自己的生活空间，格外亲切情深。京城的居住环境与城市公共环境共融、共生，造就了人性化的居住空间（图6-31）。例如，内城的钟鼓楼地段，该地区中的居住区与多条商街（钟鼓楼大街、地安门内大街、地安门外大街等）相连组合而成。区内有繁华的钟鼓楼大街和地安门外大街；有与居住区相融合

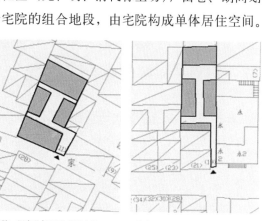

四合院：罗家井胡同11号四合院　　四合院：兴隆街19号四合院

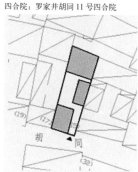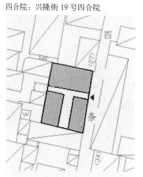

三合院：罗家井胡同15号三合院　　三合院：草厂四条29号三合院

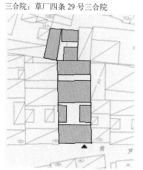

特殊院落：得丰西巷65号特殊院落　　跨院：南芦草原胡同7号跨院

图6-30　院落平面

图6-31a　宁静的智达胡同

图6-31b　亲和的邻里

图6-32a　烟袋斜街街景一（盛锡珊先生绘）

图6-32b　烟袋斜街街景二

图6-33a　1955年鲜鱼口街西口

图6-33b　前门大街老照片

的烟袋斜街，也有城市公共绿色空间——什刹海。规格不一的居住宅院，布置在东西向为主的胡同中，整齐排列，融于城市多功能的物质环境与社会环境之中，成为京城内生活方便的居住环境之一（图6-32）。

又如外城前门街区。该地区以前门大街为轴，由东侧鲜鱼口街区和西侧的大栅栏街区组成。自明代修外城，促进了前门地区经济文化的发展和人口剧增。特别是清代将汉人一律迁到外城和规定内城不得开设大型店铺、戏院、会馆等。汉人

与店铺、戏院等外迁，大大促进了前门地区的综合发展。此时该地区有繁华的前门大街、鲜鱼口街、大栅栏街和街区内的肉市街、珠宝街、兴隆街、廊坊头条、二条等等（图6-33）。有闻名京城的"全聚德"、"都一处"、"瑞蚨祥"、"月盛斋"等等（图6-34）。有昆曲进京兴建的"广和楼"、"天乐园"、"广德楼"、"大观楼"影剧院和琉璃厂文化街等等（图6-35）。有"茶楼"、"酒楼"、"澡堂子"和文化街、琉璃厂及各地会馆等等（图6-36）。更有南边的天坛、先农坛、陶然亭等绿

图 6-34a　天福号（盛锡珊先生绘）

图 6-34b　月盛斋（盛锡珊先生绘）

图 6-34d　内联升老店

图 6-34c　同仁堂

图 6-35　老北京人听戏

色空间，造就外城繁荣完善的居住环境。在这里有不同层次的人员汇集聚居在此：有高官、士人、名流，有当地老北京百姓，有汉人也有回、满等少数民族，都在此和谐生活。塑造了北京城中商街、戏院、庙宇、住区相融合的城市空间特征、老北京人独有的人文情趣和浓郁的市井文化。

图 6-36a　喝茶

图 6-36b　茶艺表演

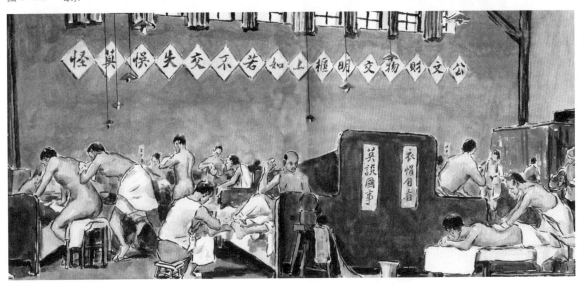

图 6-36c　洗澡（盛锡珊先生绘）

第四节　住区精神环境空间构成

北京作为帝都城市历史悠久，独具国家政治、经济、文化中心的地位，造就了京城多元文化、多民族聚居的特色，也造就了京城居住区丰富多彩的市井文化和多元文化交融的精神环境。

一、市与居相融，市井文化浓

北京城区居住环境置于城市多种功能的社会环境之中。内城居住区（坊）布局于街、巷之间，四合院直接与街巷相联系，出入方便。可上街市购物，可到戏院看戏，也可到公园休闲会友，遛鸟、下棋，形成充满生活情趣的居住环境。在外城，更是商区、街市密集，形成商业、休闲、文化、居住融为一体的多功能混合区。那热闹的街市里，生活方便多彩，而胡同里的四合院居家安静、舒适。特别是在外城前门一带，为京城繁华之区，不同层次人员汇集在此。有高官、士人、名流、富商，也有平民百姓，有当地老北京，也有各地来京的游子。有汉人也有回、满等少数民族等。高官富人和平民百姓、汉人和各民族等，各自都在此和谐生活自得其乐。北京人常去的地方是指"上前门"，在那里吃饭、购物、听戏等等。其中，高官、富人在这里，吃佳肴上酒楼，购珠宝、绸缎，听名角唱戏。百姓常在这里逛街、会友，上饭馆、茶座，品尝各色小吃，听相声、看杂耍等等，充满生活情趣。外城也有许多绿色的休闲公园，天

图 6-37a　皮影

图 6-37b　唱戏

图 6-37c　舞剑

图 6-37d　遛鸟

坛、龙潭湖、陶然亭公园等等，是北京人最爱的健身、养性的绿色环境。京城多元、多彩的生活环境，培育了老北京人生活讲究礼教，能玩好乐、讲理豁达、居家安乐的市井生活特征，形成北京独有的人文情趣和浓郁的市井文化（图 6-37）。

二、庙宇类型多，分布街巷中

北京古都是以汉文化为主体、多元文化相融合的文化体系。其中，庙宇文化多彩，它是精神环境构成的重要因素之一。在京城曾修建了大量

图 6-37e　听戏

图 6-37f　玩牌

图 6-37g　鸟与人

皇家佛寺、庙宇，建道观、伊斯兰教的寺院（称
为清真寺或礼拜寺）、天主教堂及礼制坛庙、孔庙、
帝王庙等等。北京现存的宗教建筑有几百座之多。
其中，建于城区内的有位于东城区，北京现存规
模最大的藏传佛教寺院雍和宫；位于西城区的北
京现存规模最大的道教建筑白云观；位于宣武区
牛街的伊斯兰教清真寺牛街礼拜寺；位于王府井
的天主教堂；位于安定门内国子监街的孔庙；位
于崇文区永定门内大街的天坛等等，都为皇家兴
建，用资丰厚，规模宏大，建筑精美，为京城官
员百姓各阶层共同进行宗教祭祀天地和祖先的场
所（图6-38）。这些宏伟的庙宇建筑不仅是京城
宗教信仰的职能建筑之一，更是融入社会生活中
的宗教文化景观。在北京的庙宇文化中，更为独
特的是北京置身于街巷、胡同居住区中的众多不
同类型的寺庙、宗祠、神祠、先贤祠等庙宇建筑，
它是京城百姓敬奉天地神仙、社会忠良和祭奠祖

图6-38c　雍和宫鸟瞰

图6-38a　牛街礼拜寺牌楼及望月楼

图6-38d　国子监辟雍

图6-38b　白云观牌楼

图6-38e　天坛祈年殿

先的活动场所。明、清时期京城处于建庙高峰，根据乾隆十五年（公元 1750 年）《京城全图》所标示的北京内外城寺庙有 1320 座之多。其中京城关帝庙有 116 座之多。另有观音庵、土地庙、火神庙、真武庙、三官庙等等，大部分建于街巷、胡同之中。据传，当时曾有"一街一寺，一巷一庙"的盛况。它体现了中华民族崇尚道德、讲究礼仪、崇拜地方神灵大于宗教信仰的传统，更体

图 6-39a 清末安定门大街周边庙宇分布图

图 6-39b 街巷中的寺庙

现了老北京人将庙宇文化融入城市居民社会生活中的特征。因此，庙宇成为老北京居住环境中独具"祭宗庙，追养也，祭天地，报往也"的人文情怀，塑造京城居住环境精神（图 6-39）。

百姓祭祀的神灵、圣贤多为社会忠良、英雄、祖先和各路神灵，其中以祭祀关帝的庙宇最盛。关帝庙中供奉的是三国时期著名的蜀汉大将关羽。他是享誉古今、声名远扬的集忠、孝、节、义于一身的英雄，为各朝代帝王所推崇，并被奉为"武圣人"之尊，与"文圣人"孔子并立。老北京的百姓尊奉关帝更是以"万能之神"般地顶礼膜拜。每年的阴历六月十四祭关帝之时，全城各行各业百姓大众妇孺老幼祭拜盛况成为京城的一道亮丽的文化景观。京城关帝庙分布最广、数量最多，仅前门鲜鱼口街区就有 3 座之多，其中包括德丰西巷关帝庙、鲜鱼口关帝庙、重兴关帝庙；宣武区的米市胡同关帝庙等等（图 6-40）。更有分布在街巷、胡同中的民间庙宇如火神庙、观音庵、真武庙、五道庙及宗祠等。在庙宇设置中，关帝庙、观音庙多设于小街或胡同尽头，火神庙则多设于仓储地。融于街巷中的各种类型的寺庙，是北京传统文化的一部分（图 6-41）。

北京庙宇不仅是沟通京城宗教文化与世俗文化的桥梁，而且位于街巷的寺庙，具有庙与街市相融的特色。庙会多与街市的商业活动相结合，

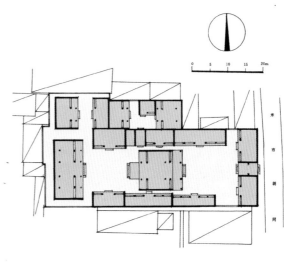

图 6-40 米市胡同关帝庙

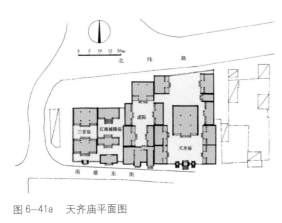

图6-41a　天齐庙平面图

图6-41b　火神庙平面图

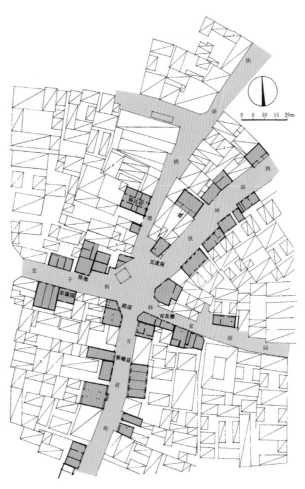

图6-41c　五道庙及周边商业建筑平面图

并融入老北京人的民间文化及风俗之中。因此，北京的大小庙宇，不仅为大众礼仪崇拜的神圣场所，提供香会及行会服务，同时也是京城进行集会、游乐、购物等民间经济及庙会等地方文化活动的场所，每逢佳节格外活跃。其中白云观等，是北京城最热闹、亲切、充满活力的街市、寺庙合一的市井文化。它提供了适合不同民族、不同身份的市民共享有的城市多功能文化活动空间，成为北京特有的城市市民文化广场，最具特色的老北京城市精神环境的文化景观（图6-42）。随着时代的发展，街巷中的寺庙、宗祠香火虽已杳然，但遗存依然可寻，特别是京味浓郁的庙会，延传至今，仍是京城最热闹的节日活动。

三、戏院会馆多，文化底蕴厚

　　"会馆文化"是京城特色文化之一。"会馆"最早兴起于明代，自明朝永乐十九年（公元1421年）迁都北京，确立了京城政治、经济、文化中心的地位，士人、举子、商人、手工业者、移民等各界人士云集京城，形成了客居人口的社会群体。在中国宗族、地域同乡凝聚为纽带的传统观念支撑下，以"会馆"的形式，建立了同业、同乡人士在客居地——京城的互动、联络、交流交谊的社会团体组织，形成了多种多样的会馆及独具特色的会馆文化。

　　京城会馆类型多种多样，按不同人群的地位、职业等组成。有官绅会馆（又称同乡会馆）、士人举子会馆、商业手工业者的行会会馆和移民会馆等等。不同行业、不同地区的会馆主体类型差异较大，文化特征鲜明。

　　京城会馆分布面广。自明代会馆兴起，其会馆分布于外城。因明代漕运发展，外地人员多由

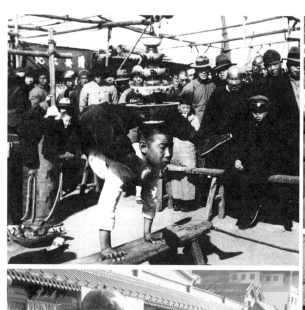

图 6-42　北京庙会

大运河赴京，因此，会馆多分布于东部。随着外城地区商业、文化的繁荣，人口聚集和居住区的扩展，明、清时代外城的会馆增多，分布密集。多集中分布在外城。其中士人会馆多集中于宣南地区，崇文东部地区多为商业会馆为主。会馆地域性特征强，它体现着不同地域商业和文化的发达。如山西经济发达，在京的会馆达 38 座之多。安徽南部、江苏、浙江、陕西等地区经济、文化都发达，在京会馆也多。因此在京城汇集了各地特色鲜明的丰富多彩的地域文化。不仅如此，更

值得关注的是宣南地区为历史上全国士人和汉人官宦最大的聚集地，特别是应试举子多聚于此，形成特色鲜明的士人文化。因此，"会馆"及各地游子汇聚于京城，成为京城城市社会结构的鲜明特色，也塑造了京城城市文化及人文环境，形成多地域层次的文化特色和城市精神文化空间。

京城"会馆"是旅京人士的聚居地，更是各地区同业、同乡认识与互动联谊的活动场所。在会馆中，按照各地民间传统风格祭祀活动联谊乡人。会馆中多设有各地敬奉的神位或祖宗祠堂，

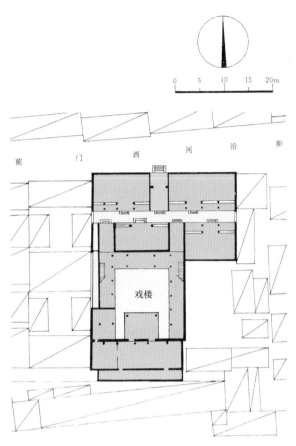

图6-43a 正乙祠平面图

图6-43b 正乙祠大门

祭奠神灵、先贤和祖宗。其中有全国各地商人、士人及各层次人士共同敬奉的神明，如关帝、文昌帝君等，也有因地区而异的地方神明和先贤，体现了会馆祭祀的多样性和地域文化的独特性，使会馆成为寓居京城的乡祠、家庙一般的祭祀中心。据《北京会馆档案史料》记载《岭南会馆记》中写道："夫会馆如家庙，先人垂创，祀产共瞻靡不毕具。"[2] 体现了会馆成为情系乡人的活动中心的价值。

京城会馆也是各地乡土文化中心，丰富着京城精神文化。在各地会馆内多设有戏楼，据《燕都杂咏》所述："外城有各省郡邑会馆，每年新春团拜、庆典、宴集、娱乐、戏曲演出，所以敦桑梓也"。[3] 如湖广会馆、安徽会馆等。使会馆成为京城多地域的多元文化聚集展示的公共空间，成为京城城市文明的特色之一。

例如位于外城西河沿的正乙祠（又名银号会馆），是京城为数不多的工商会馆之一，以供京师银号商人集会议事之用。在这里不仅是具有乡土文化、充满乡情的家，也是观看地方戏曲的文化舞台，也是乾隆时期徽班进京，京剧形成与发展的舞台，成为京城最具吸引力的文化艺术中心之一（图6-43）。

位于珠市口的"铁山寺"，为会馆内设庙与宗祠的实例。该馆建于明代正德年间(1506～1521年)。馆内供奉的是当年募捐维修三里河桥的铁山和尚，并请名人题写《重修三里河碑》，以赞扬铁山和尚的功德（图6-44）。布置于街巷、胡同之中的各地会馆，与北京的居住区结合在一起，多元的会馆文化，成为北京住区中独具地方特色的精神环境。

京城的戏园子、茶楼众多，是京城文化艺术的展示场所。其中外城前门地区戏院之多、密度之大都为京城仅有。这里不仅有建于明代的"查楼"（现今的广和剧场）、鲜鱼口的天乐园、大栅栏里的庆乐戏园、庆和戏园、三庆戏园、广德戏园等十几处，还有光绪三十三年（1907年）修建的北京第一所影院——大观楼，构建了京城以戏曲为主的文化中心。自乾隆五十五年（1790年）四大徽班进京，京剧盛行，在京城几乎天天开戏，日日连场，成为北京人所爱。北京城不仅培育了大批京剧名家，如梅兰芳、尚小云、程砚秋、荀慧生四大名旦和谭鑫培、马连良等一批京剧名家，而且京剧大大促进了京城文化的发展，而成为北京人所爱，构建了京城特色鲜明的文化环境（图6-45）。

四、胡同静又深，邻里情意重

在历史悠久，色彩斑斓的北京历史画卷中，

图6-44　铁山寺

图6-45a　大观楼正门

图6-45b　广德楼现状照片

图6-45c　广和楼一

图6-45d　广和楼二（盛锡珊先生绘）

胡同与四合院所蕴含的京味京韵文化，可谓是北京传统地域文化中最具地方特色的象征，是古都风貌中质朴、生动的都市风情。胡同是北京城市格局中街巷之间的小尺度巷道，它相当于南方城市中的"里弄"。"胡同"一词由来的说法有多种，一种说法认为古代已有胡同之词，此词写法为"腭撒"。明人张萱曰："京师人呼巷为腭撒，世以为俗字，不知《山海经》已有之：食器鸟可以止撒。"曹尔驷先生在《北京胡同丛谈》一文中提出："胡同"最早见于元曲，如关汉卿的《单刀会》中有"杀出一条血胡同来"的词句。以上观点，认为"胡同"一词古代已有。近代学者张青常教授等从语言学角度分析认为"胡同"二字源于蒙古语，意指"水井"，有井即有水，有水才有居民聚集之地。"胡同"一词于元代都城建设之中使用。元代建都北京的城市规划中，强调以街、巷、胡同整齐排列形成棋盘式的城市格局和交通网络。同时，也构成了城市居住的里坊边界，成为北京人生息、居住、活动的依托环境。因此"胡同"的概念不仅是北京城市的脉络，交通的衢路，街、巷、胡同的名称，胡同空间更是北京人从物质到精神，从自然到人文的生存载体。胡同里，北京人居住的四合院密集排列，鳞次栉比。虽然不同区位的各条胡同里居住者的层次不一，有王府、宅第、深宅大院，更多的是老百姓宅院。但"胡同"是北京人共同生息活动的场所，也是共同历经时代变迁，世事沧桑，冷暖人情，生死悲欢的历史舞台。各自的居住与人生的经历，都蕴涵着老北京人各自居住生活与人生经历的印记，更记载着北京城市演变与发展的历史。

1. 北京胡同，住区网络

北京的胡同历史悠久，早在辽、金时代已有街巷胡同（今宣武区还有几条遗存可寻）。元代在现北京城址建都时，城市街道整齐排列，并对大街、小街、胡同的宽度有严格规定，即大街宽24步（元代一步为五尺，一尺为0.3米，即一步为1.54米，因此街宽约为37米），小街宽12步（约合18.5米），胡同宽6步（约合9.3米）。胡同

以间距50步（约合77米）的距离，平行排列布置于两条南北走向的街道之中（图6-46）。形成排列整齐形如棋盘的格局。明清时代，胡同的布局与规模随城市道路的发展与变化而趋向灵活，特别是外城地区，街、巷、胡同灵活布局的肌理特征，使胡同的数量、布局及合院居住区规模、方位等都有所变化与发展。据明代张爵著《京雹五城坊巷腭撒集》一书记载：明代北京城大约有街巷胡同2077条，其中直接称为胡同的约有978条之多。据日本人田贞著《北京地名志》记载：民国时期北京大约有街巷胡同3200条之多。据《北京胡同研究》统计，1949年北京城老城区有大小胡同3250条，到2003年只剩下胡同1571条。

胡同是构成北京城市居住的网络骨架，北京的胡同有长有短，有宽有窄，有直有斜，有曲有弯，形态各异。但胡同尺度追求亲切宜人，以不同的胡同长度、宽度、走向及两侧四合院建筑高度、体量相适应的比例，构建平直、曲折、各有特色、尺度宜人的胡同空间。例如，最长的胡同在内城有与长安街平行的东交民巷、西交民巷（明代称东江米巷、西江米巷），长达6.5里。在外城有从前门至崇文门长达3里的"打磨厂街"。最短的胡同有桐梓胡同东口至樱桃胡同北口，仅

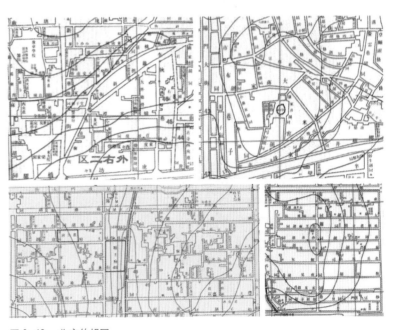

图6-46 北京的胡同

图 6-47a　胡同景色一（汪国瑜先生绘）

图 6-47b　胡同景色二（汪国瑜先生绘）

有十几米长，原叫一尺大街，也有大栅栏地区仅有 30 米长的"贯穿巷"。最窄的胡同有位于珠市口北，宽度仅 65 厘米的"高筱胡同"及东太平巷等，它是北京最窄胡同之一（现已拆）。北京城不同尺度的大小胡同构建了收放有序、胡同节点组合多变的空间体系和街、巷、胡同、合院层层递进的空间序列。街巷胡同纵横交错，紧密地联系着千家万户，成为京城居住空间的线型网络，构建了北京城庞大的居住体系，成为千家万户居住、生活的城市居住环境（图 6-47）。

2. 北京胡同，名称通俗

北京的胡同是四合院民居相连的通道，更是北京人进出自家宅院，联系街市的必经之道。胡同里没有街市的喧嚣，而是静谧亲切，富有生活情趣的住区公共空间，它蕴含着深厚的京味文化。仅就胡同的冠名就很朴实通俗。

北京的胡同名称丰富而形象，生动而通俗。

图 6-47c　东交民巷

图 6-47d　高筱胡同

图 6-47e　西打磨厂街

体现着北京人居住生活的情趣。在众多的胡同名称中，有的胡同以百姓生活的"油、盐、柴、米、酱、醋、茶"命名，既贴近生活，又生动通俗好记。例如，西城区的"油坊胡同"、海淀区的"盐店胡同"、东城区的"柴棒胡同"、宣武区的"米市胡同"、西城区的"酱坊胡同"、宣武区的"醋章胡同"、和"茶儿胡同"等，也有在前门地区的"肉市街"、"果子巷"等等。胡同的名称把人的生活与居住环境联系在一起，又亲切，又好记。有的胡同以地势、胡同走向命名：如崇文区的"长巷头条至五条"胡同，地形低洼处的"深沟胡同"，东城区的"九道弯胡同"，什刹海的"烟袋斜街"，"白米斜街"，宣武区的"樱桃斜街"，"铁树斜街"等以胡同名表示街的走向及地势特征。有的以物命名：如前门西的"珠宝市"、东城区的"帽儿胡同"、西城区的"绒线胡同"等。有的以功能命名：如前门地区的"打磨厂街"（以生产销售石磨等的街巷）、"冰窖胡同"（供应宫廷的冰窖所在），东城区的"箭厂胡同"等。有的以住家命名：如东城区的"王家园胡同"、"潘家坡胡同"，崇文区的"大蒋家胡同"（现为大江胡同），也有以颂扬道德命名的"南、北孝顺胡同"（今前门地区的南、北晓顺胡同），也有"安福胡同"、"吉祥胡同"等等，丰富多彩的胡同名称叙说着胡同功能特征、特色、居住者的社会背景及道德精神的追求，体现了老北京胡同的亲和性和朴实的京味文化精神（图6-48）。

3. 胡同深深，邻里相望

北京的胡同是北京人邻里交往的公共空间，更是京城邻里人文网络的构建中心，塑造了居住区的精神环境。在北京街、巷、胡同的居住体系中，虽然居住模式是以家族同居的四合院民居为主体，并以不同规格、不同规模、不同形制的大小四合院密布组成，其中有几世同堂、血脉相通、族人相依的深宅大院，有大量一家一户，独门独居的宅院，和少数几家合居的宅院，也有王府等特权阶层的大院。其居住宅院有规格高低、规模大小及形制的不同，但各家各户都有追求独门

独院，在城市的居住环境中有一方属于自家的天地——"合院"的需求，以体现"安居乐业"的传统价值观。正如敦煌《宅经》所说："宅者人之本，人者以宅为家。居若安，即家代昌盛；若不吉，即门族衰微。"描述了中国传统把安家建宅视为关系家代门族兴衰的根本，以求安家落户、安定安全、安乐平安的理想。但人具有聚群而居的社会属性，同样需要邻里交往的人文环境。古代思想家荀子说："人之生也，不能无群"，因此传统居住环境追求居住者邻里与共，相扶相助，和谐愉悦。聚居在京城的千家万户，以胡同空间为住区的公共交往空间。居住在胡同里的人们常聚在宅院门前的胡同里，交流邻里之情。老人们在一起谈古说今，议京城趣事，或乘凉下棋，孩子们在这里游戏（图6-49）。在胡同中也有小贩串胡同叫卖各种物品。有叫卖烧饼、驴打滚，也有叫卖冰糖葫芦、金橘儿；有吆喝磨剪子嘞，锵菜刀！也有拨浪鼓响，卖针线、香粉、小百货的。这些

图6-48a　鲜鱼口街

图6-48b　长巷二条

图6-48c　西兴隆街

图6-48d　南芦草园胡同

图6-49a　拜年（盛锡珊先生绘）　　图6-49b　灯笼（盛锡珊先生绘）

图6-49c　胡同邻里

图6-50　胡同里的交响曲

富有节奏感和音乐性的叫卖声，字正腔圆，曲调优美。走街串巷的市声文化，唱响胡同里的家家户户，成为京城的一道风景——胡同里的京腔京韵交响曲（图6-50）。北京的胡同也是各家的红白喜事进出之地，而情系邻里。在胡同里充满邻里之情，中国有句老话"远亲不如近邻"，这是追求邻里相亲的传统，更是北京人的风尚。不管时代变迁，世事沧桑，人情悲欢，邻里都同在，相助相扶，同福同乐。多少能人志士从这里走出，成为时代的精英。北京胡同是北京城情系邻里的人文空间，是历史文化发展的舞台，城市珍贵的记忆。正如民间诗的赞誉："纷纷纭纭胡同名，密密麻麻布京城。一部古都演变史，自然人文皆关情。"

五、环境景观美，精神意蕴浓

中国传统的城市景观文化，是城市文化组成部分之一。它以形象、意境、精神构建城市环境意蕴，以艺术的表现力塑造城市形象，以景观文化丰富城市居住环境精神。

古都北京历史悠久，城市景观多彩，从城市整体环境到居住区环境景观的塑造，追求纳自然山水的灵气和人文的精神情怀于城市环境空间的意境之中，呈现出多彩的山水之景、精致的街巷牌楼等节点景观、流畅的胡同线形景观、和成片的四合院景象，构建了京城独特亮丽的风貌。

1. 燕京八景，景美意浓

在北京城市环境建设中，历代都强调与城市周边的山与河流相融合，注重城市与周围山水风光的呼应与融合。它以中国传统的城市景观构成法，纳山水之美和人文佳景于城市空间意蕴之中，以寓意深刻，诗一般的命题、组景，形成具有中国山水之美和诗情画意的景观，创造宜居的山水城市。著名的"燕京八景"就是京城具有历史文化价值的城市景观，也是北京人居住生活环境中的美景。自宋、元以来，在史志书中都曾有过北京地区"八景"的记载。虽"八景"的名目在各朝代有不同的称谓，但对景色的区位和特色都有记载。现在所指的"燕京八景"称谓主要为清代所称，即"居庸叠翠"、"金台夕照"、"玉泉垂虹"、"琼岛春荫"、"太液秋风"、"蓟门烟树"、"西山晴雪"、"卢沟晓月"。自然风光形成的"燕京八景"，其景观美丽奇特，极受各朝代帝王、文人、大众的喜爱和珍视。其中：

"琼岛春荫"——在京城北海公园内，白塔山的东麓，倚晴楼南，山上常有云气浮空，变化莫测而得景名。

"居庸叠翠"——古代所称的"居庸关"包括八达岭、南口和关城三个部分。这里地势险峻，断崖如万仞，群山峥嵘，草木葱绿，为历来兵家必争之地，在这里留下了许多历史记忆，是京城最为壮观的历史之景之一。乾隆皇帝御制燕京八景诗——居庸叠翠："居庸天险列峰连，万里金汤固九边。雄峻莫夸三峡险，崎岖疑是五丁穿。岗拖千岭浮佳气，日上群峰吐紫烟。盛世祉今无战伐，投戈戍卒艺山田。"该景为京城绝佳的，最为壮观的历史景观之一，深受历代重视。并誉"居庸叠翠"为"燕京八景"之首。

"太液秋风"——为今中南海（原名太液池）东岸万善门旁，北海桥之南，在水中的景亭"水云榭"中立有景碑。并刻有乾隆皇帝亲题："太液秋风"四字。

"西山晴雪"——景中的西山是指北京西郊连绵山脉的总称（属太行山的一支余脉），香山是这一带典型的山峰。因此，乾隆皇帝将"西山晴雪"碑立于香山山腰处。西山四季景色皆美，各臻其妙。春季西山青山翠绿，鸟语花香。夏季西山晴云碧树，云雾飘渺。秋季西山满山红叶，层林尽染。尤有冬季西山，白雪皑皑，银装素裹，格外优美。直至今日，该景区中风景和那一年一度的香山红叶都是北京最亮丽的风景。为北京人最珍惜、喜爱的景区。

"卢沟晓月"——为桥、水、人相交融的景色。卢沟即永定河，古代京西南交通要津。公元1192年（金明昌三年）在此建成"广利桥"。桥长266米，宽9米，为十一拱券门石桥。桥上有华表四处，

桥的两端各设有汉白玉碑亭一座。桥西亭内的康熙皇帝所书的"察永定诗"碑与桥东乾隆皇帝亲笔所书"卢沟晓月"碑遥望相对。卢沟桥的景色有桥的壮观精美、永定河水滚滚、晨曦、斜月中的西山美景，格外妩媚诱人。不仅如此，卢沟桥是引发中国抗日战争的第一纪念地，是京城特殊的历史风景（图6-51）。

"金台夕照"——此景据《日下旧闻考·形胜》记载："昔燕昭王尊郭隗，筑官而师事之，置千金于台上，以延天下士，遂以得名。其后金人慕其好贤之名，亦建此台，今在旧城内。"清乾隆十六年（公元1751年）立"金台夕照"碑于朝阳门外关东店苗家地教场，而留下历史的记忆。

"玉泉垂虹"——为玉泉山（位居万寿山之西）山中的泉水之美景。山泉其味甘冽，泉水喷涌而出，有如七色彩虹。正如乾隆皇帝御制燕京八景诗——玉泉垂虹所描述："涌湍千丈落垂虹，风卷银涛一望中。……"是京城自然风光的又一景。

"蓟门烟树"——此景在清代乾隆帝寻访古迹，指元代大都西墙残门为蓟门。并于乾隆十六年（公元1751年）立碑于此，为后人怀古之情。据《日下旧闻考·形胜》描述："蓟门在旧城西北隅。门之外，旧有楼馆，雕栏画栋，凌空飘渺，游人行旅，往来其中，多有赋咏。"此景已成为今日北京城市历史景观之一。

传统的"风景文化"随着北京城市的发展而增加扩展。继"燕京八景"之后又增加了"南囿秋风"、"东郊时雨"、"西便群羊"、"银锭观山"等燕京小八景，两者统称"燕京十六景"。其中：

"南囿秋风"——该景区为今南苑一带的风景地，元代时南苑一带草木丰茂，自然风光优美为放飞泊，明清两代皇家养鸟兽的地方，名叫南海子。在春秋两季，皇帝在这里狩猎，而成为京城新景，故有"南囿秋风"的美誉景名。

"东郊时雨"——该景区位于今朝阳门外，历史上这里是一马平川的良田和散落的农村，是京城一处田园风光的景色，春风秋雨，一派农村风景而得"东郊时雨"的景色。

图 6-51a　琼岛春荫

图 6-51e　卢沟晓月

图 6-51b　居庸叠翠

图 6-51f　金台夕照

图 6-51c　太液秋风

图 6-51g　玉泉垂虹

图 6-51d　西山晴雪

图 6-51h　蓟门烟树

"西便群羊"——景区位于西便门外护城河左侧河坡上的草地。奇特的是草地上散落着数十块长三、四尺，大小各异的白石。从远处望去，酷似草中的羊群，在草场中啃青草或休息的生动风景而得名"西便群羊"。

"银锭观山"位居什刹海与前海交接的瓶口处，已有500多年历史的银锭桥处为内城什刹海与后海之间的居住区景点。因人站在桥上可远观郊外西山景色，成为人居京城里，远观西山景的绝佳之地而得"银锭观山"的美名。

"燕京十六景"是北京城融入山水画卷、又塑造出城市意蕴生动的文化景观，同时，也塑造了京城居住环境的文化品质，培育了北京人典雅、洒脱的精神素质。

2. 街巷牌楼，标志景点

在北京城市景观文化的塑造中，独具特色的"牌楼"、"过街楼"是城市街巷、胡同空间的标志性景点。"牌楼"造型似门非门，而"过街楼"造型似楼非楼。它多设于街巷、胡同口、桥头、道路交会处或道路空间的转折处。它是城市中的标志性景观，强化了街巷方向与行进目标，丰富了城市街道、胡同的空间景观。北京的"牌楼"、"过街楼"类型多样，规模大小不一，造型艺术精美。在帝都北京规模最大、规格最高的牌楼要数"前门"正阳桥头的"正阳桥牌楼"（又称"五牌楼"）。它位居北京城市中轴线上的南大门——前门楼之南。设于跨越护城河的大石桥——正阳桥头处。该牌楼为五间六柱、戗柱式冲天式牌楼，为京城最高大、最精致、最气魄和壮美的牌楼。它是京城具有标志性的城市景观。该牌楼为北京城市重要的历史景观，曾经拆除改建，近年才重新恢复旧观（图6-52）。

在京城内主要街巷都设有牌楼，如"东四牌楼"、"西四牌楼"，是由东、西、南、北四条道路的路口，分别设置四座牌楼组合而成的道路起点标志性景观。

在京城还有许多不同形式的胡同牌楼，如东交民巷牌楼简洁粗壮、国子监牌楼等等。在一些

图6-52a　前门大街的老牌楼

图6-52b　东交民巷牌楼

图6-52c　珠宝市过街楼

图6-52d　观音桥

街巷、胡同也设置过街楼作为标志，如前门西侧的珠宝市过街楼、儒夫里观音院过街楼等等，都是各具特色的街市胡同空间的标志性景观，是北京居住生活中的不同城市空间的标志。

3. 胡同幽深，京韵风情

北京的胡同量大、面广，空间形式多样。它是城市中的居住空间网络，有千家万户，聚居生活在大大小小、形态各异的街巷胡同中。因此，胡同不仅是千万家四合院出入联系城市街巷，是城市生活的通道，更是北京城人性化的住区公共空间。它情系千万家，成为京城亮丽的风景线。

幽深的北京胡同是绿色的，沿胡同栽种的绿树，姿态各异、绿叶成荫，常与出墙的院内果树、玉兰花相映在蓝天下，相映在那一座座青砖灰瓦的四合院的墙面上，格外生动而充满自然生气。树叶的绿与黄、长与落都映现出胡同的四季景色，成为京城独特的风景（图6-53）。

图6-53a　胡同之春

图6-53b　胡同之夏

图6-53c　胡同之冬

图6-53d　胡同之秋

图 6-54a 中西合璧砖雕

图 6-54b 凤凰牡丹砖雕

图 6-55a 门联一

图 6-55b 门联二

北京胡同的建筑风貌古朴多彩，胡同两侧那墙连着墙、院连着院的整齐界面，各式临街开设的院门，精致的门楼砖雕、木门装饰、各式门墩、抱鼓石和影壁等的造型与装饰图案（图6-54），都富有"平安大吉"、"升官发财"等的象征意趣，特别是院门上的对联更是富有伦理精神。例如"忠厚培元气，诗书发异香"（南芦草园12号）、"多文为富，和神当春"（西兴隆街53号）、"生财从大道，经营守中和"（西八角12号）等等。这些

对联不仅体现了宅主对伦理精神的追求，也体现了伦理精神教化融入胡同文化之中，丰富和提升了胡同京味文化内涵和环境意蕴（图6-55）。

4．传统建筑，风貌古朴

在北京城的居住环境景观构成中，另一特色是那成片的灰砖、灰瓦构建的质朴平缓的四合院建筑风貌，它是京城极富魅力，具有人民性的古都风貌特色。成片的四合院民居融于街区之中，突显了北京商与居、庙与居、街与居相融合的城市形态特征和住区环境景观的交融性，构成了商业、庙宇建筑与成片四合院民居建筑同构相融的城市景观（图6-56）。例如，在内城平缓的四合院群组环境中，有京城北中轴线上，那高耸的标志性景观钟鼓楼与周边平缓的四合院民居建筑及什刹海风景，组成了完美的城市景观。在白塔寺居住区，以高大的白塔形象与平缓、朴实的灰色民居建筑相映成趣，同塑宁静而充满和谐的景观，丰富和升华了北京城市环境艺术的表现力和感染

图6-56a　前门大街两侧商业一

图6-56b　前门大街两侧商业二

图6-56c　前门大街两侧商业三

图6-56d　前门大街两侧商业四

力（图6-57）。在位居前门至永定门的城市南中轴两侧的街区，平缓质朴的灰色四合院分布在富有变化的街巷肌理和绿树之中。那成片平缓整齐、朴实、宁静、亲和的灰色调四合院建筑群与气势辉煌、装饰精美的金色故宫，相映生辉，形成独特的古都风貌（图6-58）。

注释：

[1] 陈宗蕃. 燕京丛考. 北京：北京古籍出版社，1991.

[2] 北京会馆档案史料. 北京：北京出版社，1997.

[3] 李嘉瑞编. 北平风俗类征. 上海：上海艺文出版社，商务印书馆，1937.

图 6-57a　白塔寺及周边院落

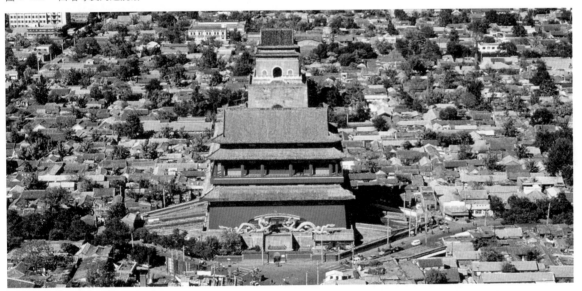

图 6-57b　钟鼓楼及周边院落

图 6-58　故宫建筑群

第七章　北京郊区村落环境构成

　　北京郊区的村落是在帝都特定的自然地理环境条件和社会、经济、文化支撑下，历经了辽、金、元、明、清至今的构建与发展，形成形态多样，各具特色的京郊村落。其村落的建设，尊奉"天人合一"的传统自然观和"阴阳和谐"的哲学观念，强调以自然生态为本，多选址于土地肥沃、阳光充足、水源丰富、环境秀美之地建村，以利于村落生产、生活与发展。在京郊村居环境空间构成中，村落环境空间多与基地的山水相融合，具有优越的山水环境优势。在村落的人工物质环境空间构建中，强调因地制宜、顺应自然，建筑就地取材。村落布局随地势高低变化构建排水系统，打水井，建住房，开辟农田，形成生产居住相结合的环境特征。村内建庙宇、宗祠和戏台构建精神与文化空间，并综合构建融生态、物质、精神空间为一体，有如一个小社会的田园式村居环境。

落环境形态。

第一节 京郊村落环境构成

村落是以农业生产为主体的综合性社会实体之一，是社会、生产、生活融为一体的生存载体。因此，村落环境是自然、社会、人文、生产与居住等，共同组成的综合性环境系统。

京郊村落的建设，尊奉"天人合一"的传统自然观和"阴阳和谐"的哲学观念，强调以自然生态为本，多选址于土地肥沃、阳光充足、水源丰富、环境秀美之地建村，以利于村落生产、生活与发展。同时，京郊村落的选址与发展也强调依托京郊古道，如西奚古道、西山大路北、中、南古道等主要通道，军事防卫区域、皇陵、皇园、屯田等特殊功能区的分布，择临近地段建村。因此，北京郊区村落分布面广、大小规模不一、布局与形态多样的特征，十分鲜明。

从北京郊区地理环境特征看，京城西部、西北和东北地区环绕着太行山、军都山和燕山，南面和东南地区与辽阔平坦的华北平原相连，中部为潮白河、永定河、温榆河，三河冲积而成的北京平原（图7-1）。

村落的发展多分布于平原、山区、浅山区及永定河等水系地域之处，并在各自特定的自然环境、京郊道路交通及社会背景条件下建村，形成因地制宜，融于环境，特色各异，灵活多样的村

一、集约型村落，点与面结合

在京郊的村落中，集约型村落是最基本的类型，多分布于京郊东南及中部的北京平原地区（即今通州、顺义地区）。村落选址在地势平缓、开阔，利于耕种、居住和拓展的区域。平坦的地势，利于村落规整的布局，因此，集约型村落多以纵横道路为骨架，按主次排列布局，形成规矩的道路骨架。村落的居住宅院多以组团式建筑群，布置于道路网格之中，构建成规模大小不一，形状各异的宅院组团，形成较为规整的村落布局（图7-2）。例如，顺义区龙湾屯镇所在地域内，北部环山，西部为大片平原，境内河流属蓟运河水系和金鸡河水系，西南部有"东一干渠"纵贯大片平原，镇域内的村落多集中布置在西南大片平原地区，沿木焦路和张焦路等道路网建村。该地区建村历史悠久，隋、唐时期就有村落出现，明初设兵屯，称龙湾屯。因村落建于金鸡河臂弯处，河弯曲似龙，因此得名"龙湾屯"，此镇地势平坦，村落布局形式多采取集约型的组团式布局（图7-3）。其中位于龙湾屯镇的焦庄户村较为典型。该村始建于明代，原为官宦庄园用地，有焦、韩两姓家族由山西洪洞县迁此为佃户从事农耕，因焦姓家族人多，故命名为焦庄户村（图7-4）。村选址于燕山山前台地，西临金鸡河，村域面积

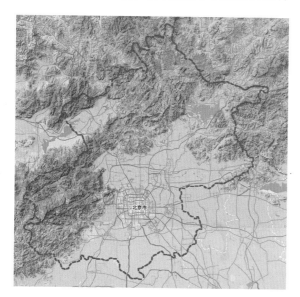

图7-1 京郊地理环境图

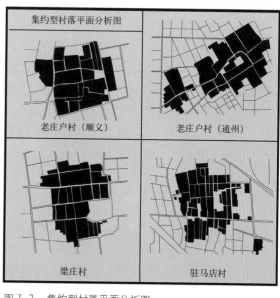

图7-2 集约型村落平面分析图

图 7-3　龙湾屯镇村落分布图

图 7-4　焦庄户村落形态

为 5.1 平方公里，村落面积约 23 公顷。村落布局方正，以南北、东西相交的主要道路为骨架，与纵横巷道交织，形成道路网。几百户规模小巧的农家三合院及少量四合院，随路网密集排列，组成大小不一的组团，村落布局其中，设施齐全，注重节约建房用地，保护耕地。形成集约型的村落形态（图 7-5）。

二、山地型村落，依山势构建

北京地区的西北部为山区，村落多布置于深山谷峪之中。在山地建村，多随地形的变化因地制宜依山而建。此类形态的村落，布局灵活，形态各异。因受地形所限，村内道路布置随地形走向而设，采取以平行等高线的横向街道为骨架，以随山势布局的垂直或弯曲变化的爬山式巷道为支路，两者相结合，构建融于山坡的道路系统。村内建筑依山而建，分层而筑，构成依山而建的村落形态。例如，离北京市区最近的京西门头沟区（区政府所在地，离天安门不足 30 公里），多为山地（统称为西山），属太行山脉，也是京西古道所在地。有京城通往河北、山西、内蒙古等地的交通及军事要道，从而促进了该地区村落发展。据门头沟区统计，保存至今较好的古村落有 30 余处（图 7-6）。其中选址于山地的村落很多，

但村落形态与村落布局各不相同。其中较为典型的村落有川底下村、双石头村、灵水村、马兰村、碣石村、杨家峪村、涧沟村等等（图 7-7）。

例如，妙峰山镇的涧沟村，相传为辽代建村。明代初年有山西移民迁居进京，其中赵、吴、史三姓人家在此聚族而居，使古村落得以发展。该村选址于妙峰山下的东沟、北沟、西河沟三条山沟的交会之处的小盆地，故村名为三岔涧，后于 1943 年改称涧沟村。村址所在的地理环境独特，周边高山环绕，自然风光美丽，并依托着京城著名的妙峰山神庙及香火而得以发展。该村落虽居山沟之中，但村落随地形、地势变化灵活布局，村中沿沟谷的走向修建主干道路，山路随山势垂直或盘绕布置，成为次要道路，两者结合构建成村落的道路网。村落宅院随地势变化，灵活修建。其中有垂直等高线而层层向上的布局形式，也有在较平缓的地段横向排列的宅院。因此，村落建筑层层错落变化，生动自然（图 7-8、图 7-9）。村中的商店、庙宇等集中在沟谷地段。村内九处茶棚，分设于去妙峰山下进香的必经之路旁，以供香客饮茶、喝粥、住宿等使用的方便。村中居住与商店、庙宇、茶棚等多种功能空间共同构成村落的有机整体。

图 7-5a 焦庄户平面

图 7-5b 焦庄户村核心保护区鸟瞰图

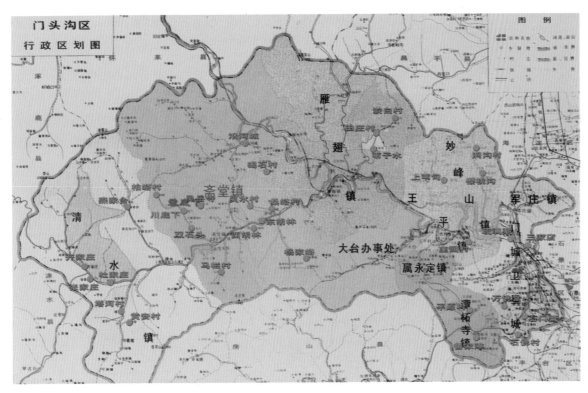

图 7-6　门头沟区现存古村落分布图

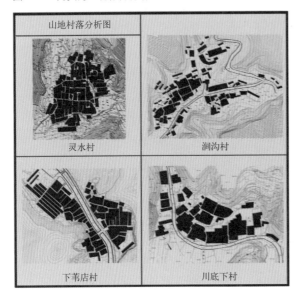

图 7-7　山地村落分析图

图 7-8　涧沟村平面

图 7-9a　平行等高线布置的山地民居

图 7-9b　垂直等高线布置的山地民居

图 7-10　水峪村

在北京郊区的其他山地区县，山地村落也很多，山村形态多样。如房山区南窑乡水峪村，也是一处经典的山地村落，全村总占地面积为 8.87 平方公里，人口 1074 人，产业以农业与采煤、运输为主。村落随深沟布置，灵活自由，道路曲折，依山势（图 7-10）。宅院与道路紧连，随地形高低灵活布置而融于山地。建筑形式多样，既有小巧的农家院，也有多进山地四合院，建筑就地取材，特别是全村建筑均采用的石板瓦屋面和石砌围墙建设，形成朴素厚拙的风貌。村中那石头的过街楼、跳跃溪水上的石桥、树下的石碾都充满了自然生机和山村魅力（图 7-11）。

图 7-11a　水峪村山地四合院

图 7-11b　水峪村多进财主院

图 7-11c　水峪村内环境

图 7-11d　水峪村过街楼

三、流线型村落，沿河与路设

选址于河流、湖岸、城乡干道旁的村落，布局多采取随地势、河流、山谷及城乡干线道路等的走向，以线型方向展开，顺水顺路而建，形成流线型村落。在村落的布局中，以直线或曲线的主路，作为村落空间构成的主轴，贯通整个村落。主路与次路相连交织，形成鱼骨形的村落肌理。村内宅院建筑及公共空间，置于道路网之中，组合形成大小不一，形状各异的居住区块，构成线型的村落环境。

在北京郊区村落中，此种类型的村落多分布于永定河、潮白河、温榆河及京郊古道一带。其中门头沟地区的村落，多分布于清水河、永定河水系两岸及京西古道（西山大路北道、西奚古道及支道）地区。如雁翅村，清水河流域的东胡林村、西胡林村，永定河流域的三家店村等都具有线型村落的特征（图7-12）。其中雁翅村就是处于永定河北岸，三面环山，南面临永定河的线型村落。据传雁翅村元代开始建村，明代山西移民京城时，由张、王、李、高四姓家族聚居于此建村发展。村落沿永定河和109国道的走向，以线型格局组织村落空间形态。村落沿平行于永定河的109国道布置，路北依山地建村，路南沿河为耕地。村内布置以平行于永定河的东西向主干道路为脊，南北向垂直山坡的支道与村内主干道相连接，形成鱼骨架形的道路网。村中的宅院灵活布置，沿山地地形分层而筑的农家院与永定河水相映，构建了一座与山水相融合的村落（图7-13）。

● 在京郊线型布置的村落中，门头沟的三家店古村最为典型。该村历史悠久，据明代《宛署杂记》记载，此村建于唐初，村内至今还保留着当时修建的白衣观音庵（图7-14），辽代成村，曾称"三家村"，明代改称"三家店"。该村最早是由张、曹、牛三家聚族同居的古村。村落选址于永定河北岸的总出水口处，因地理位置的优越，有多条古道交会于此，成为京城连接京西、河北、山西的交通枢纽和进入京城的起点（距京城60华里，步行一天的行程）。明清时代，三家店

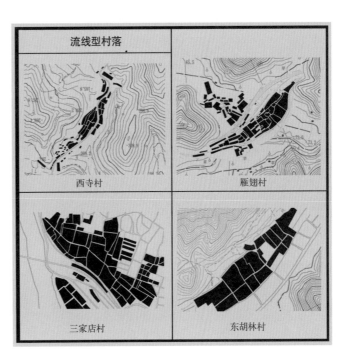

图7-12　流线型村落平面分析图

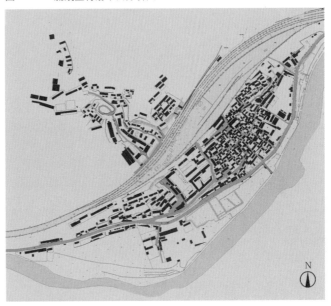

图7-13　雁翅村落布局

图7-14　三家店村的白衣观音庵

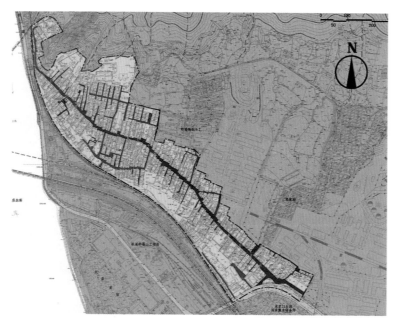

图 7-15a   三家店村线型的村落布局

图 7-15b   三家店村街道空间

图 7-16a   三家店村的沿街庙宇

为京郊主要的货物集散地，又是京西的商埠，为京西煤、琉璃、石灰、林果、粮食的集散地，也是京城与山区在此采购、订货、交易的经贸之地，村中店铺林立商业发达。三家店村村域占地面积4524亩，现有6788户。村落布局沿河岸展开，以一条西北至东南向三里长的街贯穿全村，整个长街由东街、中街、北街三部分组成。主路两侧布置有两条次要的道路相辅，形成与主街成鱼骨形交接的道路肌理。在主街两侧商店密布，多为前店后宅的合院建筑。街道尺度亲切，青砖青瓦的建筑小巧玲珑，街道空间多有变化，开合有致。不同形态的街区空间节点，成为村民交流、活动的公共空间，使街区热闹而极富人情与和谐（图7-15）。村中设有龙王庙、白衣观音庵、铁锚寺、二郎庙、马王庙、树神庙、五道庙等数十座庙宇寺观，还建有山西会馆，这是山西商人在京城一带经商活动的联络、聚会、议事的会馆，形成了商业繁荣、文化多彩的街区。在三家店村，规格、大小不一的宅院分别布置在主街两侧，整齐有序，居家环境安静（图7-16）。

图 7-16b   三家店村的居住建筑

三家店村中的商业、居住、公共活动等多种功能区，以一条主街为轴布置得十分紧凑。村中既有繁华热闹的街市空间，又有舒适安逸的居住环境，可称得上线型村落形态的典范。三家店古村至今保存较为完好，历史悠久，特色鲜明，为国家历史文化名村。

四、组团型村落，多聚点组合

规模较大、基地地形多变化或多姓氏聚居的村落，多采用组团型布局，形成组团型村落形态。此类村落一般由多个独立分散的、规模较小的居住组团或小规模的村落，分散布置于一个区域内，以公共建筑或广场为中心，以道路联系各组团，形成多元组合的村落。例如，在北京密云县的安达木河区内，因受两侧山地所限，规模较小的沙滩村、山西村、遥桥峪村、转明村、小口村等，沿河布置，形成组团型的村落群。其中既有防卫性村，也有宗族聚居村。在村落群中集中设置龙王庙以联系各村落，形成这一地区的村落群（图7-17）。此类村落形态也常有以同宗、同族聚居的多个居住组团组合而成的居住模式。例如门头沟区的灵岳寺村具有典型意义，该村位于白铁山山前坡地，村落因灵岳寺而得名。村内原有徐、刘、李、宋四姓家族聚集而居，四家同在灵岳寺周边务农生产，由于耕地分散，只能以各姓氏家族分区聚居耕作，形成各自独立的居住组团。组团的布局以灵岳寺为中心，形成多组团组合的村落形态（图7-18）。

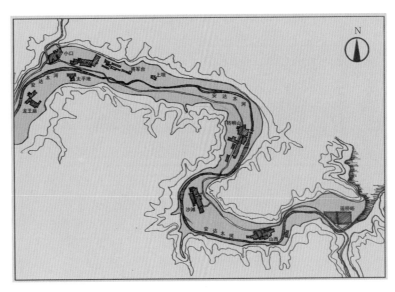

图7-17　安达木河周边村落（刘志杰绘）

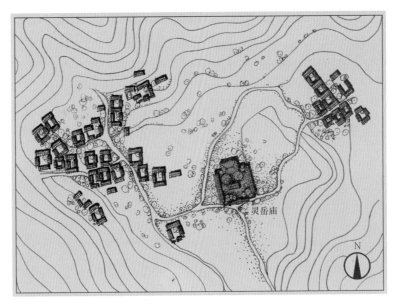

图7-18a　灵岳寺村平面（莫全章绘）

图7-18b　灵岳寺村民居

图7-18c　灵岳寺村景

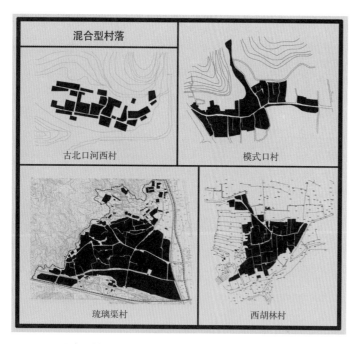

图 7-19　混合型村落

图 7-20a　模式口村村落形态

图 7-20b　模式口村街

五、混合型村落，随地形布局

混合型村落多分布于低山丘陵为主的浅山区、山区中较为开阔的河谷地及山地与平原的结合部。村落基地依山近水，布局结合地形、地貌特征，采取以平地为主体集中布置公共建筑和公共空间，宅院建筑则灵活分布于山地、台地，形成随地形条件而建的自由型村落。此类村落规模较大，多为农、商结合或专业生产与农耕相结合的产业村（图 7-19）。

例如，石景山区的模式口村，位于平地与浅山交汇地区。村落随地形特征灵活布局，采取平地与山地相结合的形式，以平地的主干道为轴，与山地的次要道路连接，构成不规则的道路肌理。充分利用平地建商店、庙宇及公共建筑，靠山处则随山坡走向分台布置宅院，形成村落整体环境（图 7-20）。又如，门头沟区的柏峪村，为明清时代戍边兵士及随军家属的定居之地，逐渐繁衍成村。该村位居山地与地势较平缓地带的结合处，平坦地段多建公共建筑，而农家宅院沿山势分台而建，层层叠叠，十分壮观，是一处独具特色的古村落（图 7-21）。

六、城堡型村落，集中而封闭

北京为金、元、明、清帝都，高度重视防卫。因此，在北京郊区屯驻重兵，建驻军营房，逐渐发展成具有防卫、居住与农耕相结合的村落。因军事防卫的需要，多建成城堡型，成为京郊特殊的村落形态。此类村落多分布于长城沿线（如密云县、昌平区、延庆县及门头沟区京西防卫线一带），村落设城墙、城门，构建城堡（图 7-22）。

例如，密云县的"古北口村"、"遥桥峪村"、

图 7-21　柏峪村

"小口村"，延庆县的榆林堡村及门头沟区的"沿河城村"等，均具有典型的意义。其中，小口村建于明初，作为长城关口而建立。于明万历十三年（1585 年）建营城，设城墙、城门、角楼、点将台等。城墙内除营地宅院外，另有大片农耕地，形成具有一定规模的城堡型村落。城堡内道路规整，宅院规格分等级而设，至今该古村保存较完整（图 7-23）。另一座城堡型村"遥桥峪村"也建于长城脚下，始建于明万历年间，作为建营屯兵的驻扎地。建村后随城堡的发展逐渐转变为居住、生产村落。村落设有坚固的城墙、角楼还有城门。村内院落多为一排北房围合而成，并随道路布置，排列整齐。村落布局较方正、规矩，院与院联系方便，利于防卫（图 7-24）。

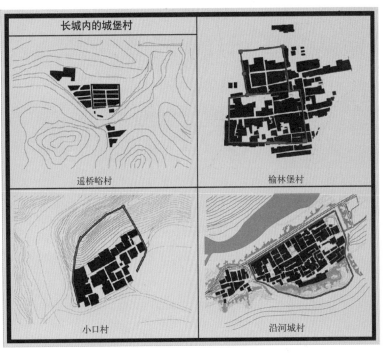

图 7-22　长城内的城堡村

图 7-23a　小口村平面（张董超绘）

图 7-23b　小口村全景

图 7-23c　小口村民居

图 7-24a　遥桥峪村水库
（yebinbin 摄）

图 7-24b　遥桥峪村古堡
（yebinbin 摄）

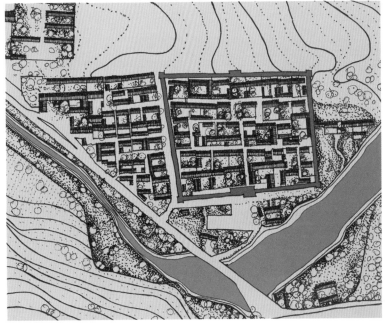

图 7-24c　遥桥峪村平面（莫全章绘）

第二节　村落绿化与生态环境

一、择山水吉地，讲风水格局

中国古代"风水"以"天人合一"、"天人相通"的传统自然观，描述天、地、人等自然万物间存在的内在关系，认为天地之间相通一体，天人之间相应一理，人地之间相依共存，天、地、人各个系统，组成宇宙中有机的大自然系统。以"阴阳和谐"的传统哲学，揭示了自然界的根本规律。以天、地、人三者之间协调、和谐的关系为准则，

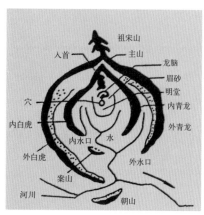
图7-25a　理想风水模式图一

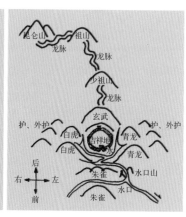
图7-25b　理想风水模式图二

图7-26　川底下村北部山脉

构建了传统风水的理论基础。"风水"是古代选择利于人生存的地理环境质量的评价系统，也是指导择地建宅的环境科学。正如李约瑟论风水说："再没有其他地方表现得像中国人那样热心体现他们伟大的设想——'人不能离开自然'的原则……皇宫、庙宇等重大建筑自然不会例外，城乡中无论集中的或是散布在田园中的房舍，也都经常地呈现一种对'宇宙图案'的感觉，以及作为方向、节令、风向和星宿的象征主义。"

自唐宋以来，风水理论渐渐发展成为两大宗派，即"形势宗"（又称峦头派）和"理气宗"（又称方位派）。"形势宗"强调从地形、地势、山形观势论风水，选择基地理想的风水格局；"理气宗"强调以地理、方位、朝向论风水，常采用罗盘原理或命卦择向定位，带有巫术占验之类的神秘色彩。虽然如此，但作为选址、建房及环境的评价体系和方法，风水具有某些科学意义。

在传统村落选址中，常采用"形势宗"对自然中的山、水、方位等元素的条件进行分析评价，从而择优选地。传统民间择地常用"地理五诀"即龙、砂、穴、水、向五要素察看、分析、评价地理，并采用"觅龙"、"察砂"、"点穴"、"观水"、"择向"五种方法择地。

在"风水"中，"龙"是指山脉走向、起伏、转折的变化，以"龙"隐喻山的形态及山的灵气。"砂"是指环绕风水"穴"前后四个方向的群山，并分别以"青龙"、"白虎"、"朱雀"及"玄武"命名，统称"四神砂"。"穴"是指四神砂群山内外围合的生气聚集之地。"水"是指"穴"前的流水或水源。"向"是指基地选择方向（图7-25）。"风水"选址的"五诀择地法"强调：

"觅龙"——以寻找基地依托的山脉，强调相地首重龙，以连绵起伏、形如真龙的山脉为吉。

"察砂"——观察评估四周群山关系，常以位置为"左青龙、右白虎、前朱雀、后玄武"的四神方位判断主体地形和形势。

"点穴"——是指在所选定的地理环境中确定基址明堂中的最佳选点。常以地面平阔，前景

完美，枕山襟水的山水环抱中心为聚气福地。

"观水"——寻找水源及基地的水系。强调水与"自然环境"的"地气"，即"生气"的密切关系。

"择向"——是指选择基地方位。常以坐北朝南，负阴抱阳的方位为吉。古人追求理想的风水环境要诀中，对风水吉地的描述"前有照，后有靠，青龙白虎层层绕，金水多情来环抱，朝案对景生巧妙，名堂宏敞宜营造，点穴正为天心道，水口受气连环套，南北立轴定大要"。

传统村落讲究以"风水五诀"方法择地定位，选择良好的地势、地貌、山、水、方位及自然景观等基地条件建村，以利生产、交通、居住与造景。按照背有依托、左辅右弼、前有屏障围合的空间格局，"藏风聚气"、"负阴抱阳"的法则和风水景观理念，构建人与自然和谐相融，人杰地灵的人居环境。京城郊区的古村落建设，多讲究"风水"，并应用"风水"择地与建村。

京郊古村落中风水格局最典型的村落，要数门头沟区的川底下古村。该村建于明末清初，为山西移民韩氏家族在京郊聚居的山村。该村位于北京西部古驿道上，太行山脉的深山峡谷之中，正是应用风水理论的选址方法，精心勘察、评估，选址于群山环抱，高低错落，毗邻相连，山泉绕流的福地之上。村中泉水丰富、土质良好，适于植被、果树、农作物生长和养蜂、牧羊等。村宅置于向阳坡上，阳光充足，群山围合聚气，泉水村前绕流，自然景观秀美，传统的风水选址要素一应俱全，具有极典型的风水格局。其特色在于：

1. 相依太行，龙脉清晰

以风水中的龙脉而论，该村四周汇集着多重大小不一的山脉。其中的"来龙"（即"祖山"）为太行山脉，蜿蜒磅礴，气势壮观，耸兀于村落北部，构成清晰的"龙脉"，是村落阻挡北向寒风、迎纳南向阳光与和风的天然屏障，也是壮观的山村风景（图7-26）。在祖山龙脉之南宽阔的缓坡上，生长着一座形状圆阔耸拔、规整均匀、形似"金星"的独立小山（村里人称它为龙头山，风水中

又称龙脑或主山）与龙脉主峰相连，犹如一条真龙盘卧在村后，成为此村风水格局中最为绝妙之处。龙头山的穴位与前山（朱雀——金蟾山）对应，形成南北风水轴线。轴线两侧，种植了两棵充满生机的风水树，强化了风水轴线，控制着村落的布局，构成山村独特的环境格局（图7-27）。

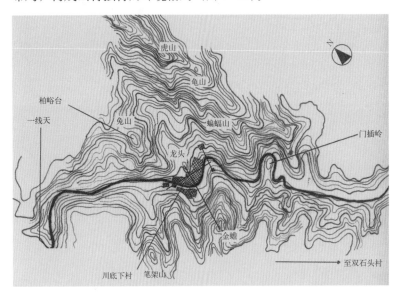

图7-27a 紫气东来的格局

图7-27b 川底下村全景

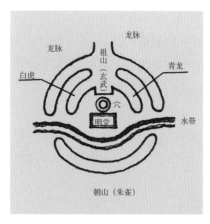

图7-28a　四神砂方位图

图7-28b　理想的风水格局图

图7-29a　龙头山

图7-29b　金蟾山

2．四神砂山，环抱山村

以风水要素中的"青龙"、"白虎"、"朱雀"、"玄武"四神砂而论，川底下村四周群山的形象和围合关系十分典型（图7-28）。

位居村北的龙脉群山（祖山）和山脉向南生长的"龙头山"（风水中的主山）为古村之北的依托，其山势向村落倾斜，姿态端庄秀美，亲和有情，符合风水中"玄武"向"穴"（村中心）垂头为吉的格局，提升了环境的吉向；位居村前的金蟾山（风水中的朱雀）高大峻峭、绿树茂密、清脆秀发，山上有一块形似金蝉的山石，与周围的几棵翠柏相依，犹如朱雀之冠（村民将此景命名为"金蟾望月"），与龙头山相对，形成天然的对景和绿色的屏障（图7-29）。村左的群山（风水中的青龙），形如"虎"、"龟"、"蝙蝠"，向内围合，诸山形态生动，环抱山村，犹如郭璞在《葬书》中所说：吉青龙应山势婉蜒起伏，形如抱"穴"，此形为吉（图7-30）。村右的山为"兔山"（风水中的白虎），山形平缓向下倾斜，围护山村，其形态犹如《葬书》中所描述："吉祥的白虎山，一定要形如低头驯顺的形态。""以其护卫区穴，不使风吹，环抱有情，不逼不压，不折不窜，故云'青龙婉蜒'、'白虎驯服'、'玄武垂头'、'朱雀翔舞'"，群山分布与围合的生动关系。的确，川底下古村的群山分布、围合关系和形态景观如此完美，实为难得。

3．山泉之水，绕村而流

在风水理论中强调："地理之道，山水而已"、"山之血脉乃为水"、"吉地不可无水"，强调择地需要"未看山时先看水，有山无水休寻地"。水为地之血气，水要"抱"，形如冠带，气度非凡，怀抱有情。水是万物生存之源，水与生态环境（风水中的"地气"、"生气"）息息相关。因此水是建村、农耕、生活、调节小气候、构建水景的根本。川底下古村的山脉中有泉眼，泉水汇入山村的水道，环绕山村缓缓而流。这绕村之水形如"冠带"，风水中称这种水系为"金城环抱"（"金"为五行之"金"），象征大吉。为强化水环境的风

图 7-30a　蝙蝠山

图 7-30b　龟山

图 7-30c　虎山

水格局，在村前冠带水之南的半月形地段，以扩大水面，开田种植。水面形如半月塘，以强化风水格局。水塘东西各开设水井一口，称之为"龙眼"，与龙头山相对应，以井中水与地气强化生气，改善村内小气候。同时，以生气聚于塘、以曲水之势，寓利于聚财禄之意。村落重视水口建设，根据风水之说："水口砂者，水流去处，两岸之山地，切不可空缺，令水直出。"村中的水口设于流水的东南出口处（即风水中的"巽"位吉方），两侧山上建有关帝庙和娘娘庙，形成关锁之势，应"锁财"之意。同时，两座对峙之庙构建成入村的标志和古村重道德教化的文化象征。更为奇特的是，建村者选水口下方，随弯曲的水道和道路环绕的半岛型小丘，象征门插，村民称"门插山岭"，寓聚气锁财，财源滚滚的环境意趣（图7-31）。

4. 山坡向阳，明堂宽敞

川底下古村选址于缓坡，该山坡面阔、平整、向阳，为适宜建房的地段，即"风水"中以"龙"、"砂"、"水"内敛向心围合的明堂地段，是一处阴阳二气和合，藏风聚气，负阴抱阳，面宽而阔和山水有情的吉地。该地段两侧均为山沟，构成

图 7-30d　青龙群山

利于排洪防灾的天然地形。村落布局的特点在于基地点"穴位"于龙头山为核心的南北中轴（即风水轴）上高敞之处，成为村落整体布局的控制中心。按传统的"向心"观念，以龙头山为核心的南北轴（风水轴）为控制线，并在这块向阳山坡上，建起70多个规格不一，形状灵活的山地合院，沿山势高低呈放射式的扇面状分台而筑，层层叠叠，其形如"葫芦"又像"元宝"。建村

图 7-31a　村中冠带之水——水井、水口分布图

图 7-31b　村西水井

图 7-31c　村东水井

图 7-31d　川底下村关帝庙

图 7-31e　川底下村娘娘庙

图 7-31f　川底下村门插山岭

者意在取"福禄"、"金银"的象征，赋以古村环境吉利的寓意。从山村建设看，村落随地形的高低变化，以前后错落，高密度布置宅院与建筑，取得了最大的立体空间效应，是古村珍惜并合理使用土地的成功之例（图7-32）。村落的布局巧用基地山、水、古道的条件，不仅巧用山地建宅院而且随山坡开梯田种植，更沿山下绕村水和古道布置前店后宅的交易商街，构建耕、商、居一体的村落空间，促进古村的综合发展（图7-33）。

5. 山水之美，塑造村景

"风水"是传统的环境美学，强调对自然环境与地景的研究、选择，寻找生态良好，山川灵秀的地理环境。讲究山的秀丽多情，山形景观美丽。讲究山有层次，层层峰峦，景色无尽。讲究树木茂繁，绿树成荫，山花艳丽。讲究河湾多曲，曲折生情，山水相映。常以山之峻表达力量，以自然之秀表达五彩缤纷之美，以山水之秀美表达人之情怀，而怡情邀思。在川底下古村的环境，也正是以山水之美塑造环境意趣，巧用群山中形如虎、龟、蝙蝠、金蟾及笔架、笔锋的形象，构建了"威虎镇山"、"神龟啸天"、"蝙蝠献福"、"福到人家"、"金蟾望月"、"神笔育人"等富有寓意的村景，塑造村落环境意趣，激励村民（图7-34）。

川底下古村有寓意多彩的山水风景，也有那分台而筑层层叠叠的蛮石、厚木砌筑的农家小院和那山石铺砌的街巷和陡峭的台阶，构建出朴实厚拙，色彩斑斓的人工环境景观。这座前有水，后有山和梯田相围合的山村环境有如《后汉书·仲长传》所描述："使居者有良田广宅，背山临水，沟池环匝，场圃前，果园树后"的山村田园环境境界（图7-35）。

这座始建于明末清初的川底下古村正是应用"风水宝地"所指的自然山水环境塑造了人与自然和谐的村落，促进了古山村的和谐发展与兴旺，成为京西道上农商结合，人丁兴旺，人才辈出的名村。正如村民的民谣描绘："东山之巅三尊神，福、禄、寿星照山村。背靠龙头面对案，笔锋高照出官人。上有爨头涌财至，下有门插锁金门。

图7-32　"元宝式"的山村布局图

图7-33a　耕、商、居一体的村落环境（王春雷绘）

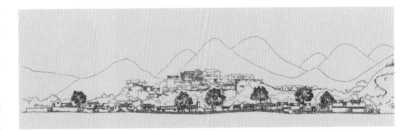

图7-33b　川底下街道立面图（罗奇、郝晓赛绘）

图7-33c　川底下商铺图

图 7-34b　金蟾望月

图 7-34a　福到人家

图 7-34c　神笔育人

图 7-34d　神龟啸天

昔日辉煌随风去，世纪之交又逢春。"

　　川底下古村能选址于如此神奇的风水宝地，村址内的风水要素俱全，围合的山水格局如此典型的地理环境，构建出融于自然山水的田园环境，令人叫绝，实为难能可贵（图 7-36）。

　　又如门头沟区的杨家峪村也是一座风水宝地。该村始建于明末清初，为"杨"姓宗族聚居

的古山村，现有 83 户 231 人，村落占地面积 1.2公顷。位居深山峡谷中的坡谷地带（海拔 710 米），山高谷深，四面环山，层峦叠嶂。村左有青龙梁，右有白龙岭，后有高耸的山脉，前有青翠的玉玺峰，风水格局完整。村里人通俗的民谣："龙聚首，水相汇，紫气东来由门进，西北风来有屏障。山山水水接龙脉，峰谷相间地成形。"称颂他们村

图 7-35a　川底下村

图 7-35b　川底下村小院

图 7-36　画中的山景古村（彭世强先生绘）

图 7-37　杨家峪村全景

图 7-38　美丽的杨家峪村（彭世强先生绘）

是藏风得水的宝地（图 7-37）。

　　杨家峪村自然环境优美，群山环抱，高山青，多为灌木荆棘和野草覆盖，沟谷绿，高达数丈的杨、柳、榆等绿树成荫。村内种植洋槐、红杏与香椿。使村落融于绿地之中，成为充满生机的生态村（图 7-38）。村落依山而建，布局因地制宜，道路长短、宽窄结合地形布置，村宅沿山势的高差分层设置，既保证了家家户户的采光通风，也以高密度的建筑布局，提高了用地效应。村内的宅院规格不一，有农家小院也有豪华宅院。宅院强调就地取材，多为石板瓦屋面，民宅风格朴实，至今村内仍保留二十余座古宅院（图 7-39）。

　　从玉玺峰上看，村落的布局和形状有如"黾"字（字意即为勉），因此，村落以"朴素勤勉"的寓意，塑造村落环境精神，以此激励村民树立

图 7-39a　杨家峪村貌

图 7-39b　杨家峪村中的农家院

图 7-40　"龟"形寓意

"朴素勤勉"的品德。这正是在杨家峪村以"龟"字形布局的形象，塑造村落环境意蕴，以尊儒奉道的精神，培育村民善良、淳朴、勤劳的民风（图7-40）。在该村的碾坊中至今还留存着一处回文联：上联是"运旺起村村起运"，下联是"人能兴地地兴人"。反过来念即是"运起村村起旺运，人兴地地兴能人"。这座融于自然环境中的古村，不仅发展了生产，创造了村舍、村民、青山、田园融为一体的村落环境，也造就这座远近闻名的耕读村。

在中国传统聚落环境建造中，应用风水原则和风水模式选址与建村、建宅很普遍，其意在于使村落融于山水环境之中，体现人与自然共生共荣的辩证统一关系。这是中国崇尚自然，尊奉"天人合一"传统自然观，创造人工环境与自然环境相结合的传统文化。

二、重生态资源，节地保绿林

在传统的村落环境创造中，尊奉的是"天人合一"的传统观念，"和谐相生"的整体思想；强调的是珍惜、保护、合理利用生态资源；珍视村中的山山水水、土地林木、日照空气、河流山泉；强调顺应自然和因地制宜的措施建设家园。即使局部的自然环境不利于建村，需要局部调整、改造自然环境的，也必须采取措施加以补偿。这是中国几千年小农经济、宗法社会、文化观念形成的"生态观"，更是生存发展、建村的原则。因此，在传统的村落建设中，强调利用、节约、培育相结合，合理有度地利用生态资源。

1. 节约土地，保土保林

在京郊村落选址中注重选择土地资源优越之地，建设中则强调对资源的珍惜与合理开发利用。农田耕作强调精耕细作，合理开发，保护地力，多采取耕种与开荒相结合，以耕种养田土。而建房则强调不占良田好地，充分利用山地建房，平地耕植。山坡种植果树，营造绿林。在京郊村落建设中强调尊重自然山水格局，爱护绿色资源，强调对山体绿色植被的保护与培育。在山区重视

种植核桃树、栗树、梨树、桃树、柿子树等等，
常成片培植，花开满山，秋果满园，保护与培育
着绿色资源。

在京郊的许多村落建设中，不管是选址于山
地、沟谷或平地，都高度重视对土地资源、林木
资源的珍惜和培育。例如京西地区的东胡林村、
西胡林村两座古村，历史悠久，经历了辽、明、
清几代的建设和发展。东胡林村更被考古学界
命名为新石器时代的"东胡林人遗址"，即早在
一万年前就有人类在此居住生活。两座古村位于
清水河两侧（图7-41）。东胡林村位于清水河北
侧，依山面水，地域开阔，土质松厚肥沃为碳酸
盐褐土。在总面积约10平方公里的村域用地中，
村址则选择在北侧山坡地，仅用7公顷的用地建
村。村落以一条平行清水河的主要街巷，联系密
布的农家院（现有215户人家，520人）。其余平
坦肥沃的土地均为耕地，以经营农、林、牧、副
等多种产业。西胡林村村域面积为12.2平方公里。
而村址同样选于山坡部位，占地仅4公顷。村落
随山势呈三角形布置（现有人口612人）。其余
地势平坦的土地均为种植玉米、水稻、水果、养
殖业等的耕地。村落充分利用处于低山河谷地带
和清水河河水长流的水系资源。有民谣曰："清
水的腿、灵水的嘴，东西胡林长流水。"两村所
拥有的山水资源在两村的建设、发展中得到了高
度珍惜。注重田土的合理种植和保护埋深小于10
米的地下水及有山泉溢出的水资源。全村在发展
苹果、葡萄、桃、油桃、梨、核桃、红果种植的
同时，注重保护以山杨、山荆灌丛为主的自然植
被，并培育杨、柳等人工植被，注重清水河资源
的合理利用，发展捕鱼、养鱼业。充分保护生态
资源的可持续价值，发展农业（图7-42）。

2．珍惜水源，合理利用

在传统村落的选址中，强调"观水"寻找村
落基地的水系和水源。京郊的传统村落，多选址
于山水之间或河滨、山泉汇集之地，既保证农田
灌溉，更重视饮用水；既重视建水库蓄水，也重
视排泄山洪，保证居住的安全。同时，建村讲究

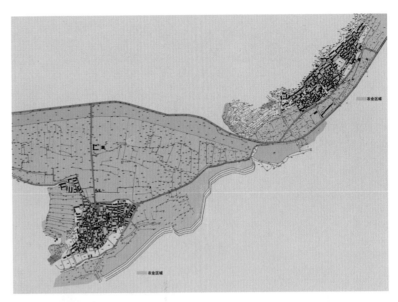

图7-41a　东西胡林村的总平面图

图7-41b　东胡林村落形态

图7-41c　西胡林村落形态

图 7-42a　东胡林村环境

图 7-42b　西胡林村村景

图 7-43　上苇甸的绿色山水

水环境景观,给村落环境以生机和灵气。京西的灵水古村就选址于山泉汇集之地,村中多泉,有小溪流过,地下水埋深约10米。村内就有72眼井之多。另如始建于元代的上苇甸古村,地处京西永定河支流苇甸中部,妙峰山西侧的山涧盆地,汇集着源于妙峰山的众多泉流、溪水,经下苇甸村汇入永定河。因此,上苇甸村依山傍水,是有名的"泉山之地",现在还建有13座水塘,如同一串山中明珠。丰富的水资源不仅保证了生活、生产的水资源,也造就了村落山景观。村中池塘的荷花,在夏季盛开格外亮丽鲜艳。湖水倒映着远山、蓝天和夜空的月亮,格外绚丽生动。所以上苇甸村还有一个美名叫"月亮村"。村内建筑古朴,绿树成荫。自然山水造就了古村的绿色景观(图7-43)。

3. 负阴抱阳,紫气东来

在村落建房中,特别注重大环境负阴抱阳,紫气东来的风水格局。在京郊村落建设中,村落布局及建筑朝向讲究方位为坐北朝南,负阴抱阳,讲究紫气东来以迎纳东南风,挡避西北风。讲究依山分层建房,保证房屋良好的通风采光和充沛的日照,以节能保温。宅院中朝东、朝南房屋冬暖夏凉,这是北京地区建房对朝向的讲究和原则,也是顺应自然,充分利用自然能源的传统观念的体现(图7-44)。

4. 就地取材,土石筑房

在京郊的村落建筑中,多采用就地取材,以石垒墙、铺地、做瓦,以木作屋架、门窗,以土筑墙等等,形成建筑融于自然的特色。例如,京西田庄村的山石路与山石墙,苇子水村的石桥和土石房。京郊村中常有的石门墩,精致多彩。碣石村的巨石,是最引人注目的景观。水峪村的石板瓦屋面的民居,与山融为一体,显示着自然之美。村落建设就地取材、土石筑房是中国建村的传统(图7-45)。

在京郊有一处独特的石头村——双石头村最为典型。该村地处京西古道一处东西狭沟的偏坡之上,村落占地面积4.5公顷,在村边的河沟里

图7-44a　村宅负阴抱阳分析图

图7-44b　村宅负阴抱阳

图7-45a　水峪村的石墙

图7-45b　苇子水村石桥

图7-46　双石头的对石

布满了巨大的石头。据地质专家认定，此村为地质学上罕见的鸳鸯石地区（图7-46）。在进入双石头村之前的河滩路两旁，原有数对圆圆的巨石，几乎都是成双成对置于河滩，村民们为石头取了许多美名，其中流传较广的有：鸳鸯石、姐妹石、双悬石、祖宗石（进村就能看见的巨石，后因修路，多对石头被炸毁）等。村落的鸳鸯石群两两相对，实为奇观，"双石头村"因此得名。这里是一片石头的天地，石板街、石头房、石碾、石臼和石灶，堪称石头村，特色鲜明（图7-47）。在该村

图7-47a　双石头村的石台阶

图7-47b　双石头村的石头房

图 7-48　双石头村的庙宇

图 7-49a　融于山石的双石头村

图 7-49b　融于山林的双石头村

的入口处，就有一幢生长在巨石上的石头房，格外奇特，它就是与东山坡上的关帝庙相对峙的菩萨庙，两寺相映成辉，它也成为村前的标志性建筑（图7-48）。村内的石板路、石台阶，颜色多样，充满山野情趣，石头垒砌的院墙和石门格外亲切，石头房塑造出了山村建筑厚拙之美。双石头村全然融入山林山石之中，它体现了传统村落建筑注重就地取材，融于自然的追求（图7-49）。

三、以自然山水，塑田园环境

在传统的村落建设中，强调择山水之地建村，强调人在自然中的定位，也强调人对自然的认知和感受，以山水情怀创造出神入画的田园生活环境。正如南宋诗人杨万里在《东园醉望暮山》所描述："我居北山下，南山横我前。北山似怀抱，南山如髻鬟。怀抱冬独暖，髻鬟春最鲜……"诗中描绘出身居山水环境中的天然境界。人居山水之中，既有充足的阳光，新鲜的空气，更有多彩的美景和自然山水之灵气，滋养着人的心灵。在京郊村落环境的创造中，注重保护自然环境特色，强调爱林、护林、育林，强调保护山水格局，建设融于自然生态中的村落环境。例如京郊水峪村位居山地，村内有山泉缓水。居住院落设在山坡上，农田设于村落周边，居住、耕作同融于自然中，构建了人居山坡上，农田村边绕的绿色田园环境。因此，北京京郊村落在不同的自然环境特色中，创造出充满田园风光的村落环境（图7-50）。

第三节　村落空间与物质环境

村落是我国传统农业社会组成的细胞，它的组成规模大小不一，组成人员各异，有血缘（宗族）聚居型村落和地缘（社会不同姓氏）聚居型村落的区别。村落的性质、产业各不相同，这一点在京城特别明显。北京地区村落类型很多，有农业生产型、农商结合型、守卫型、古驿站等等。村落的组成功能齐全，营造的人工物质空间体系，

图 7-50a　柏峪村景

图 7-50b　潮关村景

图 7-50c　永定河景

图 7-50d　沿河城村景

有如一个小社会。因此，村落建设注重构建人性化的生产与生活相融合的，为村民提供生活居住、公共活动及生产等多功能的物质环境。京郊村落建设中，选择良土、近水的地理环境和选择京城与外省相通的古道地区建村，以利于发展农业和多种经济外，更注重选择山水环境建村。虽然在传统的村落建设中，没有规划师所作规划指导建村，但村落的选址、布局、建筑与景观塑造等等，却充满建村者独具匠意的智慧。

一、顺基地环境，构物质空间

京郊村落环境空间构成：依托村落基地的地理环境和社会条件，因地制宜，综合构建。强调以山水、林木、光、水、土地、景观等自然生态因素为源，充分发挥地利潜力和生态资源优势。遵循顺应自然、节约用地、节约资源、就地取材

的原则，结合村民生活需求、村落生产及产业发展，构建居住宅院，修筑道路、街巷广场，建神庙戏台，培植绿树及开田农耕等多种功能空间有机组合的人工物质环境。

1. 空间体系，功能多元

京郊村落环境的构建，特别注重空间结构体系的多元化和综合性，强调建立居住功能体系，生产功能体系，道路街巷体系，防洪、防火及安全防卫体系，以及自然与人工结合的景观体系等多种体系的有机组合，从而构建村落的整体环境。

在京郊村落环境空间结构体系中，均以居住功能体系为主体。它以形式多样，大小、规格不一的合院式民居，结合地形地貌的特征，以群组的形式建立居住功能的空间体系。山村里的农家宅院组团，多采取随山势高低分层而筑或根据地形变化灵活布置，院落布局与房屋方位、朝向不

强求一致。这样的布局，不仅以高密度的布局形式，提高了建筑密度，有效地节约土地，更充分利用地势高低变化，保证了每户都具有采光通风和视线开阔的优越条件，使村民能充分享受冬天充足的日照，夏日清凉的东南风，享受开门见山，开窗见景的山村环境。同时山地上小巧多变的农家小院，层层叠叠融于青山之中，构成恬静和谐的田园之村（图7-51）。

位居平原的村落，居住体系的构建，是以道路系统为骨架，分片集中布置宅院组团，从而形成院院相连、户户相依的密集型居住区，建立居住功能体系。例如，延庆县的榆林堡村，位居北京延庆县西南12.6公里处，地处平原地带。该村始建于明代，是北京地区具有悠久历史的古代驿站遗存。榆林堡呈"凸"字形，分为北城和南城两部分，设有完整的城墙、城楼和瓮城（现只保留有部分城墙、城楼）（图7-52）。北城设东、南二门，南门为"镇安门"。南城设有东、西二门，城门上均嵌有"新榆林堡"石匾一方。自古以来，

古驿道穿过南城。古城布局以东西主街（称"人和街"）为主要大道，沿街两侧为商店、会馆等，形成古城主要的商业文化街区。南北大道贯穿南、北两城，与次要街道构成方格形的古城肌理。沿道路居中布置居住院落，形成大小不一的居住区。城中的宅院小巧，建筑朴实，具有平原集约型古堡特征（图7-53）。在京郊的村落中有许多是位居水、陆交通要道处，发展农、商或其他多种产业的综合型村落，因此，村落的人工环境中，除居住空间外，还有不同的功能空间综合组成，如商业空间、产业空间、文化空间及服务性空间等。传统村落环境空间以多种空间结构方法，构成不同传统村落环境空间，形成不同类型的村落。

例如，门头沟区的琉璃渠古村的环境具有多功能空间综合构成，比较典型。该村为元代古村，地处永定河的出山口，西、南、北三面靠九龙山，位于山区向平原过渡的山前地带，是京西大道、妙峰山进香南道和永定河水运交会点，村址山水资源俱佳，环境优美（图7-54）。特别是镇区内

图7-51a　山村居住区之一

图7-51b　山村居住区之二

图7-51c　山村居住区之三

图7-51d　山村居住区之四

图 7-52a 榆林堡村形态

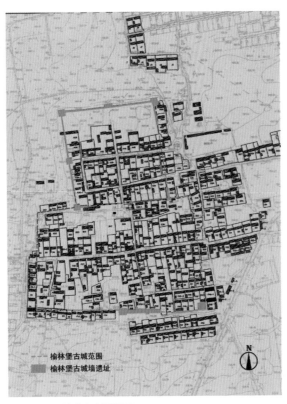

图 7-52b 榆林堡村城堡遗址

图 7-52c 榆林堡村平面图

图 7-53 榆林堡村全景

图 7-54 琉璃渠古村全景

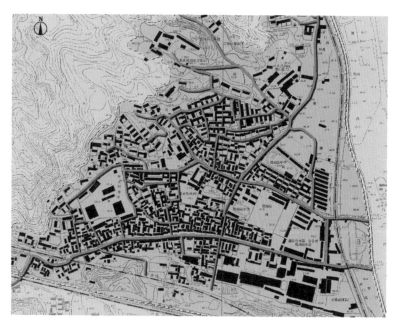

图 7-55　琉璃渠村道路系统现状图

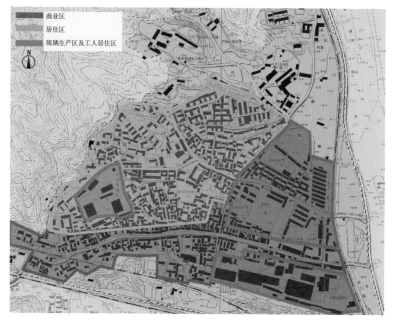

图 7-56a　琉璃渠村功能分析图

发育有石炭二叠纪煤系，煤层之上覆有泥质炭页岩（俗称坩子土），它是烧制建筑用琉璃的原料，另外还有烧制琉璃的辅料黄土层。元代，为营建元大都的城市建设需要，在此建琉璃窑厂，特设管理机构"琉璃局"，成为皇家琉璃窑，窑火延续 740 多年。该村落是京西重要的水陆枢纽和有名的客流、物流聚散地，成为典型的工、农、商结合的产业村（村域面积为 3.5 平方公里，人口 2500 人），也是典型的工、农、商结合的混居村落。村落环境空间为多功能空间组合体。空间的组成除以居住空间为主体外，还有生产空间（琉璃厂）、商业空间、庙宇空间和为妙峰山进香的香客接待空间等，综合组成有机的物质空间体系。村落的基地形态呈半圆形。全村以东西长达 1500 米的主街（西山大道）为主干，以平行主干路的山前中道，妙峰山正道为骨架，与东西道路及沿山的小道组合成村落的道路网，各功能区分布于路网之中（图 7-55）。村中以位居平地的山西大道设置商业文化区，商店、庙宇及大户宅院沿西山大道布置。其中有精良的商居建筑、富豪大院，有精致的庙宇、茶棚和山西会馆等等，建筑规格与形式多样，绿树成荫，街景多彩。居住区置于后山，顺地形走势绕山分层布置。宅院建筑密度大，随地形变化，灵活布局，不强调南北朝向和建筑方位，宅院规模大小不一。村落之东，是规格统一的工人居住宅院和琉璃厂区，共同构成完整的多功能村落空间（图 7-56）。琉璃渠古村至今风韵犹存，保留着许多古宅院、商号、寺庙、古树等等，

图 7-56b　琉璃渠村主街

图 7-56c　万善同缘茶棚

图 7-56d　琉璃渠村民居

保留着珍贵的琉璃文化，古道文化。该村已被列为中国历史文化名村。

2．空间结构，有机构建

传统的村落空间结构组织方式，多采取定"中心"、建"路网"、划"领域"的结构方式加以创造。以中心、方向、领域（即几何元素的点、线、面）三元素有机组合的空间结构方法，构建村落环境空间体系，形成特色各异的村落环境。例如，门头沟区的沿河城，始建于明万历六年（1578年），因靠近永定河，故称沿河城。该村为利用险要地势屯兵防守，守卫京师而建，是护卫京师的一个重要关隘。该村的环境空间结构清晰完整，设有坚实的城墙，城门为界，有明确的村落领域的界定。村中原有三街、六巷、七十二条胡同（现存有前后街），构成村落完整肌理。不同规格的宅院布置在街巷之中，形成大小不一的居住区。村中以戏台、庙宇为中心，构建公共活动空间，特别是戏台、广场和古树组合而成的公共活动空间，是村民日常观戏、集会、休闲娱乐的文化中心。完整的村落空间结构，构建了完整的村落环境空间体系（图7-57）。

二、天人交汇点，建中心空间

村落的环境空间营建中，常以"中心点"的公共空间为核心，向外扩展构建村落空间体系。它体现中国传统的崇尚"中"、"中心"、"以中为尚"观念。这种观念也体现了中国传统哲学中宇宙图形所描绘的向心型空间模式（图7-58）。在京郊的村落环境空间的塑造中，常以不同主题、不同功能、不同大小及不同形式组成的公共活动空间为中心，构建向心、凝聚、祥和的村落环境。

京郊村落常以树、井台、磨盘等为中心，建立村落公共空间。村民常聚在树下、井边和磨盘处活动，成为村落独具人气的活动空间。它们都是家家户户离不开的公共设施和村民所需的场所，也是村中最具吸引力的人际交往空间。村民相聚在此打水、磨面、谈天说地，议村事、国事，谈家常、交流邻里感情，成为村中最具亲和友善的空间环境。如水峪村的磨台、灵水村槐树下的碾场、川底下村的碾房和水井等等都是最具人气的、和谐的公共活动空间（图7-59）。

京郊许多村落都设有不同规模的戏台，它是全村的乡土文化中心（图7-60）。

例如，京西清水镇张家庄村的戏台始建于清代，面阔不到7.5米，进深8.4米，台基1.3米，为悬山卷棚灰筒瓦屋面建筑。戏台背依青山，紧邻宅院，广场中的一棵树径达3米的参天古树格

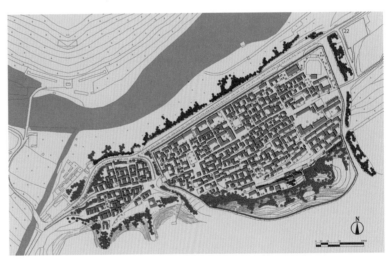

图7-57　沿河城平面图

图7-58　中国传统宇宙图形

图7-59a　灵水村（江中鱼摄）

图7-59b　桑峪村

图 7-60　沿河城村戏台

图 7-61　张家庄村戏台

外壮观，村民在此观戏集合，在树下纳凉聚会，孩子们在此玩耍嬉戏，充满了生活意趣。村落的戏台是全村乡土文化中心，京郊村落处处都有特色鲜明的乡土文化，村民爱唱"三娘教子"、"马虎眼上当"、"傻柱子进京"、"李桂香砍柴"等为主题的民间"蹦蹦戏"，正月十五的"耍中幡"、"闹花灯"等等丰富多彩的民间活动，使村落充满热闹、祥和、欢乐的景象（图 7-61）。

村中以庙宇构建村落的精神文化中心。在京郊村落环境中，村村必有庙宇，且一般村落庙宇多为关帝庙、娘娘庙、五道庙、土地庙等。与南方村落相比，村内的家族祠堂较少，各村均以庙宇构建精神文化中心（图 7-62）。

三、路径为骨架，构街巷肌理

路径是村落环境空间构成的重要元素，也是空间形态的骨架和支撑，常以街、巷、道组成道路系统。其中，街为村内外主要道路，巷为街的支路，道为巷的分支。因此，路径是村中人与自然、人与人交往，进行生产、生活活动必不可少的行进空间，也是村落对内、对外交通联系的命脉。在传统村落环境空间结构组织中，多以自然山水屈曲环绕的线形道路为主干，以道路的延伸控制村落空间的生长方向，以大小街巷网络构建村落内部空间生长的骨架和支撑，形成灵活多变的空间结构（图 7-63）。

村落街巷空间构成要素多元，上有蓝天作顶，下有大地作底，侧有多种垂直界面要素，包括建筑立面、院墙、篱笆、山坡、水岸、农田、树等多种元素围合构建街巷空间。村落道路、街巷的空间结构体系，按村的规模、性质及基地条件灵活布局，构建村落空间结构骨架，形成不同的村落特色。

1. 街巷布局，顺应地形

村落道路、街巷布局，强调结合地形特征，构建主次分明、纵横有序，具有明确的方向性和延续性，行进方便的道路体系。在分布面广、地理环境各异的京郊村落中，各村的街巷组织结构各有特色。位居平原地区的村落街巷构成较规整，主次分明，行进方便；位居山地的村落，道路、街巷的布局一般随地势走向多弯曲灵活；地势高差大的地区，则多设台阶或坡道相连通，形成主街平行等高线的街巷，支巷、小道随山坡走向布置，形成行进方便的道路网络。那爬山道随山行进，形成步步高升的山村景观。街巷相交的节点灵活多样，形成不同的空间形态，有两道十字交叉形、丁字形，有三条交叉的"丫"字形，有四道、五道交会的多口形等空间形态。在道路、街巷的交会点，多构成村落大小不同的公共活动空间，成为村落空间结构组织的控制性节点和村民交往的场所（图 7-64、图 7-65）。

2. 街巷空间，丰富多彩

村落街巷的性质和界面各不相同，有以店铺组成的街道，也有以院落门、墙围合的巷道，它们的空间尺度亲切而富有变化。街道空间多结合沿街的

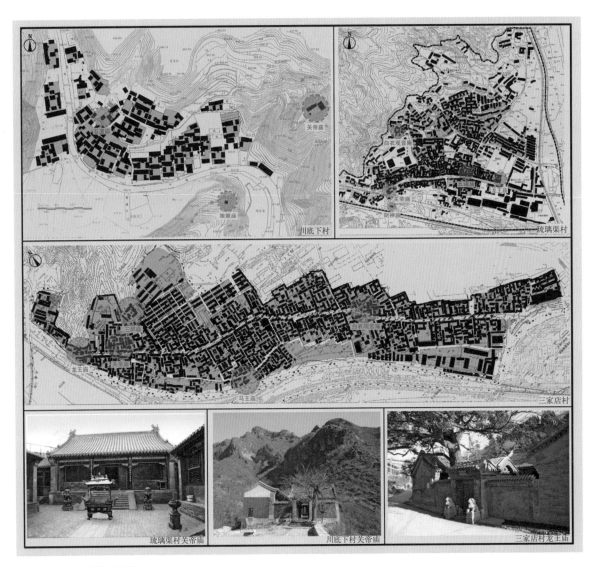

图 7-62　村落的精神空间

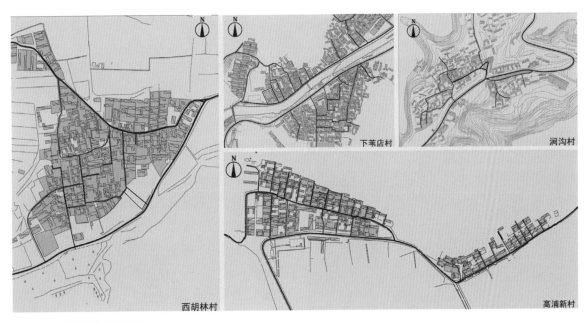

图 7-63　村落街巷道路构成

图 7-64a　涧沟村某巷道

图 7-64b　碣石村某巷道

图 7-64c　灵水村某巷道

图 7-64d　双石头村某巷道

图 7-64e　淤白村巷道

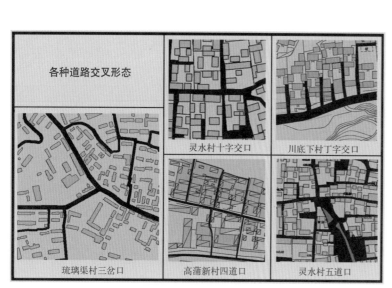

图 7-65　各种道路交叉形态

商店布置，店铺门打开，既展示店铺，也扩大了街道空间，店街相融，亲切而充满情趣，在街道上可购物，也可在店前的绿荫休闲会友，谈天说地，交流邻里友情。通向宅院的巷道一般都较窄，尺度亲切，巷内各家宅院大门向巷道开启。有的村落在巷的入口处设门楼，几家同住一巷中，既加强了安全防卫，更密切了各家交往而情系邻里。

村落街巷空间开合多变，随街巷两侧的建筑、围墙、山坡边界及地形的变化，形成较宽敞的路面和开放的空间。道路交会处的开放空间丰富了街巷空间的变化，而不再单调。在地形狭窄处，道路断面随之变窄，使空间两侧的界面内收而形成内合的空间形态。

村落的街巷有不同的标示。村落入口，即"风水中的水口"处设置标志性建筑物、关帝庙和娘娘庙等，以此作为村落的标志。有的村落在街道入口设标志性的门楼以增添街道的标示和景观（图 7-66）。

3. 街巷地面，山石为主

村落的街巷地面的用料就地取材，多用青、紫、灰色的山石铺筑，与道路两侧的山石围墙及山石修筑的建筑相组合，形成山村质朴的风貌。特别是当街道旁的绿树繁茂，巷道中自长自生的野花盛开之时，绚丽多彩，更加充满山野的自然情趣（图 7-67）。

图 7-66a 川底下村入口风水树.

图 7-67a 吉家营村小巷.

图 7-66b 琉璃渠村的入口牌楼

图 7-66c 双石头村的入口庙宇

图 7-67b 街巷中的绿树山花

图 7-67c 川底下村小巷

图 7-67d 街巷中多彩的山石

图 7-68　榆林堡残城墙

图 7-69　上苇店村口的古树

四、以界面围合，定空间领域

空间构成是以"面"的形态构建具有明显边界的封闭性空间。"面"是指构成空间的六个"界面"，界面的有机围合，构成具有明显领域的限定空间，以创造具有生产、生活及审美功能的人为空间，形成传统民居环境所崇尚和追求的空间模式。在传统村落环境构建中，多选址于群山环抱，河水绕流的封闭领域之中，以山、水、树林、道路等为界面，或以筑墙、种植等手段定边界，从而加以围合限定村落领域，构建山水之中的居住环境。位居京郊长城沿线要塞外所建的防卫性村落，则以城墙的界定形成城堡式村落，进而形成封闭性、安全性强并具有防卫功能的村落空间（图 7-68）。

在村落环境空间构建中，常以"群组"的形态构建具有围合关系的内向空间。空间的围合多应用建筑、标志物、山、水、林木等具有界面意义的元素，采用"起"、"延"、"开"、"合"、"隔"、"渗"等结构方式组织，创造生动而富有变化的村落环境空间。注重村落环境的"起点"和"终点"的界定。常以"庙"、"门"、"树"、"山石"等元素塑造村落"起点"与"终点"的标志性景观，以形象与心理感应树立村落的"起点"与"终点"的界定标示（图 7-69）。注重采用空间的开合有致，隔渗交融的处理手法，塑造村落中不同功能空间的分隔和相融。从村落的大环境看，以背山面水的格局，形成以群山围合的形态，塑造村落的内向空间。以面水的开放形态，扩大村内空间开放度。以村内街、巷收敛和转折变化空间的开

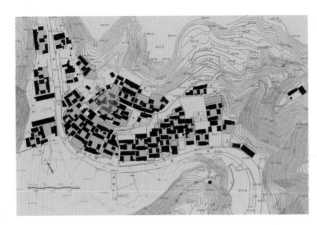

图7-70a　川底下村磨盘空间位置

图7-70b　川底下村磨盘空间节点全景

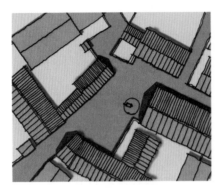

图7-70c　川底下村磨盘空间平面形态

图7-70d　川底下村磨盘空间节点之一

图7-70e　川底下村磨盘空间节点之二

与放，丰富空间的变化和空间多功能的适应性。例如街巷节点广场，多为村落的交流空间而深受村民的喜爱（图7-70）。在村落中的各功能空间的分隔处理上更是灵活多变，常以矮石墙、竹篱、树、院墙等灵活分隔，追求各功能空间"隔而不死"、"互相渗透"的灵活空间，形成自然、灵活、亲切的村落环境特色（图7-71）。

图7-71　后桑峪村的篱笆墙（江中鱼摄）

第四节　乡土文化与精神环境

传统村落环境构建过程中，既重视构建融于自然，宜于居家及农业生产的物质环境，也重视环境精神的塑造，追求环境精神对人的精神陶冶，培育人的品行和人格。因此，村落精神环境的构成强调以自然环境为依托，以自然风景及庙宇、戏台为中心，构成精神环境，创造富有精神归宿、情感依托和文化品质的环境灵魂。其具体的构建形式多种。

一、以自然山水，立环境意趣

传统聚落多选址于山水之间，建村者常以崇尚自然和追求自然之美，塑造村居环境的天然真趣和居者情感的愉悦。正如白居易在《庐山草堂记》中写道："庐山以灵胜待我，是天与我时，地与我所。"村落环境强调人居山水中，可仰观群山，俯听泉水声，旁观有林木山石，追求以村落环境的天然真趣和山水情怀来陶冶居者的真、善、美、情等人生精神美德。因此，在村落的环境精神的塑造中，常以树、花果、绿林育人心怀与气质。在京郊的村落环境中，处处绿树成荫，特别是古树，几乎村村皆有。仅京西门头沟区古村现存的古树就多达1379棵，其中具有观赏价值的古树则有上百棵。例如燕家台村的核桃王、灵水村雌雄同株的古银杏、石门营村的唐代古柏等等，见证着古村落的发展，塑造了古村富有灵气的自然之景，成为村民崇敬的树神（图7-72）。建于山地的村落环境，常以山的雄姿和磅礴的气势培育人坚强勇敢的性格，以山的青翠净化人的心灵。如古北口村气势磅礴的长城峻岭，气势雄伟，激励村民守卫京城的气魄和勇气。例如位居太行山脉峡谷中的川底下古村，以雄伟险峻、蜿蜒磅礴的群山气势，培育着山村人刚强勇敢、勤劳奋进的精神。在山村的发展史上，记载着勤劳勇敢的川底下人创业兴家的历史，更有32位英烈抗击日寇进村烧杀，顽强拼搏保家卫国的光荣历史。该村保存至今的日寇烧村遗存废墟是具有震撼力的历史见证（图7-73）。

二、奉宗教神灵，立环境精神

在传统的村落中，庙宇是村村必设的精神中心。庙宇作为人与神灵沟通的纽带，也是百姓日常生产、生活中的重要信仰。在京郊地区除有著名的潭柘寺、戒台寺、云居寺、妙峰山等规格高、规模大的古寺庙外，村落中的寺庙供奉的神灵多

图7-72a　灵水村柏抱桑榆

图7-72b　石门营村的唐代古柏

图7-72c　下苇甸龙王庙古柏

图7-72d　燕家台村核桃树王

图7-73a　日军烧毁的村落

图7-73b　日军烧毁的房屋

图 7-74a　密云潮关村瘟神庙

图 7-74b　平谷峨眉村道观

图 7-74c　下苇甸龙王庙

与人们生产、生活息息相关，其中以关帝庙、娘娘庙、五道庙的设置最为普遍。村民供奉关帝，是以崇敬关帝高尚的品德来教育村民做人和祈求关帝的神灵保佑村民平安；而建娘娘庙就是乞求多子多孙，家门后继有人；建五道庙则是为过世之人送亡灵之所。除此之外，还有龙王庙、土地庙、山神庙等等，以供奉诸神保佑村民生活平安大吉，生产风调雨顺（图 7-74）。不仅如此，京郊村民也有许多宗教信仰，有的村落也设有清真寺、天主教堂，如京西桑峪村的天主教堂、城子村的清真寺等等，都展示着京郊村落中浓郁的宗教文化。例如，位居 109 国道北侧 1.2 公里处的"桑峪村"（原名三峪村，因位于三条水域交汇处而得名）是典型的农耕村，但这里文化"多元"，特别是宗教文化融合了儒、道、佛和天主教于一村。其中天主教是在元代出现，天主教随蒙古军入京，西方天主教士以行医为名到桑峪一带传教而兴起，直至今日，村内仍有不少天主教徒。村内于元代元统二年（公元 1334 年）兴建哥特式教堂，经明、清两代重修扩建显得神圣而庄严，成为村中精神环境的中心（图 7-75）。

图 7-74d　北关龙王庙

在京郊的传统村落中也建有圣人庙、魁星阁、文昌庙，提倡耕读生活。这是封建社会科举制度的社会影响，特别是宋代科举考试方法改革，录取名额扩大，雕版印刷盛行，文化的进一步普及，激发了普通人家和农家子弟对科举进士之路的追求，从而在农村兴起了耕读生活，构建以魁星阁、文昌庙等为中心的精神空间。

丰富多彩的宗教文化、古老的庙宇建筑，是京郊村落宗教文化与乡土文化的公共活动中心，

图 7-75a　桑峪村天主教堂一

图 7-75b　桑峪村天主教堂二

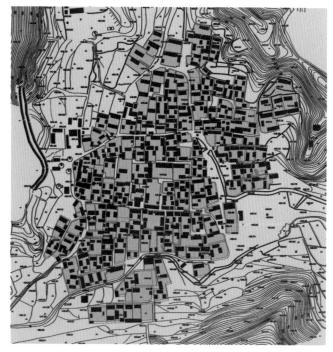

图 7-76a　灵水村平面

图 7-76b　群山中的灵水村（江中鱼摄）

图 7-77　灵水村娘娘庙

成为村中亲切近人、人际和谐的精神环境。

　　例如京西斋堂镇的灵水村。该村历史悠久，相传汉代一位高僧在此传经修行，引来八方香客，在此择地建村，明清两代得以发展。村落选址于京西深山古驿道上的一处风水宝地，环境优美，群山环抱，毗邻莲花山，地势西北高，东南低，略呈方形。村内多泉水和小溪，从村子的南岭观看，整个村落形似龟形。村落布局以三条东西走向的街道与南北走向的胡同组合构成龟纹形，将村中宅院布置于道路肌理中，形成龟纹的大小块体。村落的环境空间构成，体现了模拟自然、融于自然的形态，以富有寓意的村落布局，塑造村落的环境意蕴，以"龟"的灵气象征村落兴旺、长足发展、人才辈出的吉象。因此，为了体现该村中的 72 眼井和村落布局形如"龟"的灵气与象征意义，将原村名"清水"改为"灵水"（图7-76）。

　　富有灵气的"灵水村"人杰地灵。村中以刘、谭两大家族为主，现有村民 200 户，700 余人。历史上村落发展以商、耕、读相结合。村内商业发达，历史上村内有著名店铺"八大堂"（包括三元堂、德盛堂等）。农业生产更是以盛产粮食、干鲜果品等而闻名。村中的文化丰富多彩，其中"耕读文化"、"宗教文化"尤为突出。

　　该村也是京郊最早建有寺庙的村落，据明《宛署杂记》记载，自汉代在陵（灵）水村建有灵泉禅寺，1485 ~ 1505 年重修，部分建筑保存至今。也有历代僧人在此传教的历史，形成佛、道、儒三教合一的宗教文化。在鼎盛时期，村中有庙宇 17 座之多，成为村落文化中的奇迹。至今村内仍保存着灵泉禅寺、天王庙、胜月庵（圣泉寺）、玄帝观、龙王庙、西王母娘娘庙、关帝庙、三圣庙、五道庙、牛王庙、三神庙、土地庙等等（图7-77）。

　　灵水村人崇尚文化、崇尚教育、敬仰官士，追求"学而优则仕"、"中举改命运"的兴家发展之路。因此，村内建学堂兴读书之风，敬奉魁星，建造"魁星楼"塑造文星高照的精神环境。据记载此村曾考取过多名举人、两名进士，直至民国

图 7-78 灵水举人村

图 7-79a 川底下村 "爨" 字影壁 (半瓶子摄)

初年，村里走出六名燕京大学的毕业生。至今村内保存着举人宅院，刘梦恒、刘增广等故居。这些故居多为三进和五进院，建筑规格高，建有门楼、影壁、高台阶，房屋建筑讲究、装饰精美、品位文雅 (图 7-78)。村落的精神文化环境，造就了村民中读书的多、做官的多、经商的多和名人多的景象。不仅如此，村民好吟诗、作画、读书、论文，村中民间文化多彩，是构建村落精神环境，培育人才的典范，并享有"举人村"的美誉。现"灵水村"被评为中国历史文化名村。

三、倡伦理精神，树环境文明

世代居住的山村环境十分清新宁静，聚家而居的农村小院尤其亲和温馨。这里院落虽有大小之别，规格也不尽相同，但却同为家人生活居家的环境。在农村，对宗法社会的血缘亲情更为珍惜，对伦理、礼乐的精神也更为尊奉传承。因此，在农村的居住环境中，特别重视所居住院内的长幼、辈分次序，在大小不一、规格不等的宅院中，长辈居上、长兄居左形成规矩。从宅院布局与居住房屋的分配体现上下、尊卑的伦理关系。在建筑的装饰上，虽比不上豪宅华丽，但更朴实亲切。常以"伦理"、"礼乐"文化树立居住环境精神，以施教化于人。在村落的居住小院中，有表达伦理道德或兴家教训的匾额、对联；也有寓意"福、禄、寿、喜"、"祈福平安"、"多子多孙"、"富贵生财"等象征图案的木雕、砖雕、石雕等。通过

图 7-79b 张家庄 "福" 字屋脊

图 7-79c 杨家峪 "富贵牡丹" 屋脊

图 7-79d 模式口 "中心四岔" 影壁

图 7-79e 三家店 "家训对联" 大门

朴实的艺术表现力施伦理教化培育人格，提升村落居住环境的文化品质 (图 7-79)。

图7-80a　交谈（江中鱼摄）

图7-80b　晒暖（江中鱼摄）

图7-80c　下棋

在村落整体环境中，常以建关帝庙，构建伦理教化中心，以武圣人关公忠、孝、仁、义的高尚品德教育村民。以礼、智、孝、忠、信等伦理准则作为通俗的行为信条，构建村落环境精神文明，培养村民至善至美的道德品格。在许多村落中都传承着先人的业绩。如川底下村至今保存着村中长辈在甲午战争中立功的光荣榜。在西胡林村还保留有贞节牌匾，以称颂村中谭王氏20多岁丧夫，未改嫁，抚养幼子成人的事迹。

在北京的村落中，由于村落的构成多元化，不局限于宗族聚居，而多通过关帝庙创建伦理体系。但村落中也有建家族宗谱、家规、家训，建祖宗坟地等祖宗崇拜，强化家族凝聚力，树立"休戚相关，祸福与共"的家园精神和热爱家园，共建家园的美德。因此，在京郊的村落环境塑造中，不仅传承着许多代同居的历史，如川底下村已有24代韩氏家族在村中生活，灵水村已有二十代刘、谭家族聚居，也有延续着几代同居同乐的合院式居住的情感空间。村中以淳厚朴实的石板街道，幽深蜿蜒的小巷作为家家户户联系的纽带。以风水树下、水井旁、石磨处、商店前等构建村民交往空间，这里充满乡音乡情，使村落的环境有如一个同生、同乐、同耕、同奋进，随社会的进程而发展的小社会（图7-80）。在许多村落至今还留存着各个时期的标语，重大事件等的历史记忆，见证着古村发展的历史（图7-81）。

四、乡土文化浓，生活有情趣

文化具有强烈的地域性，而乡土文化则是在特定的地域环境中形成和发展的。北京郊区的村落，依托地区自然山水环境和帝都的政治、经济、文化中心的地位而形成与发展，因此京郊村落的类型多，而不仅仅局限于农业生产，因而有古道上的农商结合型、农工结合型、防卫型村落等等。村落人口由各地移民及蒙古、满族等少数民族聚居组成，因此，培育了特色鲜明而多样的乡土文化。

在京郊的传统村落中，最热闹的正月十五"元宵节"，它是村村都有的狂欢节。虽然节日里祭

图 7-81a　川底下村标语

图 7-81b　双石头村毛主席像

图 7-82a　京西村落的古幡会一

图 7-82b　京西村落的古幡会二

拜祈求来年风调雨顺、吉祥平安的活动各村都有，但在各村却又各有特色。有的村在此期间组织走会三天，有各式表演，也有村民自发摆放的茶点招待众人，格外热闹亲切。而其中来京西大峪村走会的人最多，各户亲戚赶来串门参会，有如民谣"有闺女给大峪，连串亲家带瞧戏"中所描述的一样。

位于浅山地区的村落，大多都有皇封"朝顶进香会"，其规模宏大，内容丰富，传统的大秧歌、音乐班、鼓会、幡会、花会等各具特色。其中以京西妙峰山的娘娘庙会最为隆重、热闹，曾被皇上赐封为"天人吉祥会"。在千军台村、庄户村有兴于明代，传承至今，已有 600 余年历史的"古幡会"（原名"天人吉祥会"）。每年正月十五、十六元宵佳节都要举行声势浩大的古幡会，以绣有各路神仙名号的幡旗聚集，号称是各界神仙下凡的"天仙会"，而隆重热烈。村民从四面八方聚集庆贺，真是旗幡飘扬，锣鼓喧天，乐声沸腾，人声鼎沸，它是最具乡情的活动，也是精彩的民俗画卷（图 7-82）。

图 7-82c　京西村落的古幡会三

位于深山区的村落，如川底下村、灵水村、西胡林村、杨家峪村等，则以"转灯"为载体，在村内开展游行走会活动。每到正月十五，全村村民或举灯或举火把游村，并聚集于村内广场所布置的麻秸把油灯阵前，灯阵为八卦阵形、九曲黄河形等。村民们举火把走进灯阵迂回辗转、游戏。村民在锣鼓乐声、载歌载舞的欢乐中，迎新年，祈平安，以欢乐情系村民（图7-83）。

京郊村落乡土文化浓郁多彩。最为流行的太平鼓、高跷会、地秧歌和燕歌戏、秧歌戏、山梆子、蹦戏、梆子戏等丰富多彩的文化活动，在各个乡村都组织有民间戏曲活动班子，开展丰富多彩的民间文化活动。在村落中，村民生活俭朴，既重视生产耕种，更讲究朴实多彩的乡土生活。例如灵水村，具有丰富的乡土文化、健康淳朴的民风民俗，并且村民十分热情好客，至今还保留着有三百多年历史的"秋粥节"。据《京都风俗志》载："立秋日，人家亦有丰食者，谓之贴秋膘。亦有以大秤称人，记其轻重，或以为有益于人"。灵水村在每年的立秋日，集资买锅集粮，在街上分片煮粥，全村聚聚一起，共食杂粮粥。邻里相聚，沟通情感，互为问候，共建亲和友善、和谐朴实的村落生活。

五、借自然山水，营村落景观

环境景观艺术是城市、乡村环境整体中，极具观赏价值、精神内涵和情感表达的视觉景物及事件构成的景物，它给人以观赏、意蕴、启迪与记忆，是人居环境中不可缺少的精神要素。

在村落景观的塑造上，讲究的是因借自然山水之美和生机盎然的灵气，创造真山真水为依托，山水、田园、村舍融为一体的村落景观。正如唐代诗人孟浩然《过故人庄》中："绿树村边合，青山郭外斜"描写的绿树环合的农家，及对大自然的喜悦之情。有文曰：

"山无曲直不致灵，水无波澜不致清，室无高下不致情。然室不能自为高下，故因山构居者，其趣恒佳。"

文中描写了山水中的建筑布置顺应山水蜿蜒、曲折、高低错落而融于自然山水环境的构图中，来体验大自然充满生机的感染力和富有生命力的景与情，从而达到景人合一的审美境界。这也正是村落环境景观塑造的追求。在村落景观的创造中手法灵活多样，景观生动。

1. 自然之美，组景抒怀

置于自然山水之中的传统村落，注重纳山水

图7-83　正月十五转灯游庙（王春雷、刘志杰绘）

美景于村落空间意境之中，常以人的情感和想象，给予诗词歌赋的赞美，题记景观意象，塑造一幅幅朴实自然，富有诗情画意和生活情趣的景观。这也就是中国传统城市、乡村中，常有的以诗意命名的"八景"、"十景"的"景观文化"。

在京郊的村落景观中，常有"八景"和以自然真山真水形象造景的村落景观。例如地处深山老林京西灵水村，就以秀美的自然风光塑造村落"八景"。据灵水村玄帝观墙上题记的灵水村八景为：东岭石人、西山叠翠、南庵近眺、北塔凌云、龙泉观水、古柏参天、文星高照、挺松榆儿。虽然历经时代的变迁，因古庙、古塔、水池等有了变化而影响景点的存在，但八景延续至今仍保存或增添新的景观。现有的灵水"八景"命名与古时相近。例如东岭石人——为村东的（朕鬏）髻山上有一山石，其形态像一位教书先生高高地站立在山顶而命名，以寓灵水村出人才。

西山莲花——指村西的一座形似盛开的莲花而命景名。该山又称莲花山，满山野花鲜艳。传说莲花山为观世音菩萨修行之地，以山顶祥云、佛光的山水造化，孕育出灵山秀水的"举人村"（图7-84）。

北山翠柏——灵水村北一座名为"北山"的小山岗上，生长着一株千年古柏（侧柏）。树径近 2.5 米，树枝横生，树冠平展，叶绿盛茂，傲立山头。当地人冠以"京西灵芝"之称（该树为国家一级古树），并以古树的灵气提升村落环境生机（图7-85）。

柏抱桑榆——是灵水村长在南海火神庙内的两棵千年古柏，即桑柏和榆柏，两树相距 10 余米，相互交映，奇特的是一棵柏树与桑树同生，称"柏抱桑"，一棵柏树与榆树同生，称"柏抱榆"。生长千年的奇树构建村落景观，给予了村落环境以生机活力，树立了相依生长、和谐共荣的精神。两株柏树均为国家一级古树，是北京古柏奇观之一（图7-86）。

在京西的杨家村，同样以山水风景塑造村落八景。即：

西山林海——为万亩人工松林，其松声玄风，绿浪翻滚，景观壮丽。

南山杏花——以村中南山（又名南梁）的杏花、小桃花盛开的美景命名的景观。景观之美有如村中的一首诗所描绘："人间四月芳菲尽，南山杏花始盛开。不知春归无觅处，忽然转到南山来"。

平湖秋色——以山沟水流汇聚，泉水四季常流，青水环抱，湖面映山的景色，升华村落环境之美。

图 7-84a 西莲花山

图 7-84b 西山莲花（江中鱼摄）

图 7-85 北山翠柏

二郎担山——以村落的南梁和西岭两山对立的自然景观，寓二郎神担山填海的气势，提升环境精神。

东岭关城——以村之东岭（也叫大寒岭）的险要地势和岭上建有的明代关城的坚固而气势雄伟之景，提升村落景观气势。

古槐倩影——村中历经时代沧桑的数丈高的老槐树，依然枝繁叶茂，生机盎然，成为呵护山村，抚育村民的象征。

金牛护村——以村北一座形似牛头的山，俯卧正视山村的形象，塑造金牛护村的景观，以提升村落的环境意趣。

双塔傲然——以村内修建的两座移动铁塔构景（以现代修的通州塔而命名），以象征福星照耀山村，而增加村落景观的艺术表现力。

图7-86a　灵水村南海火神庙古树

丰富的景观文化，是村落环境中一幅幅朴实自然、富有诗情画意和精神象征的乡村画卷。

2．四时之景，田园画卷

在京郊的村落环境中，纳山水之俊秀，妆四时风光景色，构村落美景。春、夏、秋、冬、日出、日落、云雾、晴雨，都是田园风光中最美的画卷。春的嫩绿、夏的浓荫、秋的金黄、冬的洁白，四季的风光烂漫、绚丽多彩（图7-87）。一日中的晨光朝霞，蓝天白云，夕阳西照，户户炊烟，都是充满大自然勃勃生机和变幻莫测，诗一般的景象意趣。生动的自然景色融于村中，渗透到家家户户的院里。那村中的春耕、秋收、羊群、蜜蜂、野兔和那鸡鸣、蝉音、鱼跃、犬吠等，都呈现出村中农耕生产与田园生活的生动景象。塑造出一幅幅古朴秀丽，充满自然生机以及村民生产、生活、情感的乡村美景和诱人的田园画卷（图7-88）。

3．标志景观，强化空间

"标志"通常是指具有明确限定意义的目标。村落中的标志景观是指具有限定和表征的地物，如庙、塔、过街楼、牌楼等，也有山、石、树等特殊的自然景物。其中水口（风水中的出水口）或者是道路入口处常注重设置标志性建筑。京郊的村落中，讲究在村口或者是风水中的水口处设置关帝庙和娘娘庙，两庙分别设于路的两侧高地

图7-86b　柏抱桑榆一

图7-86c　柏抱桑榆二

图7-86d　柏抱桑榆三

图 7-87a 春

图 7-88a 村井

图 7-87b 夏

图 7-87c 秋

图 7-88b 挂晒

图 7-87d 冬

图 7-88c 家务

图 7-88d　村中羊群

图 7-88e　丰收一

图 7-88f　丰收二

处，构建村落的标志性景观，以强化村落环境的领域性。村中的庙宇建筑造型、规格及装饰水平较高，以展示村落文化和村民的精神面貌。例如琉璃渠中的关帝庙、灵水村的南海火龙王庙、三家店村的龙王庙等，建筑造型讲究，装饰精美，是村中主要的公共建筑。

在村落环境中也常以过街楼、牌楼或城门楼的形式构建村落标志性景观，以强化多变的街巷空间和丰富街景，也可供登楼观街。例如：京西火村的过街楼造型简洁，砖石建筑粗犷、朴实。

图7-89a　后桑峪村过街楼

图7-89b　桑峪村过街楼

图7-89c　燕家台村门楼

它不仅是村街标志，也是村民聚集之地。桑峪村村口的过街楼大气粗犷、简洁，通高11.65米，进深7.5米，券门高6.5米，宽4.65米。券门上方嵌石额，其中前额曰"紫气"，后额曰"凝瑞"，拱上建有一座观音庙，保佑出入此门的人一生平安，展现了村落的乡土文化（图7-89）。

在京郊村落过街楼式的标志景观中，要数京西琉璃渠村东口过街楼最为精致高大。该楼又称"三官阁"，为山石砌筑并建有琉璃瓦顶的过街楼。过街楼规格高，精致漂亮，并蕴含质朴的村落文化，成为琉璃渠村的标志。该过街楼为北京市文物保护单位（图7-90）。

现在京郊城堡式村落中，更以城堡、城门、城门楼高大雄伟的形象作为标志景观，表现城堡式村落的特征及形象。例如京郊的沿河城的城墙、城门（图7-91）。

图7-90　琉璃渠村中标志性过街楼

图7-91a　沿河城村　图7-91b　沿河城村西门
西门洞

图 7-92a　后桑峪村

图 7-92b　后桑峪村

图 7-93b　京郊风景一

4. 建筑景观，村貌质朴

在村落的景观构成中，建筑风貌是村落景观构成的重要组成部分，它以生动、朴实、多彩的景象融于自然山水之中。

京郊村落选址于不同特色的山水环境中，建筑布局顺应自然，灵活多变。在山地，建筑依山就势，随坡起伏。有的随山势高低，分台而筑，层层叠叠，栉比鳞次。特别是随山势筑起的农宅，有如自然生长的山屋，与山融为一体。在平原，建筑有序排列，宅院小巧玲珑，构图不讲究对称均衡，但变化中求协调（图 7-92）。建筑形式多样，就地取材，蛮石、原木建房，山石铺路，青瓦坡顶，石板瓦屋盖。村中形式各异的小门楼和多彩的建筑装饰艺术，石门墩、石墙腿、跨山影壁等等，构建了朴实厚拙、色彩斑斓而独特的乡村建筑风貌。它与自然山水景观相融，构建了集自然美、人工美及生活美于一体的田园环境（图7-93）。

图 7-93a　吉家营村周边环境

图 7-93c　京郊风景二

图 7—93d 灵水村村景

图 7—93e 京郊古村落

第八章 北京民居文化保护与传承

保护北京民居文化，重在以研究民居文化组成的物质与文化要素和扎根于中华沃土的传统民居文化，理解要素与要素之间、要素与环境之间整体性的体系关系。明确保护的对象，使民居文化的保护与传承落到实处。本章通过古都北京历史街区与民居保护规划及实践的简略回顾，研究历史街区与传统建筑保护策略、保护理念的发展脉络、保护方法和措施。并以前门历史文化街区、川底下古村落等保护与利用的工程实践，探索有效保护北京居住文化、古都环境与风貌以传承与创新精神再塑首都北京新时代国际化的宜居城市。

第一节　保护策略与理念更新

　　古都北京拥有辉煌壮丽的宫殿建筑、恢宏精美的庙宇祠坛、秀丽碧绿的湖海、多姿多彩的园林美景、气势雄伟的帝王陵墓和分布在城市街巷中富有特色的北京四合院民居等等，这都是元、明、清封建帝都特殊的历史积淀和无与伦比的历史文化资源。

　　随着时代的发展，自1840年鸦片战争开始，在100多年的半殖民地半封建社会中，中华民族经历了丧权辱国的耻辱，帝都北京同样也遭到了巨大的劫难，历史建筑及城市环境惨遭摧残和破坏。之后，北京的城市功能、城市容量以及全面建设都随时代的变迁而发生着变化。到了近代，虽然整个北京城较为完整地保存了下来，但是在民国时期北京成为北洋政府所在地，并经历了为适应城市新发展而拆除皇城城墙，打通和平门等处城墙，拆除瓮城，打通南北长街、东西长安街等几条道路的举措，以扩大城市现代功能。北京城虽然经历了不同朝代的变迁和现代的发展，但古都风貌、古城格局与肌理、历史古迹、街巷以及大片四合院民居等等保存尚好，历史文化资源依然是丰富多彩。正如梁思成先生所称颂的，北京城是"古代中国都市发展的结晶。"北京不愧为世界历史文化名城。

　　新中国成立后，北京成为中华人民共和国的首都，使这座千年古都成为中华民族政治、文化中心，从而迈步进入新时代。全国各族人民和全世界人民都对古都珍贵的历史文化、古老的都城和传统风貌等等都倍加珍惜。新中国成立60年来，国家对北京古都的保护，越来越全面和有效，保护范围从故宫为首的宫殿、庙宇、皇家园林一直延伸到对古都风貌、旧城街区、四合院民居等等，并且也经历了不同历史时期的保护与发展的历程。

一、制定策略，编制规划

　　北京传统民居和居住环境是城市人民生活及城市活力的体现，是城市的记忆，更是古都北京历史文化资源的组成部分。在北京城市现代化进程中，如何保护传统民居文化，不同时期有着不同的保护策略、规划理念和实施历程，在此仅简略回顾：

　　1954年，北京市委提出了《改建和扩建北京城市规划草案要点》。其中对旧城改造提出："在改建首都时应当从历史形成的城市基础出发，既要保留和发展合乎人民需要的风格和优点，又要打破旧城格局的限制和束缚，改造和拆除妨碍城市发展的和不适合人民需要的部分，使首都成为适应集体主义生活方式的社会主义城市。""对古代遗留的建筑物必须加以区别对待，采取一概否定的态度不对，一概保留的观点也是错误的。"

　　1958年的《北京城市建设总体规划初步方案》中，提出了对古代遗留下来的建筑物采用有的保护、有的拆除、有的迁移、有的改建的方针。主要保护内容包括："故宫要着手改造，把天安门广场、故宫、中山公园、文化宫、景山、北海、什刹海、积水潭、前三门、护城河等组织起来，拆除部分房屋，扩大绿地面积。城墙、坛墙一律拆掉。"[1]

　　1982年《北京城市建设总体规划方案》：根据北京历史文化名城的城市定位，提出"要扩大保护范围，对文物古迹和革命文物不但要保护建筑本身，还要保护古建筑的历史环境，保留北京的特色，注意与园林、水系的结合和现有建筑的协调。"

　　1983年7月14日中共中央、国务院发出的《关于对北京市建设总体规划方案的批复》文件将北京确定为国家历史文化名城。其中明确提出："要逐步地、成片地改造北京旧城，既要提高旧城区各项基础建设的现代化水平，又要继承和弘扬北京历史文化城市的传统，并力求有所创新。"该批复，确立逐步地成片地改造旧城的保护方针，推动了旧城保护的新进程。

　　1993年，国务院关于《北京城市总体规划》（1991—2010年）的批复指出："北京是著名的古都，是国家历史文化名城，城市的规划、建设和发展必须保护古都的历史文化传统和整体格局，体现民族传统地方特色、时代精神的有机结合，……塑造伟大祖国首都的美好形象。"此次《北京城市总体规划》提出："历史文化名城的保护与发展，以保护北京地区珍贵的文物古迹、革命纪念建筑物、历史地段、风景名胜及其环境为重点，达到保护和发展古城格局和风貌的特色，继承和发扬优秀历史文化传统的目的。"还强调："历史文化保护区是具有某一历史时期的传统风貌、民族地方特色街区、建筑群、小镇、村寨等，是历史文化名城的重要组成部分。北京市已确定的国子监街、南锣鼓巷、什刹海、大栅栏等25处第一批市级历史文化保护区。逐个划定范围，确定保护与整治目标。"该规划还强调："要继续在旧城区和广大郊区增划各级历史文化保护区。对于历史文化保护区以外的部分分散的好四合院，在进行市政改造时也要尽量保留，合理利用。"并提出："要从整体上考虑历史文化名城的保护，尤其要从城市格局和宏观环境上保护历史文化名城。"规划中还明确提出："旧城改造要基本保护原有的棋盘式道路网骨架和街巷、胡同格局。""吸取传统民居和城市色彩的特点。""增加和扩大旧城区、郊区各级历史文化保护区，保护部分分散的好四合院等措施，有效地推进了旧城改造的发展历程"等等。《北京城市总体规划》确立了"整体保护"理念，建立从单体历史建筑、寺庙、风景区到城市格局、商业区、街区、胡同、传统四合院居住区及传统生活场景及京味文化和风土民情等无形文化的整体保护体系。强调了从北京城整体格局、历史环境、历史建筑、传统文化及人文环境等综合构成的有机整体上保护北京古都风貌，全面推进了北京历史名城的保护与发展。[2]

北京旧城是几朝帝都所在地，构成要素多种多样，其中历史街区、胡同四合院居住区是量大、分布广、聚集人口最多的历史文化区。因此，旧城区保护与改造是北京历史文化名城量大、面广、难度大、持续时间长，并与民众关系最密切的保护改造工程。

据统计，建国初期北京旧城区留下的四合院及平房约1700万平方米（其中有不少危房）。到1982年统计旧城保存的四合院及平房约有200多万平方米，房屋质量较好。旧城改造工程经历了20世纪80年代的危改试点工程，对西城区小后仓胡同、东城区菊儿胡同和宣武区东南园三片试点建设，并取得了危旧房改造的经验和成绩。20世纪90年代（1990-1992年）先后进行了三批危改建设，其中第一批危改区共37片（其中城区22片、近郊区11片、远郊区4片）共占地360公顷。第二批危改区45片（集中在城区），占地约530公顷。第三批危改区43片（包括各区县）数量和范围进一步扩大。其中，在菊儿胡同和小后仓试点工程中，强调与旧城危改项目相结合，对危改工程中如何保护古都风貌规划与建筑设计作了有益的探索，取得了显著成绩（图8-1）。近十年的北京危旧房改造工程改善了城市功能和环境质量，采取了在旧城以外开发新住区，减少旧城人口压力的措施，提高了几十万居民的居住条件和水平，促进了北京的经济发展。[3] 但随着危改工程的展开，也导致了北京旧城胡同四

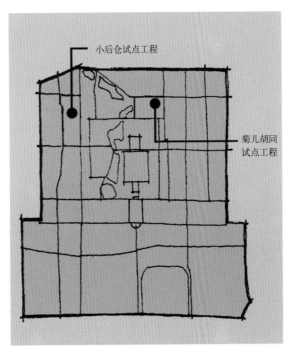

图8-1a　菊儿胡同与小后仓胡同位置图

图 8-1b　菊儿胡同改建平面图

图 8-1c　菊儿胡同更新建筑图

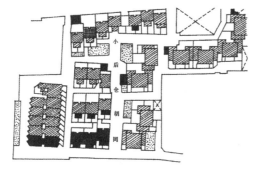

图 8-1d　小后仓地区改建图

图 8-1e　小后仓住宅改造后图

合院等传统建筑的"大拆大改"现象，使大量历史遗存和历史信息消失，新建的高大建筑与传统建筑风格、体量不协调，而使古都风貌失色。舒乙先生曾在 2004 年 7 月 5 日的《人民日报》上呼吁："北京旧城的胡同、四合院已经被拆掉了近 50%，再拆下去，北京旧城就面临在地球上被彻底消灭的命运了。"

社会有识之士、专家、学者和广大居民对保护胡同肌理和四合院的强烈呼吁，得到市政府高度重视，在反思 20 世纪 80 和 90 年代初北京危改工程的"利"与"弊"之后，政府在新的政策制定方面突出了保护的重要意义。将旧城四合院建筑及胡同肌理的保护纳入法定范围，并于 1994 年确定了国家、市、区级文物保护单位 332 处和 478 处普查在册的四合院，提升了对旧城胡同、四合院保护的重视，加大了保护的力度。还编制了 25 片历史文化保护区保护规划，经过专家评审后，于 2002 年 2 月 1 号北京市政府正式批准(图 8-2)。同时还在保护区中选定了 6 处具有代表性的地段进行试点，其中包括三眼井、烟袋斜街、白塔寺、前门、大栅栏成为探索历史文化保护区

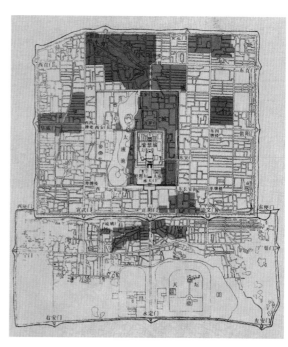

图 8-2　北京 25 片历史文化保护区分布图

危旧房更新的有效途径。从而开启了北京旧城改造和古都风貌保护的新篇章。

例如，位于什刹海地区的烟袋斜街区，其南临什刹海，北依钟鼓楼，为有名的历史文化街区。该保护工程突出街区传统街、巷、院相结合的空间形态保护、肌理和风貌的整体保护、重点整治沿街商业建筑和街区四合院、调整商业业态和原四合院的功能置换、适当扩展街区公共活动空间，同时还强调传统风貌及景观的保护，从而成功地传承并复兴了烟袋斜街传统街区的活力（图8-3）。

图 8-3a　烟袋斜街北入口处的牌楼

图 8-3c　烟袋斜街街区改造后照片

保护类　　综合整治类　　更新类　　保留树木　　新种植树木

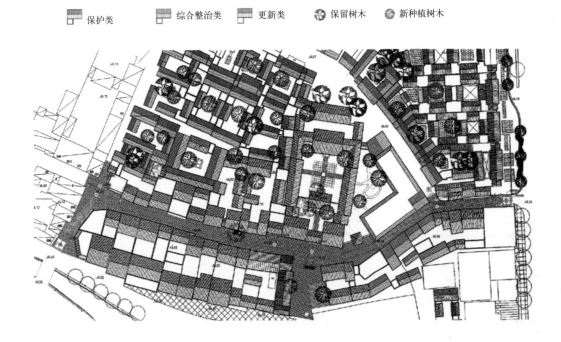

图 8-3b　烟袋斜街规划总平面图

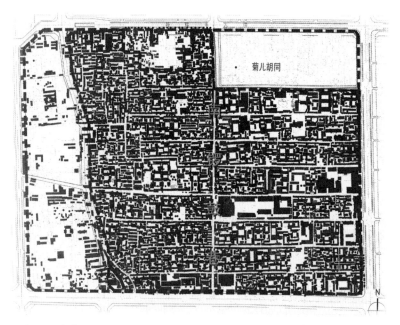

图 8—4a　街巷、胡同、四合院的多种功能利用（南锣鼓巷）

图 8—4b　南锣鼓巷改造后店面一

图 8—4c　南锣鼓巷改造后店面二

又如，位于北京中轴线东侧交道口地区的南锣鼓巷街区，它北起鼓楼大街，南至平安大街，街巷全长786米。该地区建于元代，至今仍保存着元代的街巷格局，这里也是北京现存四合院中保存最集中、最大的一片居住区。而且这里还存有大量的文物古迹、名人故居等和大量世代居住在此的"老北京人"。该地区的历史文化保护突出了街区、四合院的整体保护，同时也强调适应时代发展的动态保护。即不仅要保护传统四合院建筑，更要注重有机更新，发展多种商店、餐馆、商务会所和工坊艺术店等等，激发这里的时代活力，成为京城吸引中外游人的老北京传统文化街巷胡同区（图8—4）。

二、更新理念，有效保护

人类在几千年的发展中造就了文明，积淀了深厚的历史文化。一个城市的形成与发展记载着历史的信息和民族文明的发展历程。它不仅是一个国家、一个民族的历史文化积淀，也是人类共同的财富。当今国际社会共同关注历史城市的保护，无论是从物质到精神，从城市构成中的宫殿到府邸、教堂、寺庙等文化精品保护，再到城市民众生产、生存环境、民居等等，这些方面都注重全面保护的观念。

1964年的《威尼斯宪章》指出："历史古迹的概念不仅包括单个建筑物，而且包括能从中找出一种独特的文明、一种有意义的发展或一个历史事件见证的城市或乡村环境。"之后，又于1976年制定了《关于历史地区的保护及其当代作用的建议》（即1976年的《内罗华建议》）、《保护历史城镇与城区宪章》（即1987年的《华盛顿宪章》）等，这些文件和宪章推动了历史文化保护的发展，更加重视历史城镇保护、历史街区保护、传统村落保护、传统民居保护及无形文化的保护，保护理念也随之更新发展。

北京传统的四合院民居文化，在古都历史文化保护中占有重要的地位。随着时代的发展，北京传统的街区、四合院民居及京韵文化的保护越来越受到重视，成为古都北京历史文化、古都风貌保护的重要部分。虽然，历史街区、传统四合院的保护、整治、改造任务艰巨，难度很大，还面临许多难题。但是，在北京的历史街区、传统居住环境及四合院民居、文化的保护与利用的进程中，理念仍然在不断地更新，并建立起了科学的保护观和有效的保护机制，推进了北京民居文化保护的进程。

1. 整体性、原真性保护观

从历史城镇到历史建筑是一个有机的综合体系，具有很强的整体性。城市的形成、发展、肌理、格局、环境、建筑风貌、各类文物建筑及无形文化等都是组成城市历史文化的有机组成部分，它们共同形成了一种整体性的系统。因此，要强调整体性的保护，即建立整体概念，从宏观的整体环境和组成元素的有机系统的角度来研究城市空间分布规律，制定整体保护规则，建立整体的、和谐的、有机的保护体系与机制，以提升历史街区环境、空间格局、建筑、传统经济、人文网络等和谐共融的整体特色。只有这样才能更好地保护城市风貌、历史文脉之根本特色，提升其珍贵的综合价值，发挥保护与发展相协调的整体活力。

另外，还强调原真性的保护。这就要求保护城市的历史文化、组成元素、历史建筑环境，以及历史建筑的构成比例、尺度、材料、色彩及装饰特色等等，延续历史信息的原真性、真实性，以此来体现保护城市历史文化的珍贵价值。

2. "新陈代谢"、"有机更新"保护观

1999年的《北京宪章》指出："新陈代谢是人居环境发展的客观规律，建筑单体及环境经历一个规划、设计、建设、维修、保护、整治、更新的过程。将建筑循环过程的各个阶段统筹规划，将新区规划设计，旧城整治、更新与重建等纳入一个动态的、生生不息的循环系统中。"

"新陈代谢"观是将城市的构成系统、构成因素，其中包括城市的整体环境、城市肌理、商业住宅及多彩的文化等元素，看成是有如人体细胞之间的相互联系，构建和谐共生的有机整体，

从而必须采取循序渐进的有机保护与更新的方式进行保护。吴良镛先生于20世纪70年代末期提出了"有机更新"的保护观念，并应用于北京旧城保护的实践和其他一些城市的保护工程之中，建立了一套从规划设计、保护、整治、更新到重建等过程的动态的、有机的、持续的保护、整治建设体系，开辟了一条积极有效和稳步发展的科学保护之路。

3. 可持续发展的保护观

可持续发展观是20世纪人类针对工业革命行为对自然生态破坏，造成全球性的资源恶化、人类文化趋同等问题进行反思而提出的，它以新的伦理观和价值观来审视问题，提出了人与自然、人与社会、人与人和谐共处并持续发展的战略。1972年，联合国在瑞典斯德哥尔摩召开了人类第一次环境会议（有115个国家参加会议），并通过《联合国人类环境宣言》，宣言中提出："保护和改善环境是关系到全世界人民幸福和经济发展的重要问题，也是全世界各国人民的迫切希望和各国政府的责任。"可持续发展观对人类生存与发展战略提出了新思维、新观念。它强调发展是人类永恒的主题、共同的权利和需求。"发展"是可持续发展的基本点。

可持续发展观念推进了历史城市传统居住环境、历史文物及历史文化的保护观念更新，强调一切历史文化资源的生成、发展都是有机的，是由特定历史社会及自然条件支撑下造就、积淀形成的，是城市历史街区、历史建筑、传统民居、无形文化等等组成的有机整体，是不可再生的历史文化资源。还强调历史文化保护应作出有机的、系统的、整体的、可持续的保护与发展规划，强调保护历史文化资源的永续价值。这些理念都推进了历史文化保护与利用的可持续发展。

历史文化保护观念的更新与发展推动着古都北京历史文化街区和民居文化保护利用的新进程。在《北京旧城25片历史文化保护区保护规划》编制与实施工程中，运用现代历史文化名城保护的新理念，从北京历史文化名城的保护高度，

借鉴国内外先进的理论和方法，确立了"整体保护"、"原真性保护"、"动态保护"、"有机更新"、"可持续保护"的新观念，提出了五项保护原则，即：保护整体风貌；保护历史真实性，保存历史遗存；推行循序渐进，逐步改善；积极改善基础设施，提高居民生活质量；政府领导，专家领衔，公众参与。强调了北京古城整体格局、历史环境、建筑风貌、生活习俗、无形文化等有机的整体保护；强调了有机更新的动态保护；强调了可持续发展和规划的可操作性、科学性，小规模循序渐进的保护改造方法，为北京历史文化名城的历史文化区保护开启了新的探索之路。

自 2000 年以来，市政府先后在旧城内组织相关部门深入调查，将风貌和质量保持较好的四

合院确定为挂牌四合院，1261 个院落确定为准保护四合院，并强调要整体保护四合院及其所处环境；扩大旧城内历史文化保护区，加强四合院区的保护力度（期间分为三次划定历史文化保护区 33 片，总占地面积 1475 公顷，占旧城总面积的 23.6%）；[2] 市政府颁布了《北京历史文化名城保护条例》，确定了旧城四合院的改造原则：坚持科学发展观，处理好保护与发展的关系，完善旧城历史文化资源保护体系，做到旧城的整体保护；以人为本，积极保护，疏解旧城人口；消除安全隐患，防止建设性破坏；合理调整旧城功能，防止片面追求经济发展目标，强化文化职能，发展适合旧城传统空间的文化事业和文化旅游业，推动旧城可持续发展；加强和完善旧城基础设施；坚持保护机制的创新，推动法制化进程，健全管理体制，鼓励公众参与。在 21 世纪，政府加大了对旧城四合院、胡同的保护力度，采取了政府补贴、改造四合院民居、加大胡同居住区市政设施建设、提升绿化环境、合理疏解人口等措施。并强调保护传统的人文环境和民居文化，开展老北京文化产业和旅游产业。从而推动了旧城的可持续发展。有效地保护了北京人的生活与气质、浓郁的京味文化和老北京的城市记忆。

例如，草厂四合院重点保护区采取了政府补贴、居民参与投资的方式按照规定的传统建筑做法进行了有效的修缮保护。同时，政府还对该居住区的市政设施加以改造，大大提高了居住环境的质量（图 8-5）。

北京市政府的这一重大举措有效推进了旧城四合院民居和居住环境的保护与整治工程。

第二节　保护整治工程探索

随着古都——北京历史文化保护工程的推进，其中对传统民居建筑与环境的保护与利用工程受到了高度重视。关于历史街区与古村落的保护规划和四合院民居建筑保护与修缮的项目越来

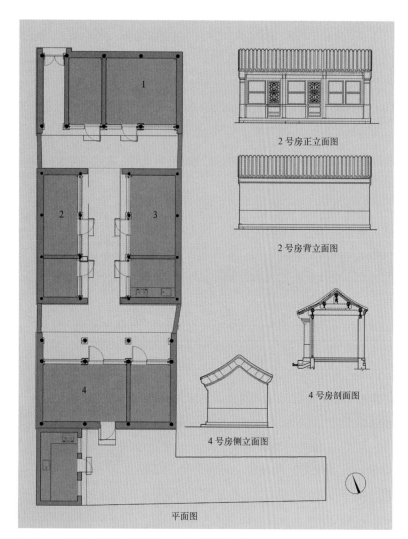

图 8-5　前门东区风貌保护项目中北芦草园 50 号翻建

越多。在此，仅就北京建筑工程学院近几年所作的部分历史文化保护区保护整治工程实践，作简要的探析。

一、北京前门地区历史文化保护规划

前门地区是位居古都北京中轴线南段的重要历史街区。2003 年元月，在北京市规划委员会和崇文区政府的主持下，启动了前门地区历史文化保护工程，并由北京建筑工程学院在国际邀标的保护整治规划方案的基础上，综合编制完成了《北京前门地区保护整治规划》，2003 年 12 月该规划经北京市政府审议原则通过。其规划的四至范围为：东至新革路，南至珠市口大街，西至前门大街西侧沿街建筑，北至前门东大街。规划面积为 9 5．3 公顷（图 8-6）。该地区为北京第一批 25 片历史文化保护区之一——鲜鱼口历史文化保护区，包括前门大街为轴的商业街区，和东侧的长巷、草厂为重点的四合院居住区。该区域的传统民居、街巷肌理和风貌保存良好。其中，前门东侧路以西的地块以商业区为主，这里集中了前门地区众多的商业建筑与文化；东侧路以东的地块以居住区为主，其中的长巷一至四条和草厂三至

九条为重点保护区，是外城独具特色的四合院群体建筑集中区（图 8-7）。

溯古追今，前门地区的历史与文化资源深厚，价值珍贵。早在金代这里就是金中都的近郊，元朝此地段属大都城外的自然村落集合地，明朝定都北京后，都城沿用元大都城市的南北中轴线为脊梁，由里外三重城垣（紫禁城、皇城、京城）构建，皇城设城门九座，居中的是前门（原正阳门）。它为古都九门之首，是位居中轴线上的南大门，具有京城标志性的象征意义。正因如此，前门地区一直是商贾集中、外地学子进京赶考、外地官员进京述职和外地宾客驻京交流等云集之地，因而促进了地区会馆、旅社、士文化和市井文化的发展。随着漕运终点码头从什刹海南移至大通桥后，京城原有积水潭和鼓楼一带的商业中心南移至前门地区，从而这里成为古都的商业中心。自清代废除内城坊制，规定内城划为八旗驻地后，汉官一律外迁城外，内城不得开设店铺、戏楼等，这些举措促进了外城的发展与繁荣。后来清政府推行新政，改良市政，建京汉火车站，使此地区成为北京对外交通的门户。经民国到新中国建设的发展，前门地区至今仍保持着古都中

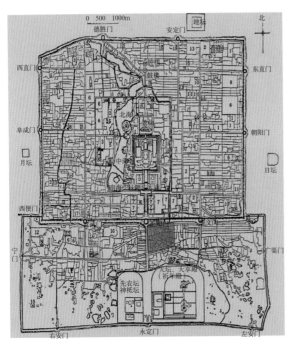

图 8-6　前门地区保护整治规划地块区位图

图 8-7　前门地区保护整治规划范围

轴线上的商业中心的地位。前门地区的发展历史，承载着元、明、清几朝帝都盛世的辉煌，也经历过八国联军入侵炮火轰炸的沧桑。新中国成立定都于北京，前门走上了开拓振兴中华伟业的新历程。

1. 历史文化资源价值

前门地区的历史文化资源具有珍贵的历史价值。因为前门大街位居古都中轴线上，它以具有象征国门意义的"前门"为起点，是冠名为"天街"的帝都南北主街。这里不仅曾是帝王祭天之道，更是今日首都天安门前的"中华第一街"。前门街区不仅保存着繁华的大栅栏、鲜鱼口等不同规模的传统街市、传统商业建筑以及中西合璧的近代建筑相结合的建筑风貌；区内的戏曲、灯会、杂耍、手工艺品等无形的民间市井艺术资源也具有珍贵的文化价值；街区内顺应西北高，东南低的地形变化，沿古三里河道有机生长演变而成的弧形街巷与胡同成为北京外城独特的城市肌理；其中因势而变的四合院布局构建了与商业街区、自然河道环境相依而存的整体关系，从而创造了这片独具特色、尺度宜人的传统民居居住环境。区内还保存着历史上的传统街巷、四合院形态、地名以及老字号、市井文化、历史遗迹和轶闻史话等，都体现了历史文化的原真性；这里传统的老字号、会馆、戏楼、茶社等多元文化及老北京居住文化等融为一体，具有丰富的社会性(图8-8)。

2. 现状分析

在古都北京城市建设的过程中，前门地区历史文化保护及地区发展现状中存在的突出问题是：人口密度高，建筑密度高，建筑质量差，人居环境质量差，现状道路狭窄凌乱，市政设施简陋，没有消防设施，历史遗存建筑得不到较好保护，传统三里河河道的填埋割断了城市的历史脉

图8-8a　鲜鱼口市井风貌（盛锡珊先生绘）

图8-8b　前门大街上的正阳桥及牌楼

图8-8c　前门大街上的正阳桥

络，传统风貌遭到严重破坏，传统商业失去活力，这些问题的存在不能满足现代北京城市的现代化发展需要。因此，对该地区进行历史文化保护与整治规划势在必行（图8-9）。

3. 规划要点

规划主题：以"前门交响、时代辉煌"为规划主题，制定以历史文化保护为主旋律的保护、整治与发展规划，力求使前门地区高奏历史、文化、商业、人文的时代交响乐章，以强烈的震撼力向全国、全世界展示古都前门历史文化与时代发展的辉煌，展示中华文明永恒的活力。

规划原则："以科学发展观为指导，把握历史文化街区作为城市载体的属性，进行有机的、整体的、动态的、科学的积极保护"。坚持"以人为本"的原则，保护传统民居的人民性和人性化特征。坚持"可持续发展"和技术保障现代化原则。保护传统民居的人性化，保护历史文化资源价值和土地利用的永续性。提倡引进和应用先进科学技术成果、手段和管理机制，提升地区历史文化保护和市政交通等居住环境的质量。

规划目标：保护街区传统肌理，传承历史风貌特色，焕发京味文化、传统民居环境文化的活力；恢复古三里河河道，再现和延续前门地区的传统城市肌理、景观和历史文化，提升居住环境的品质；保护整合地区资源，调整土地利用功能，提升土地利用价值；梳理改善道路交通，提高市政设施水平，改善地区环境质量；调整传统商业结构，激发活力，振兴地区经济；从而使该地区形成以历史文化为主题的传统文化、旅游、商业、居住融为一体的综合区。

保护规划：在坚持整体保护有机更新的原则下，科学地划分保护区，制定有效的保护措施。

老字号失去活力

历史建筑质量差

环境恶劣

居住环境恶劣，无抗震、防火能力

私搭乱建

新建筑破坏传统风貌

商业经营特色不鲜明

区内交通不畅，无停车场

建筑杂乱无章

图8-9　地区居住环境发展现状与问题

其保护区划分为：重点保护区、保护区、控制区三级。其中重点保护区——鲜鱼口街区与草厂三条至九条传统民居与居住区，强调保护区内民居环境的格局、肌理、尺度、整体风貌。保护区——前门街区及长巷等居住区，在参照重点保护区的保护原则的基础上，适当整合更新，延续城市传统基因。建设控制区——强调保护传统建筑风貌。区内建筑形式与高度力求与保护区建筑相协调（图8-10、图8-11）。

历史建筑保护措施：对各类历史建筑分为文物类、保护修缮类、保留整修类和拆除更新类四类分别进行保护、整治和更新。突出保护重点，以点带面，根据历史资源价值，突出前门大街为主体，鲜鱼口、肉市街等组成的商业街巷保护。整修正阳门牌楼、广和剧场、阳平会馆等历史建筑，保护街区城市肌理，传统四合院民居及胡同

居住区。恢复传统古河道，提升地区绿色景观和居住环境品质。

城市设计：遵循地区城市肌理、传统风貌、文化景观等元素有机生长与延续的规律，保护前门地区历史文化的综合特点，深化地区的保护性城市设计。强调保护街区原有的街巷、胡同独特的肌理、富有变化的空间形态，突出前门大街为纵轴，向东延伸连接肉市街、鲜鱼口街、布巷子等多街巷交会的空间格局。扩大街巷交会处的节点空间，提升街巷入口的正阳牌楼等标志景观（图8-12），并建立前门大街南端文化广场，升华街区的文化性、标志性，扩大公共空间，以适应现代商业街区发展的需求（图8-13）；保护清末民初的街区商业建筑风貌，精心整治、修缮和应用现代装饰技术，提升丰富多彩的京城传统商区建筑风貌，展示泱泱大国的文化气质（图8-14）；

图8-10　前门地区保护整治规划总平面图

图 8-11　前门地区保护整治规划鸟瞰图

图 8-12a　清末民初正阳牌楼

图 8-12b　现代正阳牌楼

图 8-13　南广场规划方案

图 8-14a　布巷子节点空间规划设计方案

图 8-14b　都一处方案

图 8-14d　前门大街北段节点西立面设计方案

图 8-14e　前门大街北段节点东立面设计方案

图 8-14c　鲜鱼口节点空间规划设计方案

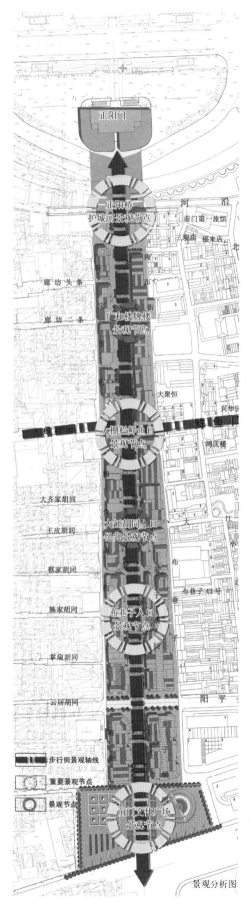

图 8-14e　前门大街景观节点图

保护延续传统街区购物、逛街、娱乐、看戏、休闲、会友等老北京商业文化和京味浓郁的市井文化；保护草厂、长巷典型的四合院民居建筑与街区、居住的相融合整体性，延续邻里相亲的京城居住文化（图 8-15、图 8-16）。

专项规划：结合现代城市功能、产业发展、土地利用、道路交通、市政设施、地下空间利用等城市建设，优化土地利用与功能分区，完善道路系统及交通组织，充分利用地下空间，提高市政设施水平。进行人口疏解规划，保护和完善绿地系统规划，提高宜居环境质量。制定商业复兴规划，开发旅游规划，激发街区活力。

4、深入"草厂"、"长巷"重点地段的四合院民居和传统居住环境保护工程

该项目分为长巷头条至四条保护区（即 A 区）和草厂三条至九条重点保护区（即 B 区）及古三里河地段三部分。规划范围包括：A 区是北起打磨厂街道，南至鲜鱼口街道路；西起前门东侧路道路，东至长巷四条胡同，本区域占地面积约为 3.64 公顷。B 区是北起鲜鱼口街道路及长巷二条胡同，南至得丰东巷及南芦草园胡同；西起前门东侧路道路，东至正义路南延规划路道路，本区域占地面积约为 5.27 公顷。古三里河沿河景观带北起于西河沿街与前门东侧路交点，向东南至南、北芦草胡同以东（图 8-17）。

该规划区是北京外城独具特色的传统居住区，拥有独一无二的由弧形街巷、南北向胡同、东西向小型四合院组群所形成的特色肌理，形成具有北京特色的居住文化。但是，随着时代的发展和北京商业区大规模的更新建设，该地区的发展滞后，昔日的繁荣已衰退，现存历史建筑质量日趋破旧，新建与翻建的建筑风貌杂乱，私搭乱建严重，人口密度过大，基础设施不完善，居住环境恶劣等。因此规划设计以深入该地区传统四合院民居与居住环境的历史文化及价值研究、现状条件分析为依据，坚持保护第一的原则，尊重历史的"原真性"，进行"整体性"保护、"动态保护"和"科学保护"。该保护规划的重要内容

图 8-15a 前门大街城市设计方案

图 8-15b 鲜鱼口街面透视图

图 8-16b 民国时期的前门大街

图 8-16a 街巷整治节点透视图（日本 GK 方案）

图 8-17 前门东区试点范围

包括保护院落、胡同的空间肌理特征，制定有效整治四合院民居和保护传统居住文化的措施，恢复三里河，整合沿河公共空间，深化滨河景观设计，提升水环境的质量。以有效保护四合院建筑——胡同格局与环境等和传统邻里人文网络的社会资源，保护和传承老北京人居住环境的物质与文化，再构建具有北京特色的宜居环境。调整、提升该地区土地资源价值，充分考虑旧建筑资源与能源设施的综合利用。调整、更新或置换原四合院居住建筑功能。适当开发四合院会所、文化茶室、

餐饮、艺术工作室等，发展四合院文化，拓展旅游产业，振兴地区的时代活力（图 8-18）。

制定四合院的改造措施：保护传统四合院—胡同肌理和空间尺度，尽量保持原有院落单位的用地界线，以院落作为城市空间的基本细胞，以小院再扩大组合、并联，形成适应现代功能的"深宅大院"和内向化空间。其次，对四合院建筑分三类进行保护修缮。保留类——这类四合院整体质量良好，可以进行局部的修补、修复和修缮即可。改造类——这种四合院通常是新旧掺半的院

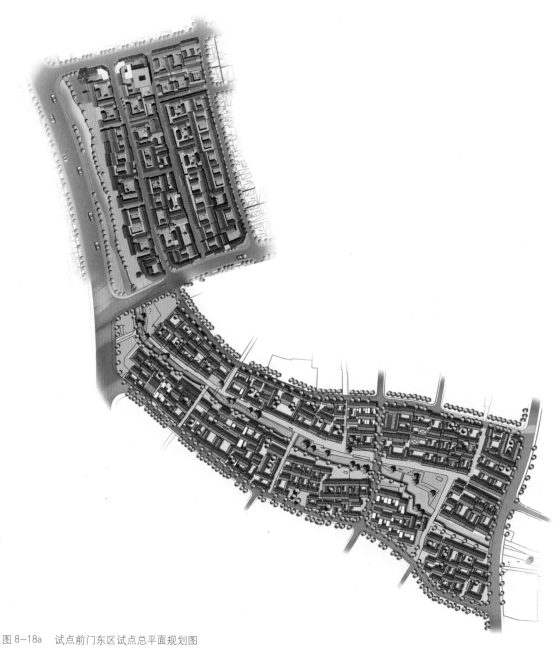

图 8-18a　试点前门东区试点总平面规划图

落，采用"修复＋新建"的方式，以保护为主，部分用新材料工艺新建，从而满足新的居住标准的要求。重建类——这类四合院要尊重传统的旧城风貌，在装饰材料的用料上与传统四合院相协调，保持街巷胡同的建筑界面、风貌、胡同走向、尺度等。保持"墙倒屋不塌"的四合院结构体系，

可采用框架结构，保存传统四合院空间体系的多功能适应性及房屋结构构造体系改造的灵活性（图8-19、图8-20、图8-21）。

改善居住区基础设施，提高居住条件、环境品质。加强交通与停车方面的建设，以适应现代生活的需求。加强庭院绿化、胡同绿化系统，发

胡同肌理现状

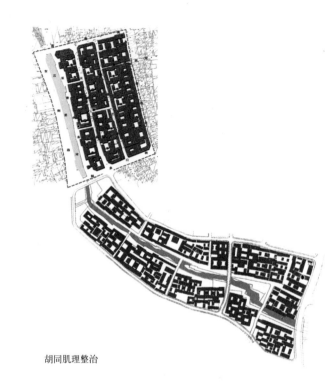

胡同肌理整治

图8-18b　试点地块胡同肌理演变分析图

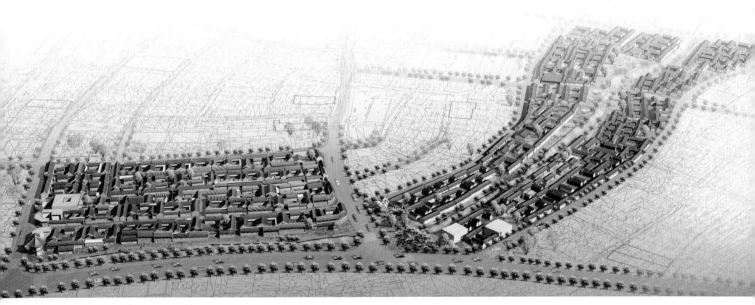

图8-18c　试点规划鸟瞰图

设计说明：

1. 本方案位于前门大街东侧，原址建筑中芦草园 23 号为相邻的两个四合院，较好地保持了原有四合院布局和房屋。

2. 设计方案以修缮为主，只进行了个别的加建。修缮过程中尽可能地保留了原有建筑院落格局与风貌，并尽量使用原有构件。

3. 方案中的两个院落可分可合，功能上可因地制宜，形成西办公或商铺、东居住的院落格局，或者也可按院落分成两户使用。

中芦草园 23 号建筑修缮平面图　　建筑面积　948.5 平方米

立面图

剖面图

图 8-19a　33 号院建筑修缮类设计方案

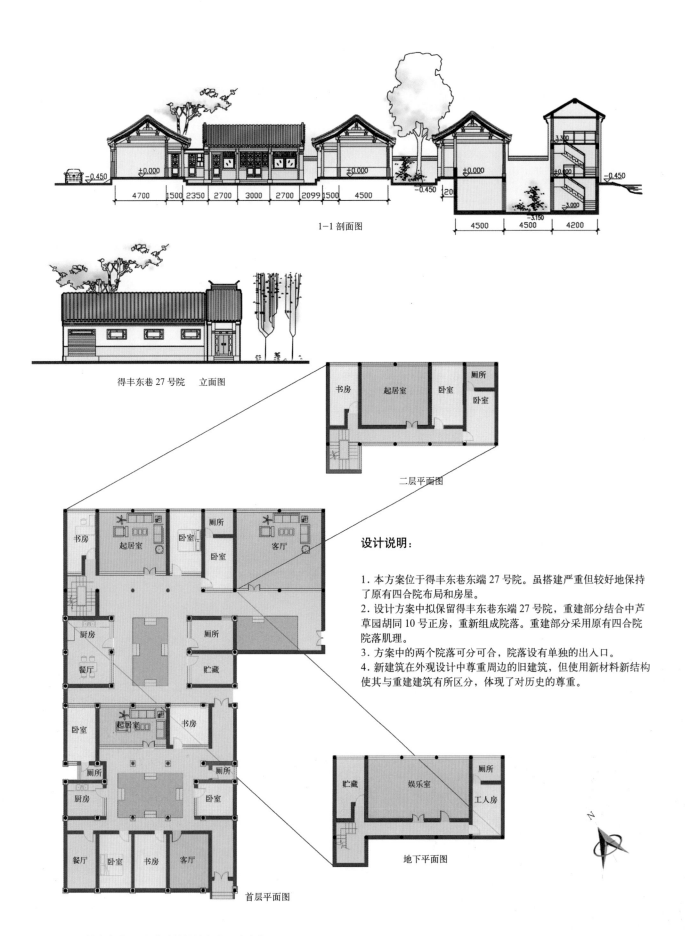

1-1 剖面图

得丰东巷 27 号院 立面图

二层平面图

设计说明：

1. 本方案位于得丰东巷东端 27 号院。虽搭建严重但较好地保持了原有四合院布局和房屋。

2. 设计方案中拟保留得丰东巷东端 27 号院，重建部分结合中芦草园胡同 10 号正房，重新组成院落。重建部分采用原有四合院院落肌理。

3. 方案中的两个院落可分可合，院落设有单独的出入口。

4. 新建筑在外观设计中尊重周边的旧建筑，但使用新材料新结构使其与重建建筑有所区分，体现了对历史的尊重。

首层平面图

地下平面图

图 8-19b 得丰东港 27 号院建筑设计方案（改造类）

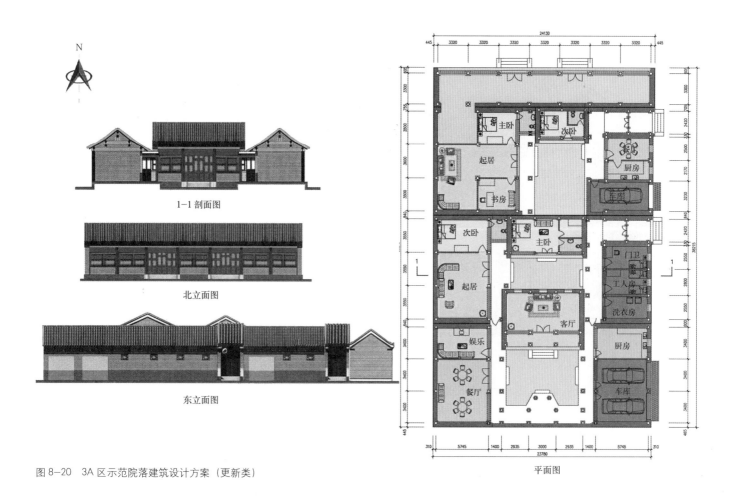

图 8-20 3A 区示范院落建筑设计方案（更新类）

图 8-21a 示范院落建筑设计方案效果图（保护类）

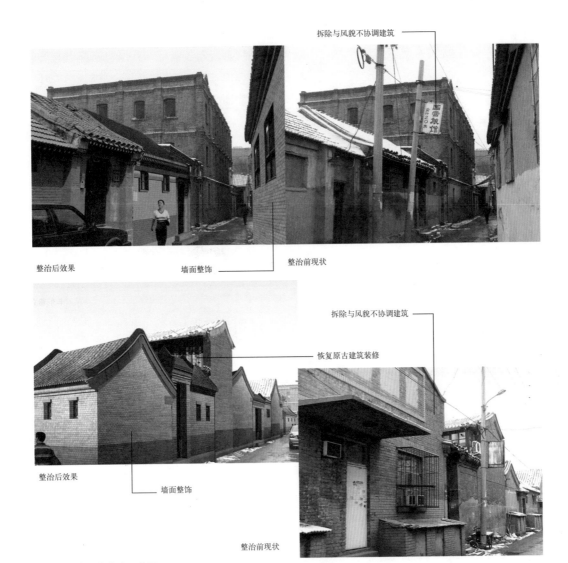

拆除与风貌不协调建筑

整治后效果　　　　墙面整饰　　　　整治前现状

拆除与风貌不协调建筑

恢复原古建筑装修

整治后效果

墙面整饰

整治前现状

图 8-21b　胡同建筑风貌整治示范图

图 8-21c　4A 区示范院落建筑设计效果图（更新类）

挥天然的气候调节作用。提高胡同—四合院地区"绿化覆盖率"（这是绿化系统量化指标，不强调"绿地率"）（图 8-22）。

在民居环境方面规划设计强调：一是对古三里河做复原性景观设计，不仅恢复该地区的历史文化内涵，为居民和游者提供赏心悦目的视觉体验，调节局部小气候及作为防灾避难场所。二是依据历史文献定位，恢复古三里河整个街区的道路线型走向、宽度，并结合道路现状的转折、宽度变化及现有房屋胡同的肌理加以设计。三是按照原地区遗留的地名、传说等恢复六桥六景，增加人文内涵。四是利用雨水及地区生活用水净化提供三里河景观用水，保护生态。五是精心设计朴素自然的水岸、栏杆、桥等小品设计，突出北

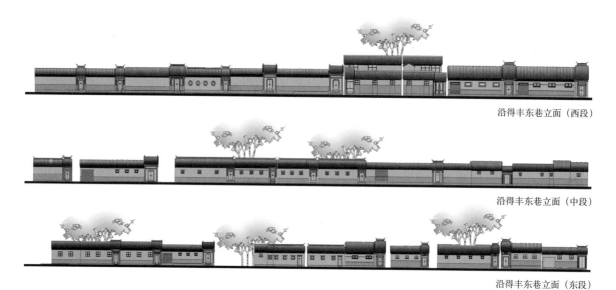

沿得丰东巷立面（西段）

沿得丰东巷立面（中段）

沿得丰东巷立面（东段）

图 8-22a   B 地块胡同南向立面图

图 8-22b   长巷胡同改造透视图

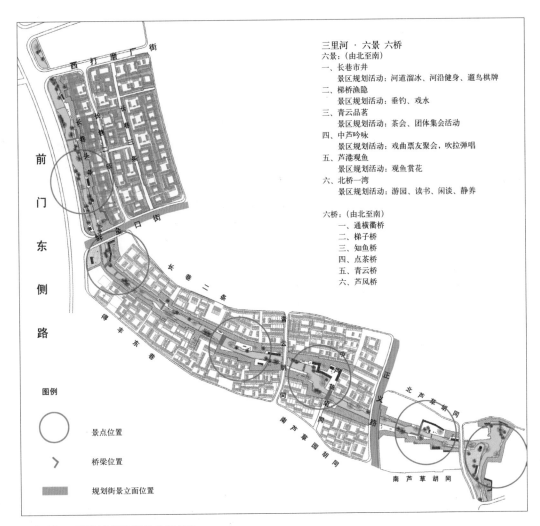

三里河 · 六景 六桥

六景:(由北至南)

一、长巷市井
景区规划活动:河道溜冰、河沿健身、遛鸟棋牌

二、梯桥渔隐
景区规划活动:垂钓、戏水

三、青云品茗
景区规划活动:茶会、团体集会活动

四、中芦吟咏
景区规划活动:戏曲票友聚会,吹拉弹唱

五、芦港观鱼
景区规划活动:观鱼赏花

六、北桥一湾
景区规划活动:游园、读书、闲谈、静养

六桥:(由北至南)

一、通横衢桥

二、梯子桥

三、知鱼桥

四、点茶桥

五、青云桥

六、芦风桥

图例

◯ 景点位置

＞ 桥梁位置

▨ 规划街景立面位置

图 8-23 三里河主要沿河景点分布图

前门东侧路沿河西立面

三里河沿河北立面

三里河沿河北立面

图 8-24a 三里河主要沿河立面

图8-24b　三里河沿河景观效果图之一

图8-24c　三里河沿河景观效果图之二

京传统居住区内的水景特色（图8-23、图8-24）。

通过恢复三里河河道及环境的复建，既可以体现原河道的传统风貌，又能把河道景观融入具有现代特色的现实环境之中。

二、北京焦庄户古村保护与利用

焦庄户古村落位于北京市顺义区东北部，距北京中心城区60公里，现属龙湾屯镇。村落东、南、北三面群山环绕，村前和村北都曾有水塘，村西有潮白河支流金鸡河流与水塘。聚落布局为方形，设有一条东北至西南斜向的主街。这里原为官宦庄园，明代建村，由焦、韩两姓人家从山西洪洞迁此为佃户发展而成。抗日战争年代隶属于冀东抗日根据地，这里的人民创造了全国闻名的"地道战"，留下了宏大而完整的民间抗战地道系统，和独具特色的北方古村传统民居环境。形成了地上地下完美结合、蕴含丰富地道文化和民居文化的军事工程遗址，被誉为"人民第一堡垒"。

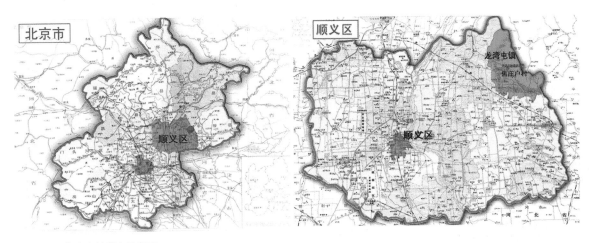

图8-25 焦庄户村所在区位图

2004年定为北京市重点文物保护区，是北京历史文化名城保护的组成部分（图8-25）。

　　焦庄户古村是风貌良好的传统民居和地道密集区，已经由政府出资买下，经过多年来的测绘、修缮，地上的抗战民居四合院和地下的地道都保存良好。并且在北京市的红色文化旅游中占有重要地位，在抗日战争60周年纪念活动、北京奥运会等重大活动中发挥了重要的作用，成为全国爱国主义教育基地。

　　古村的历史文化资源非常丰富，具有很高的历史价值。古村自然山水环境优越（图8-26），建筑体现了北方四合院民居的传统风格，村内街巷肌理保存完整。古村内有三处民居建筑保存有"天地爷神龛"的北方民居建筑装饰特色，延续着当地传统的民风民俗和文化（图8-27、图8-28）；村内保存有古井、老爷庙、五道庙、金鸡河古桥等历史遗存，还有优美的金鸡河沿河村落景观，以及"祈雨"仪式活动和节日花会等。还有许多神话传说，如香河洞的由来、杏儿台的传说、龙湾屯的传说、金鸡塘的传说、龙扒山的传说、黍谷回春的传说、张君为政的传说等等。更重要的是红色革命景点与文化非常丰富，例如有抗战时期联通各村的抗战地道网，有各种革命历史事件发生地的重要景点，如磨盘射击口、马槽出口、锅台出口、指挥部等；还有三处毛泽东

语录革命口号标语牌遗迹（图8-29）。这一切都是宝贵的历史文化资源。

　　但是，纪念馆景区以外的古村落在保护与利用方面所受到的重视程度还不够。从现状综合评价来看，古村落面临的主要问题有：地道遗址由于年久失修，加之地面农田水利灌溉的渗透，造成了部分地道遗址坍塌，存在安全隐患。古村核

图8-26 金鸡河沿河村落景观

图 8-27a　天地爷神龛

图 8-27b　焦庄户村落景观

图 8-28b　保存完好的传统四合院

图 8-28a　地道战遗址景点

图 8-29　毛主席语录

心保护区以外的多数历史建筑的建筑质量较差、完全完整的传统建筑保存量较少。新建或翻建的建筑尺度较大，与传统风貌不相协调。古村传统的历史风貌、优美的自然环境、原始的生活模式及民俗活动正在逐渐消失。古村的经济发展特色不鲜明，亟待调整和发展。村内人口密集，需要合理疏解人口和严格控制人口增长。另外村民对传统建筑保护的认识也有待提高。

因此，在规划中坚持整体性保护、保护与更新相结合、科学保护、可持续发展、"村民参与"的原则。采取以点带面、从核心到周边的保护方式，对村落整体加以保护与利用。即整体保护焦庄户保存的地道遗址和地上抗战活动的村落格局、建筑风貌、抗战活动线路、活动场所等，突出焦庄户地道战历史文化的原真性。保护焦庄户村以抗战革命活动为主线，以动态的观念处理好保护、复建与适当改造相结合的关系，突出以核心区抗战活动为主的国家级爱国主义教育基地的整体建设。有效保护古村落的历史文化，促进古村保护与古村经济、文化建设的和谐与可持续发展。对焦庄户地道战遗址的保护，应采用现代科学技术对地道遗址加以科学的保护和维修，再现当年抗战活动的场景。在保护的基础上，合理划分土地的使用功能，降低村内人口密度，提高市政条件和绿化水平，为焦庄户村的可持续发展留有余地。以渐进的方法分期实施，有序发展。在焦庄户古村保护与发展中突出政策引导，吸引村民参与，调动村民的自觉性和积极性，发扬抗战精神，搞好焦庄户村的历史文化保护与建设，制定保护规划（图8-30）。

根据焦庄户古村落的历史文化价值、地道文化、传统民居文化、抗日战争和解放战争革命遗址、全国爱国主义教育基地的定位和乡村旅游资源基础，焦庄户古村落的功能定位为：以抗战地道及传统民居群遗址为主体，以抗战卫国的民族智慧的精神文化为主题，开展红色革命文化教育、传统乡村文化游览、绿色生态环境体验活动，形成集展示、纪念、教育、研究、体验活动及乡村

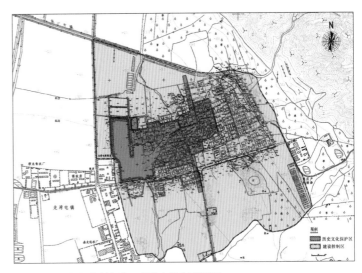

图8-30a 焦庄户村保护区保护与控制范围图

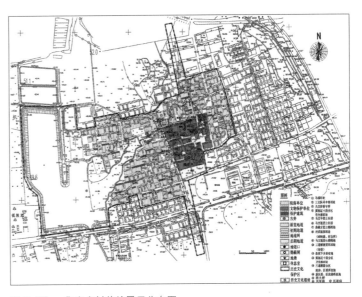

图8-30b 焦庄户村传统民居分布图

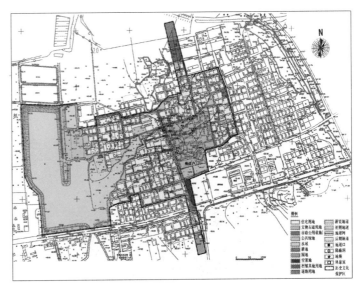

图8-30c 焦庄户村土地利用现状图

旅游为一体的国家级爱国主义教育基地和地道文化、红色旅游及传统古村文化旅游目的地。

保护规划强调对古村传统格局、历史风貌、自然景观环境、抗日战争时期地道战遗存及人文环境等进程的整体保护，确立重点保护项目，制定建筑保护整治规划措施。对村内建筑分五类进行了保护。对传统院落的保护整治更新，为了防止大规模改造对古村落传统格局肌理带来的破坏，在规划中采取"微循环"的改造模式，循序渐进、逐步改善，分为保护类院落、修缮类院落、改造类院落和更新类院落四类进行修缮、整治、保护（图8-31、图8-32）。街巷胡同保护侧重走向、宽度、空间尺度、两侧建筑风貌、空间节点的保护，整治街巷环境，加大绿化力度，拆除私搭乱建的临时性建筑（图8-33）。地道遗址的保护措施强调严禁在历史文化保护区及建设控制区内从事危害地道遗址保护的一切活动。

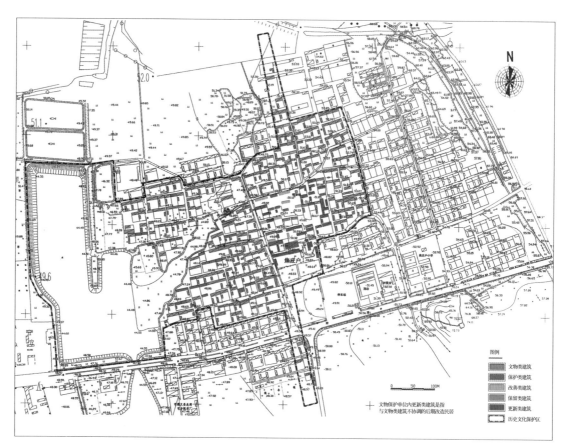

图8-31　焦庄户村传统建筑整治保护规划图

图8-32a　A-201号院正房（已修缮）

图8-32b　A-201号院影壁（已修缮）

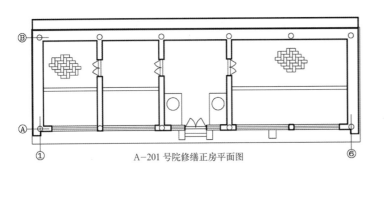

A-201 号院修缮正房平面图

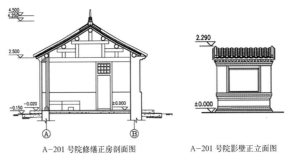

A-201 号院修缮正房剖面图　　　　A-201 号院影壁正立面图

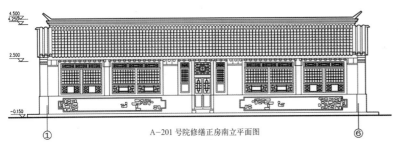

A-201 号院修缮正房南立面图

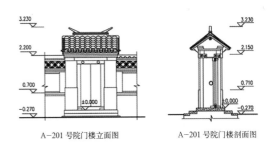

A-201 号院门楼立面图　　　　A-201 号院门楼剖面图

图 8-32c　焦庄户村传统民居修缮图一

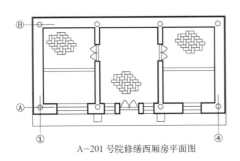

A-201 号院修缮西厢房平面图

A-201 号院修缮西厢房东立面图

A-201 号院西厢房与影壁

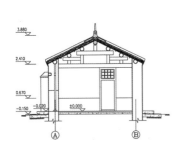

A-201 号院修缮西厢房 1-1 剖面图

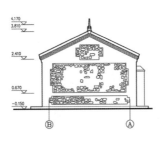

A-201 号院修缮西厢房北立面图

A-201 号院西厢房（已修缮）

图 8-32d　焦庄户村传统民居修缮图二

焦庄户古村保护与发展的策略是：充分发挥古村历史文化及近代抗日战争中"人民第一堡垒"的历史资源优势和全国红色教育基地的定位。以修建焦庄户地道战纪念馆建筑，增强地道战历史展示和建立地道战文化研究基地（图 8-34）。确定以"历史文化立村"、"红色旅游兴村"、"绿色生态塑村"的古村建设战略，保护和营造历史文化深厚、充满时代活力的传统古村落。

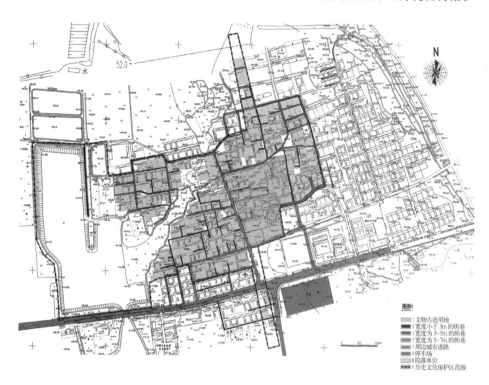

图 8-33　焦庄户村街巷胡同保护规划图

图 8-34　焦庄户地道战纪念馆

三、北京川底下古村保护与利用

川底下村位于京西门头沟区，始建于明代，清代得以发展，至今已有四百余年历史。该村原名"爨底下村"，后因简化村名改称"川底下村"；该村明代为巩固边防实行屯田，从山西移民至此，建立了韩氏家族聚居的村落。古村位于明清京城连接边关的军事通道，又是通往河北、山西、内蒙古一带交通要道，而成为京西贯穿斋堂地区西部、中国北方东西大动脉最重要的古驿道上的一处货物交易商站，使得村落迅速发展（图8-35）。

新中国成立后，随着国家丰沙铁路和109国道的开通，古村的交通和商贸的作用逐渐衰退。改革开放以后，大量村民离村去外谋职安家。这里出现了封闭贫困、人口稀少（留村者多为老人）、农业生产荒闲、不需建筑新民居的状态，这反而使古村环境原貌和四合院民居建筑等历史遗存保存完好，成为北京乃至北方地区一处极为难得的古村历史文化遗产。2001年被定为北京市第六批重点文物保护单位，2004年被定为第二批历史文化保护区和"中国第一批历史文化名村"。

川底下的历史文化价值很高，具有融于自然的山村环境、典型的风水格局、灵巧的山地四合院民居，以及其作为京西古道上农、商、居为一体的韩氏家族聚居的农村社会载体，体现了它的独特性；淳朴灵巧的山地四合院民居艺术、清新自然的山村环境艺术和厚拙朴实、细部精美的建筑装饰，体现了它的艺术性；村落格局、肌理、尺度、空间形态、传统山地四合院风貌及整体环境等承载着深厚的历史文化信息。古村古朴的民俗民风、多彩的地方戏、民间艺术和体育活动等体现了古村浓郁的乡土文化性的特征。村中各时代的重大事件和发展的历史遗存保存至今，具有记载中国古村发展历史活化石的社会价值。古村田园风光和丰富的乡土文化，是珍贵的旅游资源（图8-36）。

鉴于川底下古村落完整的山水格局和丰富的历史文化价值，保护与利用规划坚持整体保护、动态地积极保护的原则，保护与开发相互依存、

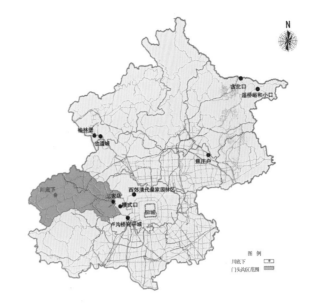

图8-35　保护区位置图

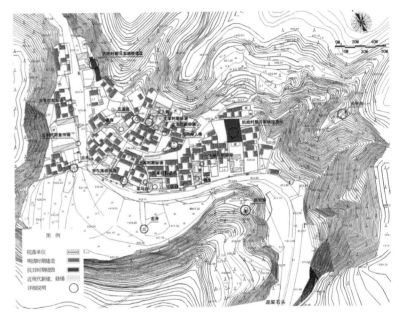

图8-36a　川底下村历史文化遗迹分布

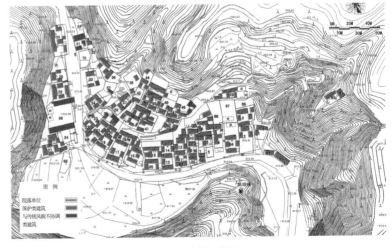

图8-36b　川底下村现状建筑历史文化价值评估图

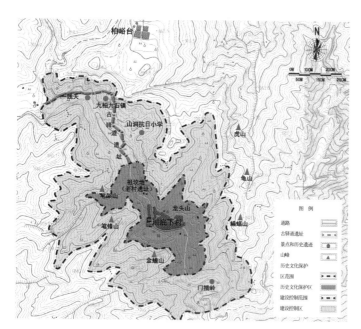

图 8-37   保护区保护和控制范围

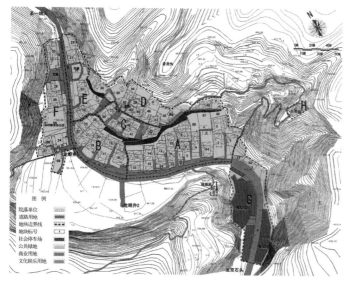

图 8-38a   地块划分及编号图

图 8-38b   建筑保护与整治图

协调发展的原则。整体保护古村的传统风貌、村落自然和人文景观，包括山地四合院民居、历史遗存、乡土文化等有形和无形的历史文化遗产，以突出保护历史原真性的整体风貌。同时强调古村应作为动态的社会生活载体加以保护，完善古村传统功能，升华古村环境。坚持保护与利用相结合的规划策略，积极保护，适度开发利用，防止开发性破坏。

保护区保护规划范围的划定分为历史文化保护区和建设控制区两级。以"川底下村"为核心区，包括村北部虎山、龟山、蝙蝠山、龙头山，南部金蟾山、笔架山、笔锋山，东部门插岭等自然景观及村西部祖坟地（老村旧址）等遗存。保护区范围界定为北至龙头山，南至金蟾山，西至村祖坟地，东至村前门插岭，面积为 22.62 公顷。建设控制区内包括一线天自然风景区、古驿道及"九柏九石阵"（驿道上休息点）、山洞抗日小学遗址等，范围界定为北至虎山、龟山、蝙蝠山和柏峪台村，南至金蟾山、笔架山、笔锋山，东至门插岭，西至一线天自然风景区，面积约为 120.14 公顷（图 8-37）。

古村山地四合院建筑的保护与整治规划根据村内建筑相对历史文化价值及质量状况的高低而划分为两类进行，即保护类建筑和与传统风貌不协调类建筑。保护类建筑：指保存明清时代原状及修缮后保持传统风貌的建筑，整治方式严格按文物保护建筑要求进行保护。该类建筑外观及环境除修缮复原外，不得做任何改造。与传统风貌不协调类建筑：指在空间尺度上或建筑形式、建筑风格上与传统风貌有较大冲突的非传统建筑。整治方式是近期改造，远期拆除，保护村落环境景观，以恢复古村传统风貌的整体形象（图 8-38、图 8-39）。

有效的保护与利用的关键在于：政府要主导制定相关的政策及古村保护的相关法规，使古村保护、修缮、整治管理尽快纳入法制化轨道。组建政府、村委会、专家委员会、文物及旅游等部门多方组成的古村保护管理委员会，负责保护区历史文化保护、修缮、整治及旅游开发、管理等工作的审核、审批，加强古村保护力度，改变和弥补现村委会主管一切的不足。更要加大宣传教育，大力宣传保护区历史文化价值的重要性，提高村民的保护知识、保护观念和责任意识，调动村民的积极性和自觉性。

北京"川底下古村"自1997年制定保护规划和多年的修缮保护工作以来，已得到有效的保护和利用，成为国家文物保护单位、中国历史文化名村，是京西一处最具吸引力的古村文化旅游目的地（图8-40）。

北京传统民居的保护已经从"藏在深山人未识"的村落民居和"近在眼前却不觉"的北京古城民居的时代走了出来，政府越来越重视传统民居的保护与利用，投入大量的保护专项资金和开展众多的保护规划项目；专家学者越来越加强了民居保护与利用的学术研究，为民居保护提供有力的理论基础；而平民百姓也越来越多地回味起中华民族与生俱来的追求宜居的四合院文化，认识到追求自然与人文的"天人合一"的民居文化的重要意义。

尤其是近年来，北京市政府结合旧城的危改工程，以政府为主导，利用开发商的积极性，统一修缮旧城内建筑质量很差的民居，逐步解决了旧城许多四合院中的居民生活质量问题，提高了老百姓的居住满意度。但是，也应该看到，由于时间紧迫，政府、规划、建筑设计、居民等各方面的人员对民居价值认识程度的限制，其中也不乏错拆了一些有历史价值的四合院。文物是我们认识到的历史遗产，但是还有众多我们还没有认识到的民居四合院以及依附在其上的非物质文化遗产，它们的价值不一定就比文物的价值低，若是在旧城民居更新的过程中不幸夭折，也是不幸之事。这就要求我们大力宣传北京民居建筑的历史文化价值，普及建筑方面的知识，为将来的民居保护奠定基础。

另外，随着人们生活水平的提高，以及人们对拥挤嘈杂的城市环境的厌烦，越来越多的北

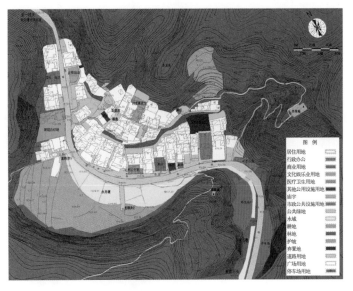

图8-38c　土地使用规划图

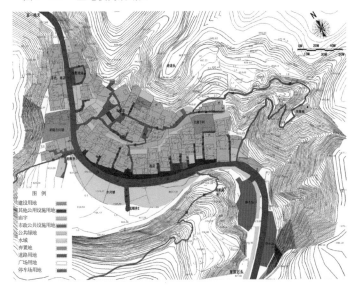

图8-38d　街巷交通规划图

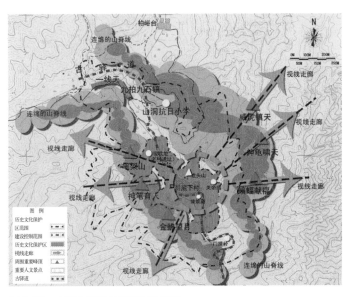

图8-39　保护区周边环境景观分析图

京和外地的游客都开始关注北京城外的村落四合院民居，城郊的四合院民游、农家乐旅游等开始逐渐兴盛，这也促使各个郊区区县政府大力挖掘和宣传自己地区有传统古村落特色的四合院民居点。同时由于我国新农村建设浪潮的推动，也促进了大批京郊村落进行了村落建设规划、保护规划、旅游规划等项目的开展，这对于民居建筑的保护也是一次良好的契机，相信我们北京的民居建筑保护工作会开展得越来越好，越来越充分，为古都北京的历史文化涂上浓墨重彩的一笔。

北京民居的保护要保护古都风貌，保护民居环境的整体风格，还要与北京城市与周边地区的现代化发展相协调，既要延续北京的民居文化，又要考虑创新的问题，正确处理好传承与发展的关系。这就要求我们不断深入地研究北京民居文化，扩展人居环境的学术研究，使人们对历史文化街区、传统民居环境的认识更加深入与全面。从自然、生态、物质到精神文化各个层面综合解析民居及民居文化的深邃内涵，只有这样才能有效保护与弘扬传统文化，把保护与现代生活的发展联系起来，创造出具有传统特色的现代人居环境，把北京打造成国际性的宜居城市，使首都人民的生活更加美好。

注释：

[1] 北京旧城二十五片历史文化保护区保护规划，北京：燕山出版社，2002.

[2] 魏成林.北京历史文化名城变迁及"十一五"保护规划研究.2005.

[3] 秦铭键.可持续视野下的北京旧城危房改造.2005.

图 8-40 古山村保护规划全景图（王春雷绘）

主要参考文献

[1] （清）于敏中编撰．日下旧闻考．北京：北京古籍出版社，2000．

[2] （清）奂长元．宸垣识略．北京：北京古籍出版社，1983．

[3] （清）于敏中等．日下旧闻考．北京：北京古籍出版社，1985．

[4] （清）朱一新．京师坊巷志稿．北京：北京古籍出版社，1983．

[5] 侯仁之主编．北京历史地图集．北京：北京出版社，1997．

[6] 侯仁之主编，唐晓峰副主编．北京城市历史地理．北京：北京燕山出版社，2000．

[7] 刘敦桢．中国住宅概说．北京：中国建筑工业出版社，1957．

[8] 刘致平著，王其明增补．中国居住建筑简史——城市、住宅、园林．北京：中国建筑工业出版社，1990．

[9] 王其明．北京四合院．北京：中国书店，1999．

[10] 陆翔，王其明．北京四合院．北京：中国建筑工业出版社，1996．

[11] 孙大章．中国民居研究．北京：中国建筑工业出版社，2004．

[12] 陆元鼎．中国传统民居与文化．北京：中国建筑工业出版社，1991．

[13] 王同祯．水乡北京．北京：北京团结出版社，2004．

[14] 邓云乡．北京四合院．北京：人民日报出版社，1990．

[15] 白鹤群．老北京．北京：北京燕山出版社，2007．

[16] 翁立．北京的胡同．北京：北京燕山出版社，1992．

[17] 王世仁主编．宣南鸿雪图志．北京：中国建筑工业出版社，1997．

[18] 陈平，王世仁．东华图志．天津：天津古籍出版社，2005．

[19] 马炳坚．北京四合院建筑．天津：天津大学出版社，1999．

[20] 高巍．北京的四合院．北京：学苑出版社，2006．

[21] 王梓．王府．北京：北京出版社，2005．

[22] 张文彦，潘达．中国名人故居游学馆（北京卷）胡同氤氲．北京：中国画报出版社，2005．

[23] 尹钧科．北京郊区村落发展史．北京：北京大学出版社，2001．

[24] 北京市政协文史资料委员会．名人与老房子．北京：北京出版社，2004．

[25] 业祖润等．北京古山村——川底下．北京：中国建筑工业出版社，1999．

[26] 业祖润主编．魅力前门．天津：天津大学出版社，2009．

[27] 万钦，彭世强．北京古山村——门头沟斋堂川．北京：中国文联出版社，2004．

[28] 孙克勤，宋官雅，孙博．探访京西古村落．北京：中国画报出版社，2006．

[29] 梅兰芳纪念馆．梅兰芳珍藏老相册．北京：北京外文出版社，2002．

[30] 翁立主编．北京的胡同．北京：北京美术摄影出版社，1993．

[31] 盛锡珊．市井风情画．北京：北京外文出版社，1999．

[32] 北京市文物局编．北京古代建筑精粹．北京：北京美术摄影出版社，2007．

[33] （澳）赫达·莫里逊，董建中译．洋镜头里的老北京．北京：北京出版社，2001．

[34] 傅公戉，张洪杰．旧京大观．北京：人民中图出版社，1992．

[35] 王珍明主编．海淀古镇风物志略．北京：学苑出版社，2000．

后　记

在深厚珍贵的北京历史文化中，民居文化悠久丰富，色彩斑斓，散发着浓郁的"京味"。北京以四合院为主体的居住文化，是中国民居文化研究领域中的重要课题之一。

笔者应中国建筑工业出版社聘请，担任"中国民居建筑丛书"分册"北京民居"的编著任务。对此感到荣幸，同时也深感时间紧，任务重，只求努力完成此书的编著。

自 1986 年在何重义教授的带领下，本人参加"浙江省楠溪江中心风景区规划"和"苍坡古村"、"芙蓉古村"保护规划开始，投入到古村落及传统民居文化研究领域。之后相继参加到陆元鼎教授组织的中国传统民居研究会的二十多年的学术活动中，对此课题得到进一步的学习与研究，并在此期间承担了多项传统聚落环境与民居文化研究课题和保护工程实践，深深感悟中国传统民居文化根深厚重，绚丽多彩的价值。它是中国居住文化之根，是传承创新现代居住文化之源。撰写此书，以求抛砖引玉，与同仁共探讨。由于本人学识所限，成书多有不足和失误之处，敬请批评指正。

本书第五章由熊炜、安一冉撰写，并提供本书撰写的有关参考资料。第八章工程实践部分由李春青撰写，并参与本书插图选编。

全书有关实例调研、插图选编与绘制由杨长城、刘志杰、王莹、张董超、何平、朱余博、莫全章、沈威、王伟栋参加完成。

在成书之际，深切感谢王其明教授对本书撰写的研究框架、内容及成稿的悉心指导审阅。

感谢李先逵先生、孙大章先生、黄浩先生对本书的关注和指导。

感谢中国传统民居专业学术委员会主任，华南理工大学陆元鼎教授的大力支持和指导。

感谢中国建筑工业出版社李东禧主任、唐旭编辑对本书撰写的支持和帮助。

感谢参与本书编著的全体同仁以满腔热情参与撰写工作所付出的努力和心血，并望共享本书出版的喜悦。

感谢参加《前门地区保护与整治规划》、《北京川底下历史文化名村保护规划》、《北京焦庄户古村与地道战遗址保护与利用规划》等工程编制的设计人员所做的努力和成果。

本书撰写参考学习了许多学者们的相关的研究成果和相关图片，因无法逐一注明，仅在此一并表示感谢和敬意。

作者简介

业祖润，1961 年毕业于重庆建筑工程学院（现重庆大学）建筑系建筑学专业。曾先后在重庆建筑工程学院、天津大学、北京建筑工程学院任教，为北京建筑工程学院教授，国家一级注册建筑师，中国建筑学会资深会员，中国建筑学会小城镇分会专家委员会委员，中国民族建筑研究会专家委员会委员，曾任中国建筑学会第七届，八届理事，中国民族学会民居专业委员会副主任等。业祖润教授长期从事建筑设计及其理论的教学和科学研究，以及工程设计创作，主要学术研究方向：中国传统建筑文化、传统民居及聚落环境空间研究、古镇村保护及历史街区与民居保护利用、居住建筑与风景区规划及风景旅游建筑设计等。主持科研项目有：国家自然科学资助项目"中国传统聚落环境空间结构研究"，国家"十五"科技攻关课题"小城镇住区规划设计导则"的子课题——"技术经济指标与综合评价方法研究"，国家"十五"科技攻关课题"住宅室内环境设计研究"的子课题——"住宅室内空间设计研究"等。著有：《北京古山村——川底下》、《魅力前门》、《城市景观》（编译）等。发表论文：《楠溪江古村环境意趣》、《中国传统民居环境空间结构探讨》、《传统民居环境美的创造》、《传统民居建筑文化继承与弘扬》、《现代居住区环境设计探讨》、《北京城市环境与再发展》、《北京前门地区保护，整治与发展规划》等三十余篇。主持"北京前门地区保护，整治与发展规划"、"北京古山村——川底下保护与利用规划"、"北京焦庄户古村及地道战遗址保护规划"、"河南省赊店历史文化古镇保护规划及中心区城市设计"、"河北省临城县崆山白云洞风景区总体规划、景区规划及风景建筑设计"等多个项目工程。